エレクトロニクス実装用基板材料の開発

Development of Substrate Materials for Electronics Package

監修：柿本雅明
　　　高橋昭雄

シーエムシー出版

はじめに

　1980年から90年代のPCを中軸としたデジタル革命第1波が飽和状態に達し，PCと家電が融合したデジタル情報家電を中軸とする第2波が2000年から10年にかけて飛躍の段階を迎えている。デジタルビデオデスク（DVD），デジタルスチールカメラ（DSC）そしてプラズマディスプレイ（PDP）に情報交換機能が付与されてネットワーク化が進んでいる。携帯電話，パーソナルデジタルアシスタンツ（PDA），カーナビ等のユビキタス社会を支えるモバイル電子機器は，その機能を融合させて究極のウエアラブル携帯情報端末へと進化すると予想されている。従って，多機能，且つ大容量のデータを高速に伝送する高い性能を兼ね備えた機器を小型・軽量・薄型で実現することが必要不可欠となっている。このような背景から，デジタル情報家電を中軸とするデジタル革命第2波では，LSIのより一層の高速・大容量化等の性能向上とロジックからメモリまでシステムとしてまとめるシステム・オン・チップ（SoC）としての高機能化が進む。これと同時に，これらLSIの実装方式も各種機能を有するLSIを1つのパッケージにシステムとしてまとめるシステム・イン・パッケージ（SiP），メモリチップを三次元に積層して大容量化を実現し，更には三次元方向に機能をシステム化したスタック型SiPへと加速度的に進化している。これらを支える主要技術としてLSIと並び多層プリント配線板が有り，SiPのインターポーザから部品実装の母体となるマザーボードまで，多種，多様の基板が開発されている。
　プリント配線板は"電気絶縁性基板の表面又はその内部電気設計に基づく導体パターンを導体性材料で形成し固着したもの"と定義され，20世紀初頭に提案された。その後，20世紀中期に発展期に入り，1960年頃から導体パターンを2層，3層と多層化した基板が出現している。カメラ一体型ビデオ等の家電製品から大型計算機等の産業機器まで用途に応じた多層プリント配線板が開発されてきた。大型計算機では，究極の高密度配線を実現するため46層の多層化が進められた。使用される材料もエポキシ樹脂から耐熱性の優れたポリイミド樹脂，更には，信号伝送性向上のために低誘電率樹脂が開発された。1990年に入り，配線効率を上げるため，配線を一層ごとに逐次に形成して，必要な個所だけビアホールで接続するビルドアップ多層板が適用され始めた。これを可能にするため，フォトでビアホールが形成でき，そのまま絶縁層として使用できる感光性樹脂が開発された。この間，導体材料である銅箔の極薄化，ロープロファイル化，補強材料であるガラスクロスの低誘電率化，低熱膨張化等の高性能化も進められた。ここ数年は，総論で詳述される多岐に亘るインターポーザ用配線基板が開発され，SiPに要求される多様な機能を実現し

ている。

　エレクトロニクス実装用高機能性基板材料と題した本書は，プリント配線板の基本に立ち返ると共に，その急激な変革を支えている材料の最新技術をまとめたものである。貴重な時間を割いて各章を担当して戴いた方々に深謝すると共に，本書が更なる技術革新への一助となることを祈念している。

　2005年1月

柿本　雅明
高橋　昭雄

普及版の刊行にあたって

本書は2005年に『エレクトロニクス実装用高機能性基板材料』として刊行されました。普及版の刊行にあたり，内容は当時のままであり加筆・訂正などの手は加えておりませんので，ご了承ください。

2010年6月

シーエムシー出版　編集部

執筆者一覧(執筆順)

柿本 雅明	(現)東京工業大学大学院 理工学研究科 有機・高分子物質専攻 教授
髙橋 昭雄	(現)横浜国立大学大学院 工学研究院 教授
髙木 清	(現)髙木技術士事務所
坂本 勝	㈱日鉱マテリアルズ GNF開発センター センター長
宮里 桂太	日東紡績㈱ 技術開発部 加工開発グループ 課長
吉澤 正和	(現)DIC㈱ 機能性ポリマ技術本部 機能性ポリマ技術2グループ グループマネージャー
池田 謙一	(現)日立化成工業㈱ 電子材料事業部 配線板材料部門 開発部 主任研究員
米本 神夫	(現)パナソニック電工㈱ 電子基材事業部 課長
近藤 至徳	三菱ガス化学㈱ 東京研究所 主席研究員
天羽 悟	(現)㈱日立製作所 材料研究所(日立研究所内) 電子材料研究部 主任研究員
片寄 照雄	(現)工学院大学 非常勤講師
藤原 弘明	(現)パナソニック電工㈱ 電子材料R&Dセンター 主査技師
吉川 淳夫	㈱クラレ 機能材料事業部 電材事業推進部 材料開発グループ グループリーダー
竹澤 由高	㈱日立製作所 日立研究所 電子材料研究部 主任研究員 (現)日立化成工業㈱ 筑波総合研究所 主管研究員
平石 克文	新日鐵化学㈱ 電子材料研究所 マネジャー
中道 聖	住友ベークライト㈱ 回路材料研究所 研究部 主任研究員
本多 進	(現)実装技術NPO法人 サーキットネットワーク 理事
宝蔵寺 智昭	デュポン㈱ エレクトロニクステクノロジーズ マーケットデベロップメントスペシャリスト
山本 和徳	(現)日立化成工業㈱ 筑波総合研究所 高機能材料開発センタ センタ長
島田 靖	日立化成工業㈱ 総合研究所 主任研究員
島山 裕一	日立化成工業㈱ 総合研究所 研究員
平田 善毅	日立化成工業㈱ 総合研究所 研究員
神代 恭	(現)日立化成工業㈱ 筑波総合研究所 主任研究員

執筆者の所属表記は,注記以外は2005年当時のものを使用しております。

目 次

序論　総論

第1章　プリント配線板および技術動向　髙木　清

1 プリント配線板とは …………………3
2 電子機器の実装とプリント配線板の特性 ……5
　2.1 実装階層 ……………………………5
　2.2 プリント配線板の配線ルール ………6
　2.3 電気特性 ……………………………7
　　2.3.1 直流的特性 ……………………7
　　2.3.2 交流的特性 ……………………7
3 多層プリント配線板における接続 ……9
　3.1 表面パターンの接続 ………………9
　3.2 Z方向の接続 ………………………10
4 多層プリント配線板のプロセス ………10
　4.1 めっきスルーホール法 ……………10
　4.2 パネルめっき法とパターンめっき法…10
　4.3 めっきを用いたビルドアッププロセス
　　　……………………………………14
　4.4 導電性ペーストを用いるビルドアップ
　　　プロセス …………………………17
　4.5 一括積層法 ………………………19
　　4.5.1 片面銅張積層板－めっき柱によ
る一括積層方法 ……………………19
　　4.5.2 パターン転写による一括積層法
　　　……………………………………19
　　4.5.3 めっきによるパターンの転写-フ
ラックス性樹脂接着による一括
積層法 ………………………………20
　4.6 フレキシブルプリント配線板 ……22
5 プリント配線板の製造における最近の技術
　………………………………………22
　5.1 スタックビアの接続技術 …………22
　5.2 平坦面への絶縁層, 導体層接着 ……23
　　5.2.1 導体上への絶縁体の接着 ……23
　　5.2.2 樹脂上への無電解銅めっきの接
着 ……………………………………24
6 プリント配線板の信頼性 ……………24
　6.1 接続の信頼性 ……………………24
　6.2 絶縁の信頼性 ……………………25
7 おわりに ………………………………27

I

第1編　素材

第2章　プリント配線基板の構成材料

1　銅箔 ······················坂本　勝···33
  1.1　プリント配線板用銅箔 ················33
  1.2　リジッドプリント配線板用銅箔 ········33
  1.3　フレキシブルプリント配線板用銅箔
      ···································38
2　ガラス繊維とガラスクロス ······宮里桂太···45
  2.1　はじめに ··························45
  2.2　種類 ····························45
  2.3　製造方法 ··························46
  2.4　基本特性と最近の要求特性 ············48
3　樹脂 ····················吉澤正和···52

3.1　はじめに ························52
3.2　エポキシ樹脂の構造と特徴 ···········52
3.3　エポキシ樹脂の製造方法 ············53
3.4　プリント配線基板に使用されるエポキシ樹脂／硬化剤（含む封止剤用途）
     ·································56
3.5　プリント配線板用樹脂に求められる特性 ·······························59
3.6　最近のトピックス ··················62
3.7　おわりに ························64

第2編　基材

第3章　エポキシ樹脂銅張積層板　池田謙一

1　はじめに ·························69
2　エポキシ樹脂 ······················69
3　硬化剤ほか ························71
4　ガラス布 ··························71
5　銅箔 ····························73
6　銅張積層板の製造方法 ················73
7　規格 ····························74

8　技術動向 ·························75
9　FR-4エポキシ基板材料 ···············81
10　CEM-3，CEM-1，FR-3基板材料 ········82
11　環境対応多層材料 ··················82
12　高T_gガラスエポキシ多層材料 ········84
13　高T_g高弾性低熱膨張多層材料 ········85
14　おわりに ························86

第4章　耐熱性材料

1　ガラス布基材ポリイミド樹脂銅張り積層板
   ·····················米本神夫···87
  1.1　動向 ····························87
  1.2　ポリイミド樹脂材料の特徴 ············87

1.3　特性 ····························88
1.4　多層化成形条件 ····················91
1.5　今後の動向 ························93
2　BTレジン材料 ···············近藤至徳···94

2.1 BTレジンとは ……………………94
2.2 シアネート化合物 …………………94
2.3 BTレジンの製法 …………………97
2.4 BTレジンの特徴 …………………97
2.5 BTレジン銅張積層板 ……………98
　2.5.1 パッケージ材料用BTレジン銅張積層板 CCL-HL830, CCL-HL832, CCL-HL832EX, CCL-HL832HS …98
　2.5.2 高速・高周波回路用BTレジン銅張積層板および積層用材料 CCL-HL950K, CCL-HL870 TypeM, GMPL195 ……………………101
2.5.3 ICカード・LED用BTレジン銅張積層板 CCL-HL820, CCL-HL820W, CCL-HL820W TypeDB ……………………………104
2.5.4 バーンインボード用BTレジン銅張積層板 CCL-HL800 ………104
2.5.5 ハロゲンフリーBTレジン銅張積層板 CCL-HL832NB, CCL-HL832NX ………………………104
2.6 樹脂付き銅箔材料 CRS-401, CRS-501, CRS-601 …………………107
2.7 今後の展開 ………………………108

第5章　高周波用材料

1 多官能スチレン系高周波用材料 ………………………天羽 悟…110
　1.1 はじめに …………………………110
　1.2 多官能スチリル化合物の構造と特性 ……………………………111
　1.3 多官能スチリル化合物の改質 …115
　1.4 おわりに …………………………117
2 熱硬化型PPE樹脂 …………片寄照雄…119
　2.1 市場動向 …………………………119
　2.2 電子材料としての高分子 ………121
　　2.2.1 高分子の誘電特性 …………121
　　2.2.2 銅張積層板の誘電特性 ……122
　　2.2.3 高周波領域の誘電特性の評価方法 ………………………………126
　2.3 熱硬化型PPE樹脂 ………………127
　　2.3.1 熱可塑性PPE樹脂 …………127
　　2.3.2 熱硬化性PPE樹脂 …………129
　2.4 熱硬化型PPE樹脂銅張積層板 …130
　　2.4.1 プリプレグ …………………130
　　2.4.2 銅張積層板 …………………131
　2.5 ビルドアップ用熱硬化型PPE樹脂 …135
　　2.5.1 ビルドアップ法とは ………135
　　2.5.2 APPE樹脂付き銅箔の特徴 …137
　　2.5.3 絶縁材料としての特性-電気特性／耐熱性／吸水率- …………138
　　2.5.4 加工特性 ……………………138
　　2.5.5 ビルドアップ多層配線板の信頼性 ………………………………139
　2.6 今後の展望 ………………………139
3 高周波用の材料 ………藤原弘明…141
　3.1 はじめに …………………………141
　3.2 高周波対応基板の開発コンセプトと材料選定 ……………………142
　3.3 高周波対応基板の特性とその評価技術 ………………………………143
　　3.3.1 低誘電率多層板材料（MEGTRON5

　　　　（R-5755））……………………143
　　3.3.2　低熱膨張タイプ低誘電率多層板
　　　　　　材料 ………………………150
3.4　おわりに ……………………………152

第6章　低熱膨張性材料－基板材料としてのLCPフィルム　吉川淳夫

1　はじめに …………………………………154
2　ベクスターの製品ラインナップ ………157
3　ベクスターの特長 ………………………158
　3.1　高寸法安定性（低熱膨張係数，熱膨張係数の整合性）………………158
　3.2　高耐熱性 …………………………162
　3.3　力学特性 …………………………163
　3.4　高周波電気特性 …………………163
　3.5　低吸湿性・低吸水性・低吸湿寸法変化率 ………………………………166
　3.6　耐薬品性 …………………………167
　3.7　環境適合性（ノンハロゲン，リサイクル性）………………………168
　3.8　高ガスバリア性 …………………168
　3.9　耐放射線性 ………………………169
　3.10　低アウトガス ……………………169
　3.11　穴あけ加工性とメッキ性 ………170
　3.12　耐折性 ……………………………170
4　ベクスターの具体的用途と性能 ………171
　4.1　銅張積層板 ………………………171
　4.2　多層フレキシブル配線板 ………171
　4.3　高速伝送用フレキシブルケーブル ……172
5　おわりに ………………………………173

第7章　高熱伝導性材料　竹澤由高

1　はじめに …………………………………174
2　高熱伝導性付与の考え方 ………………175
3　モノメソゲン（ビフェニル基）型樹脂の諸特性 ………………………………177
4　ツインメソゲン型樹脂の諸特性 ………180
5　高熱伝導エポキシ樹脂を用いた積層板の試作検討 …………………………182
6　おわりに ………………………………183

第8章　フレキシブル基板材料「エスパネックス」　平石克文

1　フレキシブル基板 ………………………186
2　2層CCL「エスパネックス」……………186
3　ポリイミドCCL …………………………187
　3.1　概要 ………………………………187
　3.2　エスパネックスSシリーズ ……188
　　3.2.1　特徴 …………………………188
　　3.2.2　適用例：チップ・オン・エスパネックス（COE）………………189
　3.3　エスパネックスMシリーズ ……191
4　LCP-CCL「エスパネックスLシリーズ」… 193
　4.1　高周波電気特性 …………………193
　4.2　回路基板一般特性 ………………195

第9章 ビルドアップ用材料　中道 聖

1 はじめに …………………………… 199
2 ビルドアッププロセスの特徴 ……… 200
　2.1 めっき法プロセス ………………… 202
　2.2 非めっき法プロセスの概要 ……… 209
　2.3 一括積層法プロセスの概要 ……… 210
3 ビルドアップ基板の技術動向 ……… 211
　3.1 次世代ビルドアップ材料への対応 … 211
　3.2 環境対応ビルドアップ材料 ……… 212
　3.3 低誘電対応ビルドアップ材料 …… 213
4 おわりに …………………………… 214

第3編　受動素子内蔵基板

第10章　受動素子内蔵基板

1 総論－電子部品内蔵基板－ …**本多 進**… 219
　1.1 従来の高密度実装の動き ………… 219
　1.2 電子部品内蔵基板の位置付け …… 219
　1.3 電子部品内蔵基板の特徴と分類 … 222
　1.4 セラミック系はモジュール・パッケージで応用拡大が進む ………… 223
　1.5 樹脂系は受動・能動部品内蔵基板による究極の3次元実装構造へ … 224
　　1.5.1 受動部品内蔵基板 …………… 224
　　1.5.2 受動・能動部品内蔵基板 …… 235
　1.6 おわりに ………………………… 237
2 受動素子内蔵基板材料－焼成タイプ－
　……………………**宝蔵寺智昭**… 239
　2.1 はじめに ………………………… 239
　2.2 受動素子内蔵基板材料 …………… 239
　2.3 焼成タイプ厚膜ペースト ………… 240
　　2.3.1 焼成タイプ厚膜ペーストによる受動素子内蔵プロセス ………… 240
　　2.3.2 焼成タイプ厚膜ペーストを用いた抵抗部品内臓 ………………… 242
　　2.3.3 焼成タイプ厚膜ペーストを用いたキャパシタ部品内臓 ………… 245
　2.4 焼成タイプ厚膜ペーストによる受動素子内臓のまとめ ……………… 247
3 受動素子内蔵基板材料－ポリマコンポジットタイプ－ ………**山本和徳，島田 靖，島山裕一，平田善毅，神代 恭**… 249
　3.1 はじめに ………………………… 249
　3.2 受動素子内蔵基板のコンセプト … 249
　3.3 ポリマコンポジットタイプキャパシタ材料 …………………………… 250
　　3.3.1 キャパシタ材料の例 ………… 250
　　3.3.2 キャパシタ材料の設計 ……… 251
　3.4 キャパシタ内蔵基板の適用例 …… 255
　　3.4.1 携帯電話用パワーアンプ（PA）モジュール基板 ………………… 255
　　3.4.2 フィルタ機能ブロック内蔵基板 ……………………………… 255
　3.5 おわりに ………………………… 258

序論 総論

第1章　プリント配線板および技術動向

髙木　清[*]

1　プリント配線板とは

　電子機器がコンピュータやパソコンより，デジタルテレビ，携帯電話などの民生機器にまで広範にデジタル化してきており，機器内部の電子回路のモジュールは高速化が進展し，高密度実装が益々加速されてきている。

　プリント配線はJISの定義によると「回路設計に基づいて，部品間を接続するために導体パターンを絶縁基板の表面またはその内部に，プリントによって形成する配線(またはその技術)」となっている[1]。プリント配線板（printed wiring board）はこれらの導体パターンが絶縁基板に形成され，接続機能と絶縁機能，および，部品を支持する機能を持つ板である。このプリント配線板の上にはLSI，トランジスタ，ダイオードなどの能動部品，抵抗，コンデンサ，コネクタなどの受動部品，その他，各種各様の電子部品を搭載，導体配線で接続して電子回路の機能を形成する。LSIなどの半導体のベアチップはWLCSPを除いて，多くの場合，プリント配線板であるインターポーザーに搭載，接続しモジュールとし，これらをプリント配線板に接続している。

　部品を搭載する前のプリント配線板は半製品で，部品を搭載，接続する土台となるものである。

　最近，電子基板といういわれ方もあるが，多くは部品を実装したものを意味している。中にはプリント配線板のみを指すこともある。これらのものは絶縁基板に導体配線のあるものと考えると，シリコンウエファー，セラミック板，有機樹脂基板すべてを含み，非常に広範囲になるので，ここでは有機樹脂基板を考えていく。

　電子機器は電子部品類を導体で電気的に接続することにより，目的とする機能が作られる。プリント配線板の実現していない時代には接続の作業が煩雑で難しく，確実な接続が困難であり，信頼性を高くすることは困難であった。これはプリント配線板が出現することにより劇的に変化した。

　この部品間を接続する導体配線を絶縁板上に置き，接続作業を合理化しようとする動きは1900年初頭より研究が始まっている[2]。このとき挙げられているプリント配線の目的は次のような項目である。

---

[*] Kiyoshi Takagi　髙木技術士事務所

エレクトロニクス実装用高機能性基板材料

① 部品間配線工数の減少
② 配線接続の信頼性の向上
③ 機器組立の自動化
④ コスト低減，製作期間の短縮

　これらの項目は基本的に現在でも通用するものであり，最近では電気特性の向上，小型，軽量化などの目的が加わっている。プリント配線板の原型は1936年に英国のEislerにより出された特許とされており[3]，同時期に日本でも宮田により特許が出願されている[4]。

　有機材のプリント配線板が実用化したのはトランジスタを実用化したことによる。はじめはプリント配線板もプリントエッチング法による片面プリント配線板であったが，高密度化の進展によりめっきスルーホール法による両面プリント配線板，多層プリント配線板へと変化した。

　電子機器の機能の高度化と軽量化，小型化への要求とIC，LSIと半導体素子の集積度の向上に従い，プリント配線板は高密度配線，高多層化へと進んできた。このために，めっきスルーホール法による多層プリント配線板よりビルドアップ法による多層プリント配線板へとプロセスの変化が起こり，さらに，Z方向の接続にめっきの他に，導電性ペースト，ナノ粒子金属ペーストなどが用いられるようになった。導電性ペーストによるALIVH法，B^2it法によるビルドアッププリント配線板，めっきや導電性ペーストを用いた一括積層法などが開発されるようになってきている。

　これにともない，材料，装置などの発展も目覚ましいものがある。最近ではリジッド板用材料として，エポキシ樹脂，イミド樹脂（ポリイミド），BT樹脂フェニレンエーテル樹脂，フッ素樹脂などがあり，フレキシブル板用材料として，ポリイミドフィルムが用いられている。

　プリント配線板へ搭載される電子部品は穴に挿入するリード挿入部品を用いたリード挿入実装方式より，実装の高密度化にしたがい，表面実装方式へと変化した。部品のリードのピッチが狭くなり，PGA，BGA，CSPなどのバンプ接続が一般化した。これは，高密度配線を持つプリント配線板を必要とする。これに加え，さらに高密度化を狙って，半導体のベアチップ実装が導入され，これが発展して，半導体パッケージのインターポーザー，マルチチップモジュール(MCM)，システムインパッケージ(SiP)として，プリント配線板の適用が拡大してきている。

　プリント配線板は電子部品の1つで，装置構成部品といわれている。高密度化で，絶縁性の向上，導体抵抗の減少の他に，情報量が増大，高速信号を処理するために，信号ラインはトランスミッションラインを構成し，特性インピーダンスの整合など，高度の電気特性が要求されるようになってきている。

　本書は材料についての集大成であるので，ここでは材料についての記述は省略している。

第1章 プリント配線板および技術動向

2 電子機器の実装とプリント配線板の特性

2.1 実装階層

電子機器は図1のごとく，LSI，IC などの半導体部品，複合部品，抵抗，コンデンサなどのデスクリート部品，コネクタ，その他の部品をプリント配線板に搭載，接続することで作り上げられる。半導体チップは多くの場合，インターポーザに搭載され，パッケージとして使われる。このパッケージをマザーボードといわれるプリント配線板に搭載する。このように，部品類はインターポーザ，マザーボードと階層を重ねて，次第に規模の大きい機器を構成していく[5]。

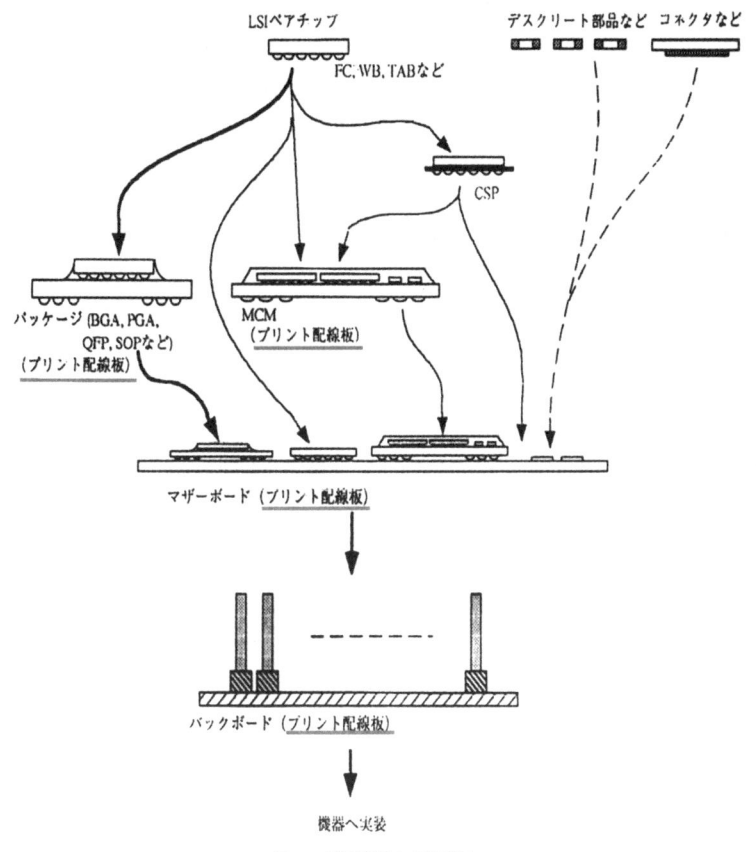

図1 電子機器の実装階層

エレクトロニクス実装用高機能性基板材料

ここで用いているインターポーザー,マザーボードは最近では有機樹脂を用いたプリント配線板である。電子機器で,プリント配線板を用いず,半導体チップのみで構成したものは皆無といってよい。

最近の半導体のロードマップによると,チップ内のクロック周波数はGHzオーダーとなり,配線ルールは130nmより90〜65nmと微細化し,集積度は急速に増加している。集積度を表すゲートの総数(G)チップより引き出されるI/Oピンの数(P)は,(1)式のRENTの経験則

$$P = kG^\nu \tag{1}$$

により表される。k, νは定数で,νはマイクロプロセッサーで0.45,メモリーで0.12,プリント配線板で0.25程度である[6]。

しかし,チップの大きさは今後ともほとんど変化しないと考えられ,したがって,パッケージより引き出されるI/Oピンのピッチは今後ますます小さくなり,これに接続する基板であるプリント配線板にはより微細な配線となることが求められてくる。

2.2 プリント配線板の配線ルール

プリント配線板の配線ルールは機器の構成,使用する電子部品によって異なるが,先端を行くパッケージなどにおいては表1と考えられる。

現状において,導体幅は多くのもので100〜50μm程度と考えられるが,今後より微細なものが求められ,50〜10μm程度のものは近い将来実現すると考える。5μm幅となると,まだ問題点も多く,実用化には時間がかかるであろうが,半導体内部配線とのバランスを考えると,この程度までの実用化が必要である。

表1 プリント配線板の配線ルール

項　目	現状レベル	将来レベル
ライン幅	100〜50μm	50〜5μm
ライン間隙	100〜60μm	50〜5μm
導体厚	20〜15μm	15〜20μm
バイア径	150〜60μm	60〜30μm
ランド径	400〜150μm	180〜80μm
層間間隙	80〜40μm	40〜20μm
全板厚	500〜1000+μm	300〜800μm
層数	6層〜16層+	6層〜30層+

第1章 プリント配線板および技術動向

高密度化するプリント配線板では多層化することが必然で,層数は必要に応じ設定されるが,多くなる傾向であり,同時に,立体方向の接続のビア径,ランド径もより微小なものが求められていく。

層間の間隙は電気特性にもよるが,軽量化のために小さくなる方向にある。

これらの諸元は製造技術に直接関係するもので,技術の向上が必要となる。

2.3 電気特性
2.3.1 直流的特性

プリント配線板上の導体パターンを微細にすることにより,必然的に導体抵抗は大きくなる。パターンの長さが小さいときはそれほど問題にならないが,大きくなると信号の伝送特性に影響する。このため,パターンの直流抵抗を低減するためには導体幅が小さくなるに従い,高さを大きくして,断面積を減少させないようにすることが必要となる。

また,高密度化でパターン間隙は微細なものとなり,パターン間の絶縁抵抗は低くなりやすい。これを高絶縁抵抗のものにすることが重要となる。このために,基板の材料の絶縁抵抗を大きくし,プリント配線板の製造過程における汚染に十分注意することが必要となる。

2.3.2 交流的特性

電気信号を忠実に伝送するために,信号ラインの特性インピーダンス(Z_0)の整合が重要になる。図2のごとく,グラウンド層との組み合わせで,マイクロストリップとストリップラインとがある[7]。この特性インピーダンス(Z_0)は次式で表される。

$$Z_0 = \sqrt{\frac{R+j\omega L}{G+j\omega C}} \tag{2}$$

$$Z_0 = \sqrt{\frac{L}{C}} \quad (高周波では\omega = 2\pi f が L, G にくらべ大きい場合)$$

実際の信号ラインでは導体幅,導体厚さと信号-グラウンド間の距離,絶縁体の比誘電率により決まるものである。

また,信号伝播速度(v)は

$$v = K \cdot C \frac{1}{\sqrt{\varepsilon_r}} \tag{3}$$

で表され,高速化するためには比誘電率ε_rを小さくすることが求められる。

信号の伝搬における減衰は導体損と誘電体損があり,誘電体損が大きいと,高周波の信号の減

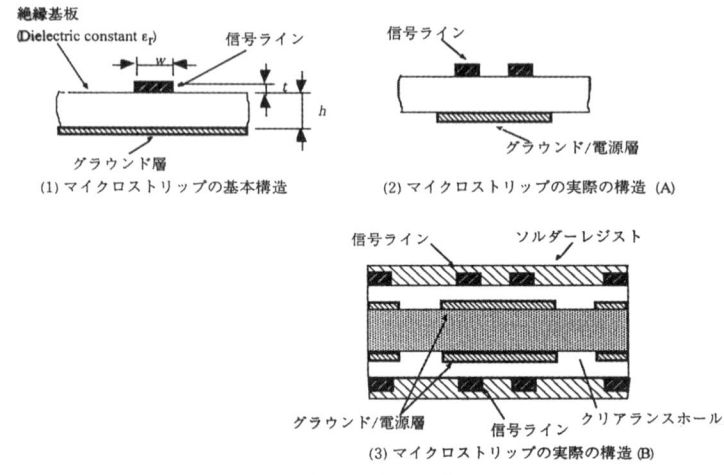

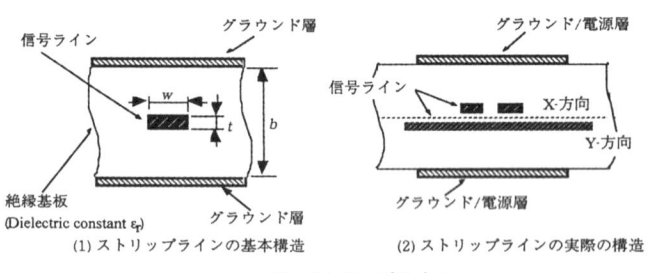

図2 伝送ラインの構造

衰が著しくなる。誘電体損は

$$D = k \cdot f \cdot \sqrt{\varepsilon_r} \cdot \tan \delta \tag{4}$$

で表される。この特性は材料依存性が大きく，tan δ の小さいものが望まれている。

　信号が高周波となると，信号電流は導体の表面を流れるようになる。これを表皮効果といっており，この対応として，導体表面が平滑なものであることが必要となる。導体内の高周波電流の流れる厚さを Skin depth といい，

第1章 プリント配線板および技術動向

$$\delta = \sqrt{\frac{2}{\sigma \omega \mu}} \tag{5}$$

で表され,実際の厚さは伝導度が$1/e$に減少するまでの厚さとして表2に示した。

その他,信号の反射,EMIなどの考慮を払うことが重要となる。

表2 表皮効果の厚さ

周波数 f	厚さ δ (μm)
1 kHz	2.14
10kHz	0.68
100kHz	0.21
1 MHz	0.06
10MHz	0.02
100MHz	0.0066
1 GHz	0.0021
3 GHz	0.0012
5 GHz	0.00093
10GHz	0.00066
12GHz	0.00060

伝導度が$1/e$に減少するまでの厚さ

3 多層プリント配線板における接続

3.1 表面パターンの接続

プリント配線板は銅張積層板を用いるものが多く,銅箔をプリントエッチング法により作成される。めっきスルーホール法では表面が銅箔とめっきで析出した銅層で構成され,全面に銅めっきしたものはフォトエッチング法により形成するパネルめっき法と,パターン部をめっきによる積み上げるパターンめっき法,セミアディティブ法,および無電解銅めっきで形成するフルアディティブ法がある。このように,Z方向の接続と関連し,プロセスはいくつかのものがあり,作成するプリント配線板の仕様,プロセスの構築の容易さなどにより選択されている。

この他,導電性ペーストの印刷やナノ粒子金属ペーストのインクジェットによる印刷などの接続法の開発が進められている。

3.2 Z方向の接続

両面プリント配線板,多層プリント配線板では絶縁基板上の導体を板厚方向（Z方向,立体接続）に接続することが必要である。これまでのめっきスルーホールプリント配線板や各種のビルドアッププリント配線板の多くのものは銅めっきにより接続されている。

この他に,導電性ペースト（Cu, Ag）により接続するもの,はんだバンプにより接続するもの,銅めっきと導電性ペーストによる接続,銅めっき-はんだめっきの溶融により接続するものなど,数多くの方法が提案されている。ここでは主としてめっきによる方法を記述するが,その他のものも紹介する。

4 多層プリント配線板のプロセス

4.1 めっきスルーホール法

両面プリント配線板において,表裏のパターンを接続するためにジャンパー線（Jumper）やハトメ（Eyelet）法,めっきスルーホール法がある。めっきスルーホール法は多層プリント配線板においても,長い間用いられ,今日でも継続して使用されている。そのプロセスは図3に示すものである[8]。

この方法は製造が合理化され,信頼性に優れたものである。実際に実用化にあたり基板材料や製造プロセスについて確立することが必要で,近年,その技術は著しく進展し,大変安定したものとなってきている。

めっきスルーホール法はガラスエポキシ銅張積層板,または,ガラス高耐熱性樹脂銅張積層板を用い,内層となるコア基板にパターンを作成,設計仕様にしたがった層編成を行い積層する。次いで,接続するところに穴をあけ,無電解銅めっきを用いて穴内を導通化し,電解銅めっきによりZ方向の接続を確実に行い,表面の導体パターンを作成するものである。この方式は,有機樹脂プリント配線板の製造においての基本となっているもので,後述のごとく,ビルドアップ多層プリント配線板においても基本的技術となっている。

4.2 パネルめっき法とパターンめっき法

めっきスルーホール法では穴内をめっきすると同時に表面もめっきされる。したがって,めっき後の外層パターンの作成法として,次の方法があり,製品の内容,企業の方針により選択されている。

1) 銅張積層板など表面に銅箔を持つもの（図4）[9]

a) パネルめっき法

第1章　プリント配線板および技術動向

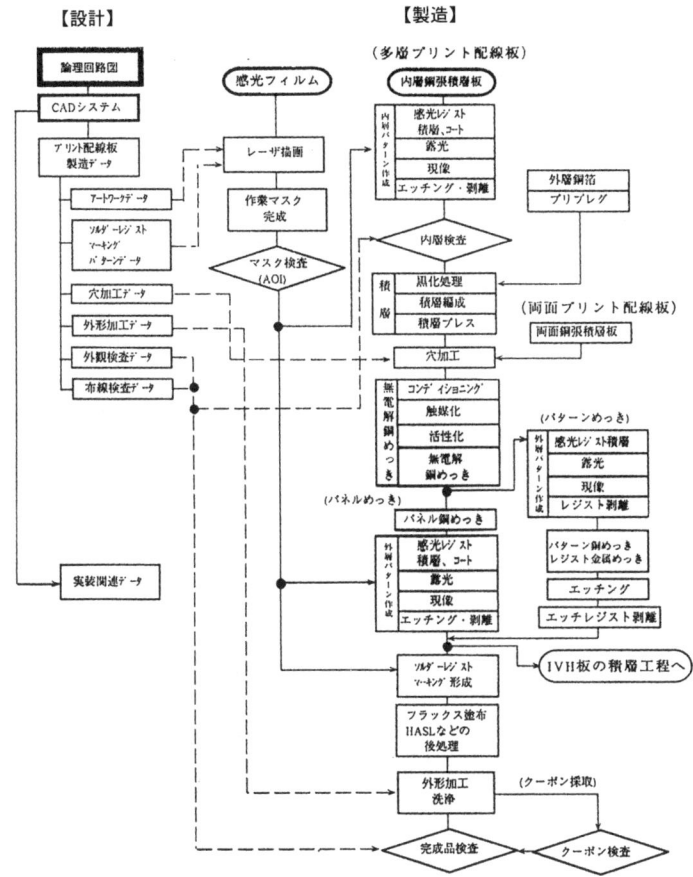

図3　めっきスルーホール法による多層プリント配線板の製造プロセス

　b）パターンめっき法
2）銅箔を持たず，表面が樹脂の面になっているもの（図5）[10]
　a）セミアディティブ法
　b）フルアディティブ法
　　パネルめっき法とパターンめっき法について，断面で比較したのが図6である[11]。1）のa）パネルめっき法はスルーホールめっきと同時に，パネル全面に銅めっきを行い，エッチングレジストを用いて，銅箔と銅めっきの銅層をエッチングして導体パターンを作成する方法である。こ

11

エレクトロニクス実装用高機能性基板材料

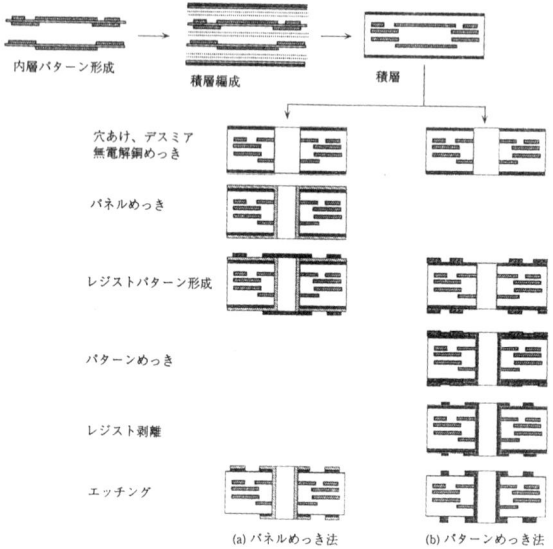

図4　サブトラクティブ法のプロセス

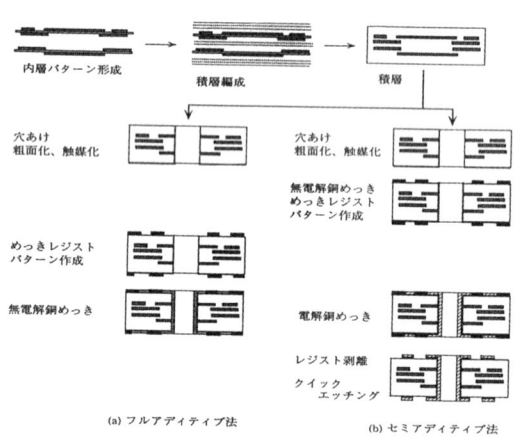

図5　アディティブ法のプロセス

第1章　プリント配線板および技術動向

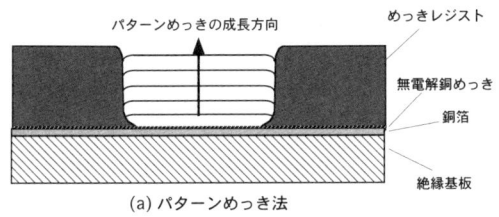

(a) パターンめっき法

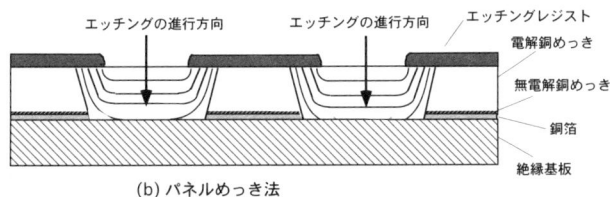

(b) パネルめっき法

図6　パターンめっき法とパネルめっき法の比較

の方法はめっきの全面に渡り均一に析出させることができるが、エッチングでは厚い銅層をエッチングするので、パターンの変動が大きく、精度を必要とする場合は銅層の薄いものに適用される。b)パターンめっき法は無電解銅めっき後、めっきレジストにより、開口部に銅めっきをすることで導体パターンを形成する。その後、めっきレジストを剥離し、不要な銅をエッチングにより除去し、導体パターンを作成する方法である。この方法のパターン精度はめっきレジストパターンの解像度に依存し、精度のよいパターンを得ることができる。しかし、ベースとなる銅箔が厚いと、めっきしたパターン部もエッチングにより変形するので、ベース銅層はできる限り薄いことが必要となる。このため、極薄銅箔または銅箔の途中までエッチングするハーフエッチングにより薄くして用いている。

　2)のa)セミアディティブ法は銅箔を持たず、樹脂表面に無電解銅めっきを析出する方法で、この無電解銅めっき層をベースとして、パターンめっきをするものである。1)のb)のパターンめっき法とほとんど同じであるが、このプロセスと比較して、導体形成後のエッチングを非常に少なくすることができる。このため、ファインパターンを作成する場合にはこのセミアディティブ法を用いている。しかし、この方法はベース樹脂と無電解銅めっきとの密着性を向上させるために、微細な凹凸を付けることができる樹脂を用いている。また、導体パターンの面積の粗密によりめっき厚が変動し、均一性にかけるので、この対策が必要となり、現在のところ普及が進んでいないが、高密度パターンを必要とするところで実用化されている。2)のb)フルアディティブ法は樹脂表面にパラジューム触媒を形成したところで、めっきレジストパターンを作り、無電

13

解銅めっきにより導体パターンを完成させるものである。この方法は利点はあるが，めっきレジストが長時間にわたり耐アルカリ性のあるものが必要で，できればそのままソルダーレジストとしてフィールドで使用できるものであることが望ましい。無電解銅めっきを継続して行うために，常に同じ状態に管理することが重要となり，また，樹脂基板に無電解銅めっきが密着性の大きくなるような処理が必要となる。全体として，管理が大変難しく，最近では実施している所が少なくなっている。

IC (Integrated Circuit)，LSI (Large Scale Integrated Circuit) が出現し，電子機器をコンパクトにしようと小型化の傾向が強くなり，また，LSIのピンの増加，配線量の増大により，配線密度の高い，微細配線のプリント配線板が必要となり，ここで説明したもののうちセミアディティブ法の採用する企業が，次第に増加している。

4.3 めっきを用いたビルドアッププロセス

高密度配線を実現するため表面実装方式とし，板を貫通するめっきスルーホールだけではビアの数を確保できなくなり，導体層の一部を接続するIVH (Interstitial Via Hol，ベリードホール，ブラインドホール）を用いる方向になってきた。また，有機樹脂多層基板をベースBGA，PGA，あるいは，MCM，SiPへの適用と，高密度プリント配線板の応用範囲が広がり，これに対応するために，ビルドアップ・プロセスによる多層プリント配線板が1990年頃より開発が進められ，1998年ごろより実用化された。

ビルドアップ・プロセスは多層プリント配線板の異なる導体パターンを持つ導体層と絶縁層とをコア基板上に1層ずつ積み上げ，この層間をViaで接続，一層ごとに形成していく多層プリント配線板の製作法をいう。ビルドアッププロセスでは導体層の層毎にViaの配置を自由に行うことができ，配線の自由度が大きくなる。Viaの径や配線の微細化を行い，配線密度を増大することが可能となるものである。しかし，このために，微細配線技術が必要であり，微細な導体パターンの密着性，微細なパターン間の高絶縁性，および，コア基板の配線密度の向上を行わなければならない。

接続方式にはめっき接続方式と導電性ペースト接続方式など数多くの提案がある。一括積層方式もビルドアップ方式をモデファイしたものと考える。

ここではめっき方式を記すが，導電性ペースト方式，一括積層方式も後述する。

このビルドアップ法は1967年に有機材を用いたプレーテッドアップ法として発表されたものがはじめと考えられる。その後，1979年にPactel法としてビルドアップ方式のものを発表している。しかし，これらは製造法が複雑であり，材料，装置，加工法が未発達で，プリント配線板としては実用化されなかった（ビルドアップ法については日本プリント回路工業会発行調査報告「プリ

第1章 プリント配線板および技術動向

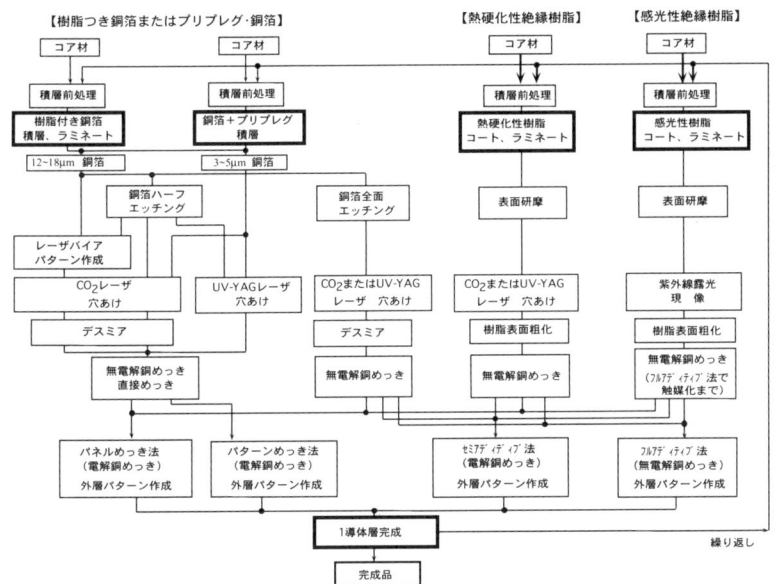

図7 ビルドアッププロセスにおける材料とビア作成プロセスの比較

ント配線板工業の長期展望」に紹介されている)。1988年になり，ジーメンスよりMicrowiring Substrate，1991年に日本IBMよりSLCとしてビルドアッププリント配線板が発表され，その後各方面での開発が盛んになり，プロセスや材料，装置の開発が進められ，1998年頃より実用化したものである[12]。

ビルドアッププリント配線板は高密度実装の要求に応え，高度の機器とともに小型機器のデジタルカメラ，携帯電話，その他の携帯機器，および，BGA，CSP，MCM，SiPなどの半導体素子のインターポーザーへと適用されている。

ビルドアッププロセスはめっきスルーホール技術にベースをおき，絶縁材料として感光性絶縁樹脂，熱硬化性絶縁樹脂，あるいは，樹脂付き銅箔，通常の銅箔とプリプレグとを組み合わせたものなどが用いられる。これらの材料を用いたビルドアッププロセスを図7に示した[13]。感光性絶縁樹脂は感光性ソルダーレジストと同じプロセスで行うことができる。初期に用いられたが，その後，レーザ穴あけ法の技術が急速に向上し，図8に示した樹脂付き銅箔プロセスを用いると，従来の多層プリント配線板の設備の改善で作れるので，この材料が急速に進展した[14]。最近ではレーザにより直接銅箔の穴加工している。その後，銅箔とプリプレグの組み合わせによるビルドアップ法の適用が見られるようになり，ガラス布のガラス繊維を均等に分布させたものが開発さ

15

エレクトロニクス実装用高機能性基板材料

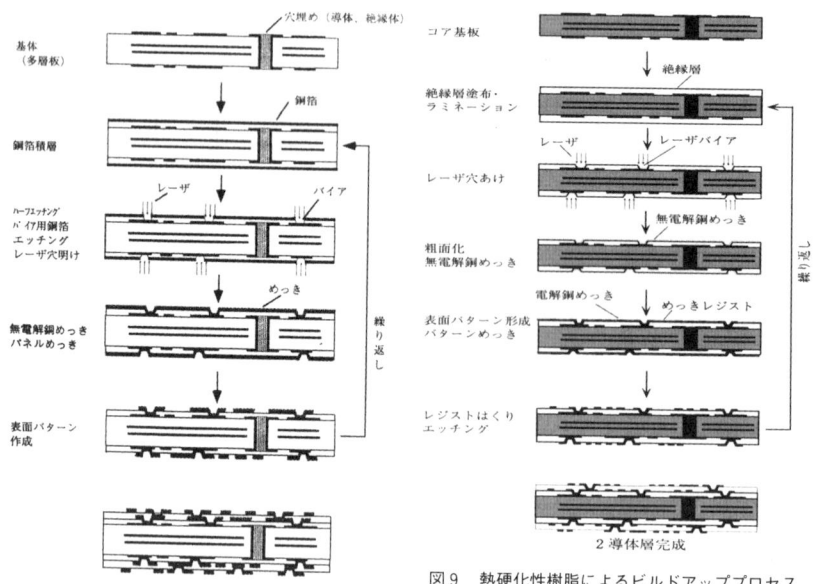

図8 樹脂付き銅箔を用いたビルドアッププロセス
(パネルめっき法)

図9 熱硬化性樹脂によるビルドアッププロセス
(セミアディティブ法)

れている。ファインパターン作成には図9に示した熱硬化性樹脂層を用いたプロセスが適用されている[15]。

穴あけは、感光性樹脂は紫外線、樹脂付き銅箔や、熱硬化性樹脂を絶縁層として持つものは炭酸ガスレーザを用いている。無電解銅めっきを密着させるために、銅箔があると容易であるが、銅箔はファインパターン作成が容易でない。熱硬化性樹脂は表面を粗面化させるために、特殊な組成のものを使用している。

絶縁層上のパターンの作成は4.2節のパネルめっき、パターンめっき、セミアディティブの方法が適用されている。そのうち、樹脂付き銅箔を用いたものの多くはパネルめっき法を適用している。ファインパターンを得るためには、銅箔のないセミアディティブ法が優れており、めっきの密着性のよい熱硬化性絶縁樹脂を用い、レーザで穴をあけ、インターポーザーなどに用いられるようになっている。感光性絶縁樹脂も同様のアプリケーションとなっている。

以上は、現在、実用化しているプロセスであるが、開発されているプロセスとして、次のようなものがある。

第1章　プリント配線板および技術動向

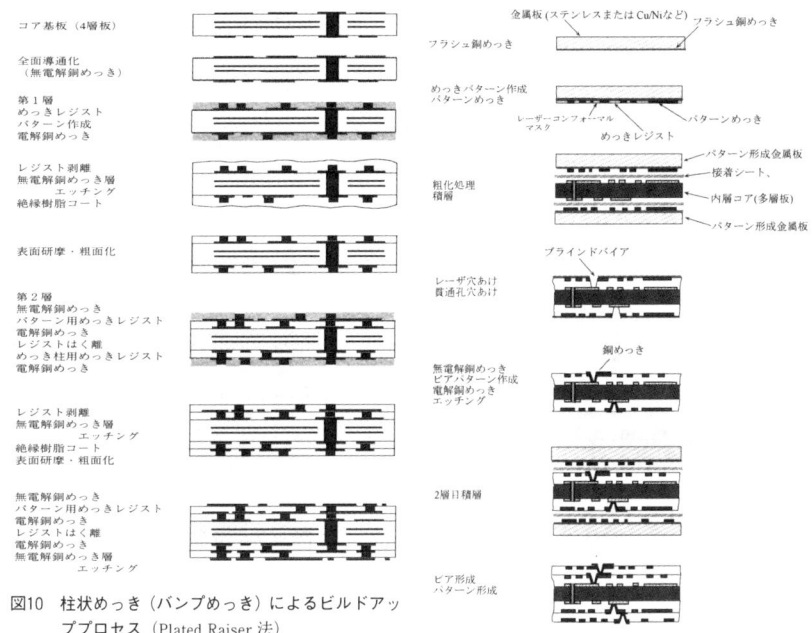

図10　柱状めっき（バンプめっき）によるビルドアッププロセス（Plated Raiser 法）

図11　転写法によるビルドアッププロセス(1)

　図10はセミアディティブ法により，導体パターンとZ方向の接続の柱状めっき（バンプめっき）を行い，導体層を積み上げていく方法である[16]。この方法により開発されたものがファインパターンを実現している[17]。このプロセスに類似しているものとして，パネル全面に銅めっきを行い，バンプ部をエッチングにより形成する方法も開発されている[18]。また，最近，パターンの転写によりプリント配線板を形成する手法がいろいろと考えられている。図11はパターンを転写し，コンフォーマルビアを形成し，ビルドアッププリント配線板としたものである[19]。このモデファイとして，図10の方法を応用し，図12のごとく，銅めっきの先端にはんだめっきを行い，接着材層を通して，ビルドアップ層を形成する方法も考えられる。このような方式によるビルドアッププロセスはファインパターンを埋め込むことにより強固な接着をすることもできるものである。
　最近ではコア基板の片面に積上げる方式，製造中に銅箔などの支持体を用い完成後支持体を除去しビルドアップ層のみとする方式なども用いられている。

4.4　導電性ペーストを用いるビルドアッププロセス

　導電性ペーストを用いるビルドアッププロセスとして，図13に示す ALIVH 法[20]と図14に示し

エレクトロニクス実装用高機能性基板材料

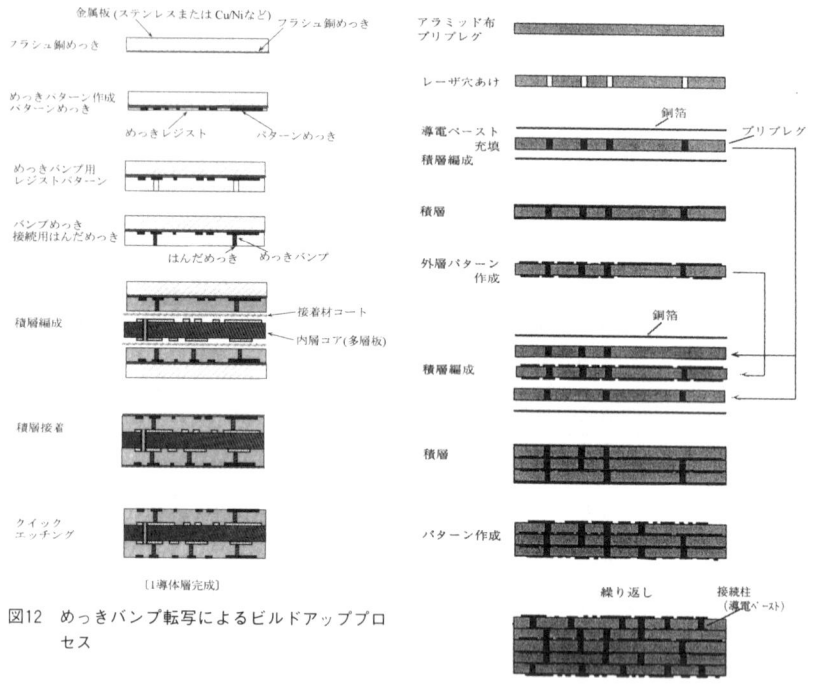

図12 めっきバンプ転写によるビルドアッププロセス

図13 ALIVHによるプロセス

たB²it法[21]がある。図13のALIVH法はアラミッド不織布を基材とするエポキシのプリプレグにレーザで穴をあけ，導電性ペーストを充填，銅箔と積層して積層板とし，表面のパターンをフォトエッチング法でパターンを作成する。さらに，導電性ペーストを充填したプリプレグと銅箔を積層して積み上げていくプロセスである。最近では，アラミッド不織布のかわりにガラス布を用いたものも開発されている。

図14のB²it法は基板または銅箔に円すい状に導電性ペーストを印刷し，プリプレグなどの接着シートを機械的に貫通させた後，上部の銅箔などと加圧，加熱により接続，その後銅箔をエッチングによりパターンを作成する。これを繰り返すことで導体層を積み上げるものである。

これらは，めっき法を用いていないので，環境性，コストで優位であるとしている。しかし，いずれも銅箔のエッチングで導体パターンを作成しているので，ファインパターンは銅箔の厚さにより限度が見られる。

これらの方式の基板をコア基板として，この上に通常のめっき方式ビルドアップ層を設けるも

第1章 プリント配線板および技術動向

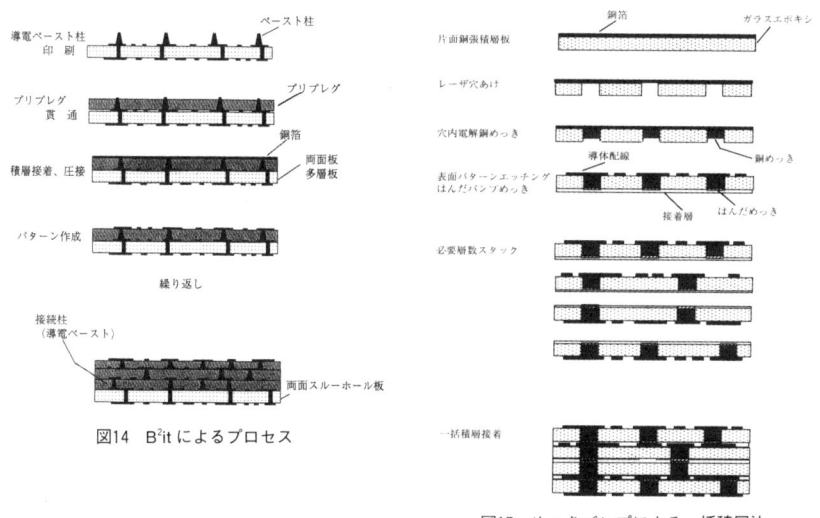

図14 B²itによるプロセス

図15 めっきバンプによる一括積層法

のも開発されている。

4.5 一括積層法

ビルドアッププロセス的な考えを入れ，多層板の各層をそれぞれ用意し，一括で積層，接続しようとする方式も開発されている。

ビルドアップ方式はビルドアップ層が2層以上になると歩留まりの低下が大きくなると考えられ，層数がより多くなると，すでに形成した層の熱履歴が多くなり絶縁層が劣化する，あるいは，めっき方式で接続するのでコストが高い，コア材を用いるので，ビア数に制限があるなどの欠点が指摘された。これに代わり，内層個々の層を別に作る一括積層法が提案されてきた。この方式は出産管理が容易であるといわれている。

一括積層法は現在，次のものが提案されている。

4.5.1 片面銅張積層板—めっき柱による一括積層方法

片面銅張積層板レーザによりビアをあけ，穴内に柱状の銅めっき，先端にハンダめっきを行い，接着剤を塗布，積層する方式である（図15)[22]。

4.5.2 パターン転写による一括積層法

特殊なシートに貼りあわせた銅箔をレーザで穴をあけ，導電性ペーストを充填したプリプレグに転写，積層接着する方式である（図16)[23]。

エレクトロニクス実装用高機能性基板材料

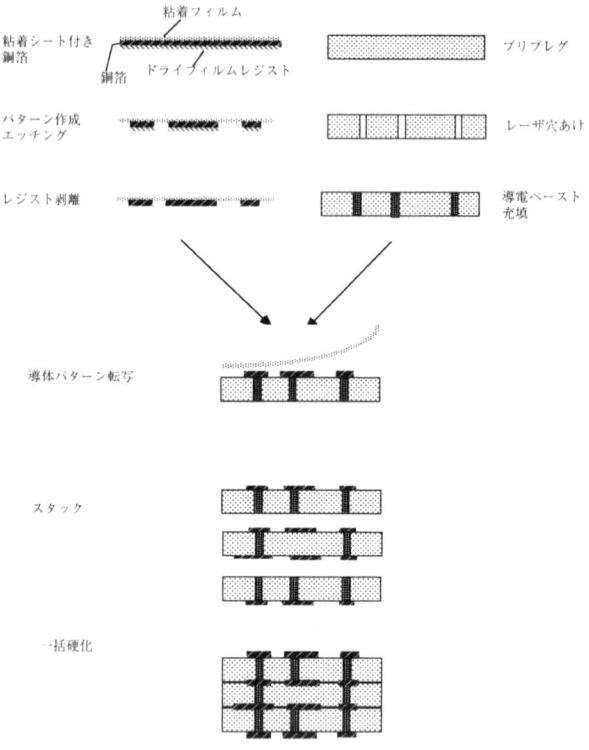

図16 プリプレグへの銅箔転写による一括積層法

4.5.3 めっきによるパターンの転写—フラックス性樹脂接着による一括積層法（図17）[24]

銅箔上に導体パターンと樹脂層にバンプ状めっきを行い，これらを一括積層法する方式である。この他に，1) ポリイミドフィルムを用いる一括積層法（片面銅張ポリイミドフィルムにビアをあけ，導電性ペーストを充填，熱可塑性ポリイミドにより積層する方法）[25]，2）めっきスルーホールポリイミドフィルムの一括積層法（めっきスルーホールポリイミドフィルムをはんだバンプで積層，接続する方式）[26]，3）熱可塑性樹脂を用いる一括積層法（片面銅箔耐熱性熱可塑性樹脂積層板に穴をあけ，溶融金属ペーストを充填，積層する方式）[27]などがあり，これらの方式は現在開発が進められ，さらに新方式のものが出されている。

一括積層法においてはビルドアップ法に比し，いくつかの利点が強調されているが，この方法についての問題点も考えられる。いくつかを挙げると，1）上記(3)を除き，片面銅張板を用い，

第1章 プリント配線板および技術動向

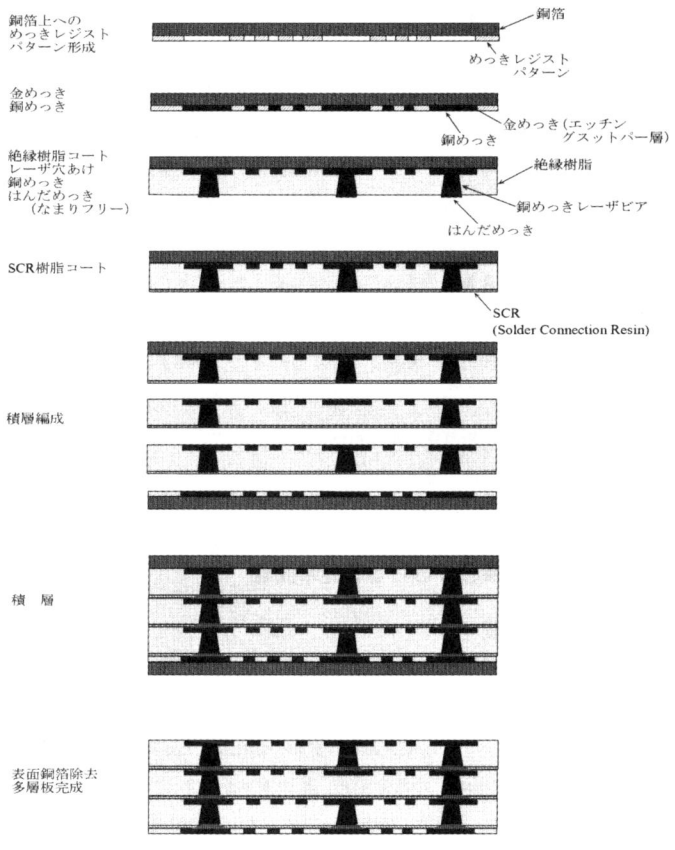

図17 転写法を用いた一括積層法

銅箔のエッチングで導体パターン作成するため，銅箔の厚さでファインパターン作成に限度がある。2）有機材の積層時の寸法変化が大きく，位置合せ対策が必要，3）片面板についてパッドのないビアを対向させる接続，またはコア層が必要。特に，熱可塑性樹脂における樹脂全体が流動化の制御が必要となる，4）一括積層方式といっても個々の絶縁層の厚さは小さく，プリント配線板として部品支持強度によってはコア層が必要となる，などである。

今後，このような想定される問題の解決をすることにより，実用化が進むと思われる。

21

エレクトロニクス実装用高機能性基板材料

4.6 フレキシブルプリント配線板

　最近になり小型，携帯用の実装にフレキシブルプリント配線板を適用するケースが多くなってきている。材料としては耐熱性ポリイミドフィルムが用いられている。当初はポリイミドフィルムに接着材をコーティングし，片面に銅箔を貼った3層構造の1メタル配線板が製作され，今日でも需要は多い。パッケージのインターポーザーを基板として，接着材なしの2層式フレキシブルフィルムの需要が大きくなってきた。これはポリフィルムに熱可塑性ポリイミド層を設ける，ニッケル，クロムなどの金属スパッタ層に銅めっきを行う，銅箔にポリイミドをキャストするなどの基材が実用化している。片面板が多いが両面板も多くなってきている。これらのポリイミドフィルムを用いた多層板やフレクスリジッドプリント配線板なども作られている。特に，携帯電話，デジタルカメラなどの内部配線に適用されるようになり，2000年ごろより急速に需要が進展してきている。

　これらのプリント配線板も，めっきスルーホール方式，ビアフィルめっき方式，導電性ペースト充填方式など，機器の内容に応じ種々のプロセスにより作成されている。

5 プリント配線板の製造における最近の技術

5.1 スタックビアの接続技術

　ビルドアップ法によるといくつかの絶縁層間を跨がって接続する場合，図18(a)のように，ビア直上にビアを形成できず，千鳥足状の接続（Staggered Via）になり，接続する空間に無駄ができ，配線が長く電気特性が劣化する[28]。電気特性は3層間の接続を千鳥足状の接続にすると，1つの例としてインダクタンスは$191pH$となるものが，直上のスタックビア（多重層接続）とすると$46.9pH$と減少する。このため，直線上に接続するスタックビアの要求が多い。

　スタックビアとして図18(b)〜(d)のような方法が考えられる。図18(b)は絶縁層間にブラインド穴をあけ，ここにめっきで穴内を充填して接続を行う方式で，フィルドビアといっている。めっきで充填するので，ビア径を小さくすることも可能である。このフィルドビアを完成させるためには，穴内と表面のめっき電流を制御する数種の添加剤を加え，この安定した管理が重要となる。図18(c)はめっきでバンプを形成するもので，プロセスとして，前記の図10または図12がある。パターンめっき法，セミアディティブ法で導体パターンやバンプを形成し，フィルドめっきなどは不要となる。図18(d)は積層した絶縁層を貫通して穴を空け，コンフォーマルめっきをするものである。この方法では厚くなると穴径が大きくなり，また，深さが大きくめっきが入り難くなる。図18(e)はコンフォーマルめっきした穴に導電性ペーストを充填したものである。めっきのないもので，導電性ペーストを充填するALIVH法，B^2it法や一括積層法ではスタックビアを実現して

第1章 プリント配線板および技術動向

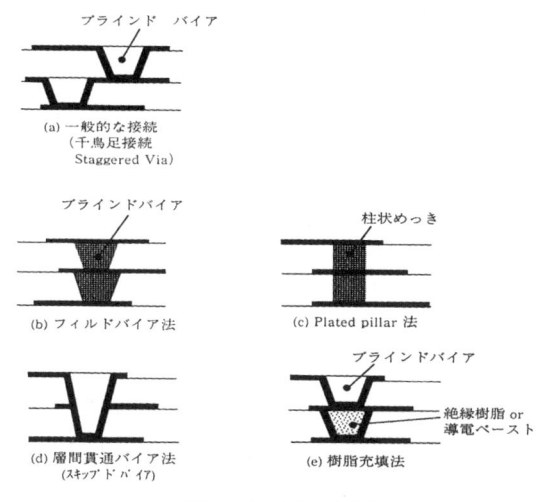

図18 スタックビアの形式

いる。

5.2 平坦面への絶縁層，導体層接着

　この場合には導体上への絶縁体の接着と絶縁体上へのめっきの接着がある。いずれの場合でも現行のプロセスでは導体表面の粗面化を行い，接着力を向上させている。しかし，2.3節の電気特性で記したように，GHzオーダーの高速対応として特性インピーダンスの整合，低誘電率材の適用に加えて，表皮効果の影響が大きい。これに対処するために，平滑面への接着が重要なこととなってきている。現在のところは開発中で，実用化したものは無いが，今後，近い将来実用化するものと思われる。

5.2.1 導体上への絶縁体の接着

　銅箔あるいはめっきによる銅層のパターンへの接着では，現在は粗面化処理し，その凹凸により導体の引きはがし強度を大きくしている。凹凸面の形成として，銅パターン上では黒化処理，銅の凹凸エッチングなど，銅箔では製造過程で粗面化処理を行っている。

　平滑面への接着として次善の方法としてロープロファイル銅箔の適用が増えてきた。しかし，本当の平滑面への接着については完全なものは無い。最近，ポリイミドの樹脂層に熱可塑性ポリイミドの条件を最適化することにより，平滑面への接着力が向上することが報告されている[29]。トリアジンチオールなどの接着層材料を銅にコーティングする開発も報告されている。

5.2.2 樹脂上への無電解銅めっきの接着

樹脂面に無電解銅めっきを行う場合，めっき被膜はPdなどの触媒により銅を析出することになり，樹脂表面に吸着したPdの接着力は大きなものではない。このため，現在のところ，めっき析出面を粗面化し，アンカー効果で密着性を向上させている。これは，高周波特性を劣化させることになり，いくつかの試みがなされている。

ポリイミドフィルムにはニッケル，クロムなどの薄膜のスパッター層に銅めっきをする方法が実用化している。エポキシ樹脂においても効果あるが，実用化していない。研究中のものとして，KOH, $Cu(CH_3COO)_2$で処理，その後熱処理することで，微細な銅の分散層を表面に作り，ここを核として，無電解銅めっきを析出させる方法の報告[30]，酸化チタンの懸濁液中で紫外線を照射することで，ヒドロキシル基，カルボニル基を含む改質層を生成し，この表面に，無電解銅めっきを析出させることで，ピール強度1.17kgf/cmを得ていることの報告[31]がある。樹脂組成の調整でも密着性を向上させる可能性もあり，今後の研究と実用化が期待される。

6 プリント配線板の信頼性

プリント配線板における信頼性で重要なものは接続の信頼性と絶縁の信頼性と考える。接続の信頼性は微細となる配線，微小なビア径となって，基材と金属の熱膨張係数の差による接続不良がある。また，絶縁の信頼性では配線の微細化，板厚の減少のために，絶縁間隙が小さくなり，絶縁体のイオンマイグレーションについての対策が重要なものとなってきている。

6.1 接続の信頼性

接続信頼性に関するものは，導体パターンの接続，ビアと導体パターンとの接続，ビア内の接続が関係する。配線を断線とするストレスは基板材料との熱膨張率（Coefficient of Thermal Expansion, CTE）の差により生じるものが多い。微細化する配線で，幅を小さくし，配線の厚さを小さくすると，ストレスに抗し切れずに断線することが考えられる。耐熱性のあるポリイミドではストレスが小さいが，エポキシ樹脂ではCTEが大きく，その影響が考えられる。材料に関係するもので，低CTEの材料が開発される。

ビアも微細化するにしたがい，材料とのCTEの違いによりストレスが大きくなる。プリント配線板が薄くなるとそのストレスは減少するが，微小径のためコンフォーマルめっきの厚さが小さいと断線の恐れがあり，フィルドめっきビア，柱状バンプめっきなど穴内が充填されている構造が必要となると考える。

これらの信頼性の評価のために加速試験が行われる。その試験法を表3に示した[32]。3種類の

第1章 プリント配線板および技術動向

表3 熱衝撃の環境試験法と条件

試験項目	試験方法と条件	測定項目
熱衝撃試験 (サイクル試験) 1サイクル	JIS C 5012,9.2 条件の指定は個別規格による ステップ1　　　　　　　　　ステップ2 条件　　　　　　　　　　　　条件 　1) −65℃ 30分　　　　　　1) 175℃ 30分＊ 　2) −65℃ 30分　⇔　　　 2) 125℃ 30分 　3) −65℃ 30分　　　　　　3) 100℃ 30分 　4) −55℃ 30分　　　　　　4) 100℃ 30分 直接，高温，低温チャンバーに移送。 1〜30秒以内に移送，3分以内に指定の温度にする。 (気相を原則とするが，液相も指定される) ＊耐熱樹脂対応	チャンバー内での 導体抵抗変化 取り出して外観検査
熱衝撃試験 (高温浸せき) 1サイクル	JIS C 5012, 9.3 条件の指定は個別規格による 260℃　3〜5秒　　移送　　　20℃　20秒 シリコーン油など　15秒以内　有機溶剤など	1サイクル終了後の 導体抵抗変化
熱衝撃試験 (流動床サンド浴) 1サイクル	IEC Pub.326-2, Part 2, Test Methods 9.9.2 260℃　時間は　　⇔　　15〜35℃ 　　　個別規格	1サイクル終了後の 導体抵抗変化

方法を示したが，サイクル試験が標準となっている。しかし，加熱媒体が通常は空気であるが，液体を加熱媒体と指定するものもある。これはプリント配線板としては規格が無い。また，高温側の温度の指定が，基材の性質を無視した高温を指定することがある。加速試験の意味を考え，意味のあるものとすることが望まれる。

6.2 絶縁の信頼性

微細配線となると配線間隙の狭小化，層間厚さの減少により，導体パターン間の絶縁問題は重要なものとなる。含有する不純物など材料依存性が大きいが，プリント配線板製造過程での不純物の残留も問題である。ハロゲンフリー材など品種の転換の中で，純度を上げているものも見られ，絶縁信頼性も向上してきている。

イオンマイグレーションは絶縁材表面，内部の不純物，電界，吸湿などの条件がそろったときに発生する[33]。必ずしも銅などの金属ばかりでなく，潮解性塩の析出で，絶縁低下を起こすこともある[34]。また，ガラス布基材樹脂積層板ではガラス-樹脂界面のマイグレーションが観察されている。これはCAFといわれている。日本では発生は見られていないが，海外では問題視されている。

25

エレクトロニクス実装用高機能性基板材料

表4 加湿環境試験法と条件

試験項目	試験方法と条件			測定項目
温湿度サイクル試験	MIL 275, JIS C 5012 9.4, IPC TM650 2.6.3E ℃ 90〜98%RH A A：65℃ 25 ←2.5→←3.0→←2.5→←2.5→←3.0→←2.5→ 時間 ←―1サイクル―→			試験中の絶縁抵抗 取り出して 耐電圧 外観検査 試験中, 電圧を 印可することもある
耐湿性試験 （定常加湿）		温度	湿度	試験中の絶縁抵抗 取り出して 耐電圧 外観検査
	I IPC TM650 2.6.14 10VDC, 500hrs	85℃	85% RH	
	II JIS C 5012, 9.5	40±2℃	90〜95% RH	
HAST（Highly Accelerated temperature & humidity Stress Test） （不飽和）	EIA/JESD22-A110-A 130℃, 85%, RH 96時間 IEC-68-2-66 110℃, 85% RH, 96/192/408時間 120℃, 85% RH, 48/96/192時間 130℃, 85% RH, 14/48/96時間			絶縁抵抗測定 外観検査 腐食による接続不良
PCT（Pressure Cooker Test） （飽和）	EIAJSD-121-1985（蒸気加圧試験） JESD-A-B（1991） 121℃, 2 atom, 2hrs, max. 8hrs IPC-TM-650, 2.6.16 （前処理）15 psig, 30min（2 atom, 30分） →500°F はんだ浸せき			絶縁抵抗測定 外観検査 腐食による接続不良

　絶縁劣化の評価として，加速試験に適用されている条件を表4に示す。最近では温湿度サイクル試験はほとんど適用されず，定常加湿の耐湿試験として，85℃，85% RH の条件が用いられ，通常は電圧をかけている（THB 試験）。劣化を加速するために，PCT，HAST 試験の適用がユーザーより強制されている。この試験も有機材を用いたプリント配線板，パッケージ基板についての規格は無い。図19における重量変化を示した[35]。条件により飽和吸湿と異なり重量減少が生じ

第1章 プリント配線板および技術動向

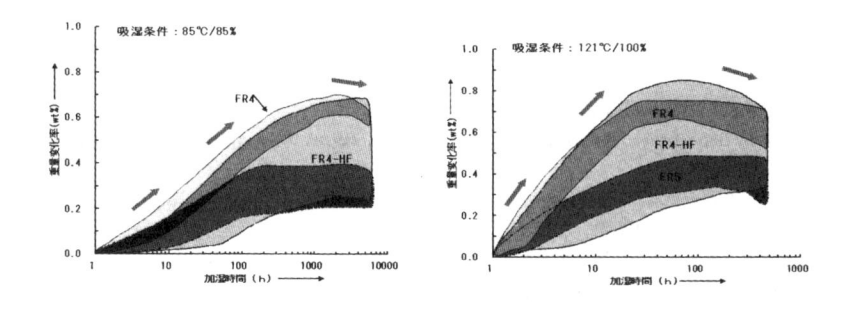

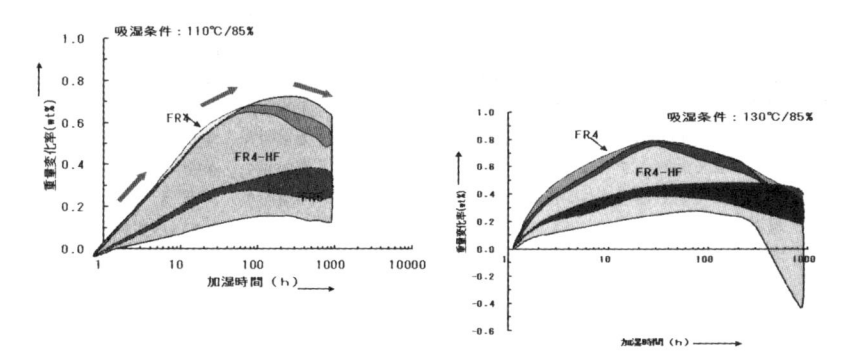

図19 加湿試験における資料の重量変化

る。これは条件が異常なものであると考えられる。加速条件が実際の使用条件と類似にならず、かい離したものとなっている。材料の性質を十分に理解した上で，条件を決めることが重要と思われる。

7 おわりに

プリント配線板についての最近提案されている高密度化に向けたプロセスを中心に記述した。この他，SiP基板，部品内蔵基板，光・電気配線基板など，技術の進歩にしたがった新しいものが提案されている。ここでは触れなかったが今後の進展を見守ることが重要と考える。

エレクトロニクス実装用高機能性基板材料

文　　献

1) 日本工業規格 JISC5603 プリント回路用語
2) M. E. Pole-Baker, *Printed Circuit Origin and Dev. Part I*, Printed Circuit Fabrication, Dec., p. 26, 1984
3) Paul Eisler, *The Technology of Printed Circuits*, Heywood & Co., London, 1959
4) 宮田喜之助, 日本特許, 119384号, 昭12.2
5) 高木, ビルドアップ多層プリント配線板技術, 日刊工業新聞社, 2000.6, p. 26
6) 高木, ビルドアップ多層プリント配線板技術, 日刊工業新聞社, 2000.6, p. 30
7) 高木, ビルドアップ多層プリント配線板技術, 日刊工業新聞社, 2000.6, p. 44
8) 高木, ビルドアップ多層プリント配線板技術, 日刊工業新聞社, 2000.6, p. 55
9) 高木, ビルドアップ多層プリント配線板技術, 日刊工業新聞社, 2000.6, p. 56
10) 高木, ビルドアップ多層プリント配線板技術, 日刊工業新聞社, 2000.6, p. 61
11) 高木, ビルドアップ多層プリント配線板技術, 日刊工業新聞社, 2000.6, p. 57
12) 高木, ビルドアップ多層プリント配線板技術, 日刊工業新聞社, 2000.6, p. 10
13) 高木, よくわかるプリント配線板のできるまで, 日刊工業新聞社, 2003.6, p. 184
14) 高木, よくわかるプリント配線板のできるまで, 日刊工業新聞社, 2003.6, p. 185
15) 高木, よくわかるプリント配線板のできるまで, 日刊工業新聞社, 2003.6, p. 186
16) 高木, よくわかるプリント配線板のできるまで, 日刊工業新聞社, 2003.6, p. 188
17) 堀越, 山岸, *FUJITSU*, **54**, No. 4, 2003
18) 中村, 金属銅バンプにより層間接続した高信頼性ビルドアップ配線板, 102回高密度実装技術部会定例会資料, 日本科学未来館, 2003.7.16
19) 高木, よくわかるプリント配線板のできるまで, 日刊工業新聞社, 2003.6, p. 189
20) 吉田, 全層 IVH 構造 "ALIVH", 13th エレクトロニクス実装学会講演集, 3, 1999, p. 209
21) Y. Fukuoka, T. Oguma, Y. Tahara, *New High Density Substrates with Buried Bump Interconnection Technology* (B2it), Proc. 1998 Int. Symp. on Microelectronics, p. 431, Nov. 1～4, San Diego
22) 榎本, 特開平10-13028, 多層プリント配線板用片面回路基板及び多層プリント配線板の製造方法, 1998.1
23) 林, 特開平11-135946, 多層配線基板とその製造法, 1999.5
24) 青木, 伊藤, 岡田, 多ピン半導体搭載一括積層基板の新規プロセスの検討, 化学工学会第36回秋季大会, 実装プロセス工学(エレクトロニクス部会)要旨集, C1A04, 2003, 09.12
25) 竹ノ内, 小林, ポリイミドフィルム多層基板の開発, 10回回路実装学術講演大会論文集, 15A-10, P. 81-82, March, 1996
26) 中村, 馬場, 福岡, 谷川, 新規はんだ接続技術を用いた一括積層型オールフレキシブル多層回路基板, 16回エレクトロニクス実装学会論文集, 18C-13, p. 91-92, Mar., 2002
27) 近藤, 小島, 花井, 一括積層多層プリント基板「PALAP基板」, 実装技術ガイドブック2002年, 電子材料5月号別冊), 工業調査会, p. 28-32, 2002
28) 高木, ビルドアップ多層プリント配線板技術, 日刊工業新聞社, 2000.6, p. 81
29) 大坪, 疑似2層新型フレキ材料の特徴と問題点および解決策, 化学工学開発エレクトロニ

第1章 プリント配線板および技術動向

クス部会シンポジウム「新型フレキ材料の開発と進歩」,東工大, May, 26, 2004
30) 前田,岩松,大塚,池田,赤松,縄舟,銅ナノ粒子分散ポリイミド膜の作成および微細配線形成への応用,㈳エレクトロニクス実装学会,12th MES2002論文集, p.67, 阪大, Oct. 8-9, 2002
31) 藤村,渡邊,田代,別所,本間,ビルドアップ材料への新微細配線形成技術,㈳エレクトロニクス実装学会18th 学術講演大会論文集, 19A-06, p.163, Mar., 2004
32) 高木,ビルドアップ多層プリント配線板技術,日刊工業新聞社, 2000.6, p.293
33) 高木,ビルドアップ多層プリント配線板技術,日刊工業新聞社, 2000.6, p.316
34) 高木,ビルドアップ多層プリント配線板技術,日刊工業新聞社, 2000.6, p.313
35) 加速寿命試験法検討研究会編,HASTによる加速劣化試験結果とその課題,㈳エレクトロニクス実装学会, 2002.12, p.46

第1編 素材

第2章　プリント配線基板の構成材料

1　銅箔

坂本　勝*

1.1　プリント配線板用銅箔

　プリント配線板に用いられる銅箔は，その製造法から電解箔と圧延箔とに分けられる。電解箔は電解液からの銅電析により製造されるものであり，一方，圧延箔は銅の鋳造インゴットから機械的に圧延することにより作られる。リジッドプリント配線板用には殆ど電解銅箔が適用される。また圧延銅箔は，その高い屈曲性からフレキシブルプリント配線板を中心に使用されている。何れの場合も，樹脂と組み合わせられた後，通常はサブトラクティブ法により，配線部を残して残りをエッチングで除去する方法で配線パターンを形成することで用いられる。

1.2　リジッドプリント配線板用銅箔

　まず，リジッドプリント配線板（以下，リジッド基板）で主に使用される電解銅箔について記す。電解銅箔は図1に示すように，硫酸銅電解液中でドラム型電極表面に銅電析を行い，これを引き剥がしながら巻き取っていくことで連続的に製造される。電析で消費された銅イオンは，溶銅塔で原料銅線を溶解することにより電解液中へと補給される。ここで製箔された銅箔（生箔）において，ドラム型電極表面に接していた面は研磨されたドラム表面の転写となり，光沢を持つことからShiny面（光沢面，以下S面）と呼ばれる。対する硫酸銅溶液側の面は，通常凹凸が形

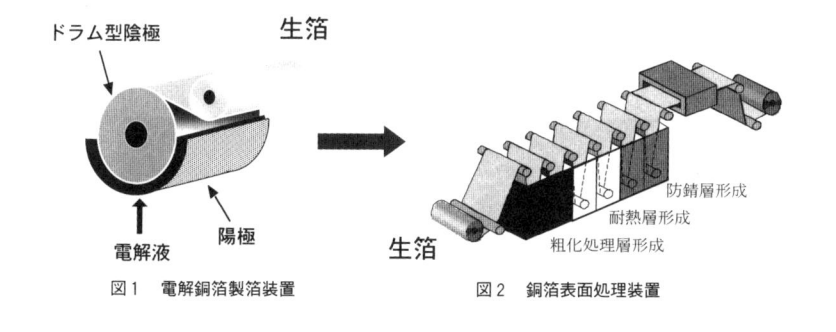

図1　電解銅箔製箔装置　　　図2　銅箔表面処理装置

---

*　Masaru Sakamoto　㈱日鉱マテリアルズ　GNF開発センター　センター長

成され，S面との対比からMatte面（粗面，以下M面）と呼ばれる。製箔時の電解条件，および硫酸銅電解液中の添加剤が，結晶構造・箔形状等に強く影響を与える。この結果，機械特性・M面粗さに代表されるような銅箔の基本機械特性が生箔工程で特徴付けられ，後述のように様々な厚み・特性を持つ電解銅箔が作り込まれることが可能になる。

次にこの銅箔（生箔）は図2のような装置で表面処理が施される。この処理によりプリプレグ等の樹脂と銅箔M面との積層後の接着強度が確保される。表面処理には，通常多段の各種の金属めっきが用いられており，樹脂との接着信頼性等の基板特性を決定付けている。まず，アンカー効果による樹脂との接着強度を得るために，通常銅或いは銅合金の粗化粒子と呼ばれる粒子状の突起を形成する。その上に熱履歴等による樹脂界面での劣化を防ぐために耐熱バリア層を形成し，更に耐酸化性・耐候性を付与するために防錆層を形成する。これらの3層構造が基本となるが，処理の種類によっては一つの層で二つ以上の役割を兼ね備えることもある。加えて，最外層にシランカップリング剤等の表面処理剤を塗布し，接着性および耐候性を向上させることも一般的に行われている。写真1に18μm厚み電解銅箔の表面処理前後のM面表面と表面処理後断面のSEM画像を示す。

S面には通常防錆処理のみが施される。S面はエッチングパターンを形成する面となるため，求められる特性は耐ヤケ（高温酸化）性，耐候性に加え，レジスト密着性，半田ヌレ性，防錆除去性等が挙げられる。使用される合金系は銅箔メーカーにより異なるがいずれもエッチングへの影響が出ないよう配慮された系が選択される。

通常箔ではS面は防錆処理のみであるが，一部には両面に粗化処理を施す両面処理箔（DT箔）も使用されている。この箔ではS面にも粗化処理を含んだ一連の処理が施され，S面と樹脂との接着性が付与される。多層化の際，両面処理箔では黒化処理等の内層処理なしでもS面側の接着強度が確保され，またハローイング等のスルーホール部での不具合もほとんどなく高い信頼性を有するという特長を持つ。また特殊な両面処理例としては，ビア加工用CO_2レーザーでの加工性をS面に付与した銅箔も提案されている。

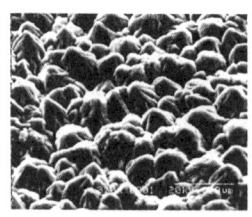

電解銅箔生箔 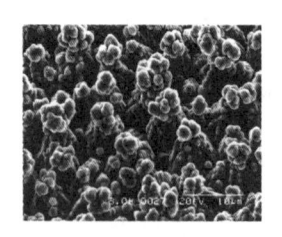　　　　　　　表面処理電解銅箔

写真1　標準電解銅箔M面電子顕微鏡写真

第2章 プリント配線基板の構成材料

表1 リジッド基板用銅箔

IPCグレード	名　称	
1	標準電解銅箔	STD-Type E
2	高延性電解銅箔	HD-Type E
3	高温高伸び率電解銅箔	HTE-Type E
4	焼鈍電解銅箔	ANN-Type E
10	低温焼鈍可能電解銅箔	LTA-Type E
11	焼鈍可能電解銅箔	A-Type E

銅箔は表面処理工程の後にスリット工程を経て，場合により更にシート加工工程を経て，ロール或いはシート状の製品となる。銅箔の外観品質は通常工程中の自動外観検査装置によりピットおよびデンツ，シワ，スクラッチ，ピンホール，破れ，清浄度等が全長検査されて出荷される。

リジッド基板用銅箔の基本的な規格としてはIPCで標準化されており，銅箔選定の際のガイドラインをその試験方法を含めて提供している[1,2]。表1にIPCで規定される代表的なグレードを示す[1]。銅箔の厚みについては後述するが，IPCグレードでは代表特性を銅箔の厚みと対応させて規定している。ただし，銅箔メーカー各社では同じIPCグレード範囲内でも特性の異なる箔種を提供しており，用途により更に細かく使い分けられる場合も多い。

表2に銅箔製品例における代表的特性を示す。基本特性は大きく銅箔の物性に関わるものと，積層板としての特性とに分けられる。前述の通り，銅箔の機械特性に関しては製箔時の条件が支配的であり，引張強さ，伸び特性（常温・高温・焼鈍後）等がこれにあたる。一方，基板特性に代表される銅箔の表面に関わる特性は表面処理（表面改質）により付加される。銅箔の基板特性（ピール強度・引き剥がし強さ）の評価法は，JISに規定されている[3]。ここでのピール強度測定法では界面の接着強度以外に，銅箔の機械強度の影響を受けるため，箔厚が異なれば得られる数字が異なる点は注意が必要である。また，一般には表2に示したようにFR-4基板における数字を代表的な値として示すことが多いが，相手の樹脂基板が変わればその傾向も大きく変化する場合もある。特に特殊基板での適応では十分な確認が必要である。試験基板をプレス後そのまま測定するものが常態ピールであり，半田浸漬後に測定したものが半田後ピールである。ハロゲンフリー基板対応，鉛フリーはんだ対応ではより高い耐熱性が求められる。また，配線のファイン化に伴ない耐薬品性が一層重要視されている。

配線材料に求められる特性としてIPCでは銅の純度[4]や電気抵抗率[5]が規定されている。これら以外の電気的要求特性として用途により，恒温・恒湿下で強制的に電圧を加えた状態での絶縁安定性（耐マイグレーション性）や，GHz帯以上の高周波における伝送特性等が要求される。耐マイグレーション性には表面処理元素の溶解性やエッチング時の除去性が影響する。高周波では表皮効果により信号の伝送経路が銅箔表面近傍へ集中し，表面粗さが大きい程，伝送損失を増

表2 電解銅箔基本特性例

IPCグレード	種類	厚み μm	機械特性 23℃ 引張強さ kg/mm²	伸び率 %	180℃ 引張強さ kg/mm²	伸び率 %	表面粗さ M面 Rz μm
1	標準電解銅箔 JTC	9	360	5	215	2.5	3.5
		12	400	8	215	2.5	4
		18	370	12	205	2.5	6
		35	360	14	195	2.5	7
3	高温高伸び率電解銅箔 JTCS	35	360	17	215	5	7
		70	325	23	195	5	9
3	ローブロファイル箔 JTCAM	9	510	5	225	5	2.4
		12	570	6	225	6	2.8
		18	610	8	225	9	3.5
3	超ローブロファイル箔 微細粗化タイプ HLPFN	9	350	7	210	9	1
		12	350	9	210	11	0.9
		18	355	11	210	13	0.8

IPCグレード	種類	厚み μm	引きはがし強さ(FR4基板) 常態 kN/m	半田後 kN/m	耐塩酸性 劣化率 %
1	標準電解銅箔 JTC	9	1.6※	1.5※	3
		12	1.7※	1.7※	3
		18	1.7	1.6	3
		35	2.3	2.2	2
3	高温高伸び率電解銅箔 JTCS	35	2.3	2.1	2
		70	3.2	3.1	2
3	ローブロファイル箔 JTCAM	9	1.4※	1.3※	8
		12	1.4※	1.3※	6
		18	1.1	1.1	6
3	超ローブロファイル箔 微細粗化タイプ HLPFN	9	1.2※	1.1※	5
		12	1.2※	1.1※	5
		18	0.88	0.84	5

※35μm厚みまでめっき後に測定

大させる。

銅箔の厚み表記には業界呼称厚さ・質量厚さ・換算厚さ・ゲージ厚さ等が使われている。ただし，一般的に業界呼称として用いられる35μmや18μm厚み銅箔と，重量を比重で割り算した換算厚さは必ずしも一致しない。配線板に使用される銅箔厚みは，従来の35μm箔から現在18μm箔が主流となり，12μm箔の使用量も急激に増えつつある。

9μm未満の厚みの箔もファインライン対応から一部で使用され始めており，極薄箔と呼ばれ

第2章 プリント配線基板の構成材料

ている。極薄箔はその薄さによる取り扱いにくさから，各種のキャリア付き箔が提案されている。通常は銅・アルミ等の金属，またはポリマーフィルムのキャリアが使用される。例えば35μm箔や18μm箔をキャリアとして，剥離層を介して銅層（3μm，5μm等）の極薄箔を電着し，更にそれに表面処理した形態の製品が使用されている。剥離層には金属酸化物や有機物等が用いられる。キャリア銅箔はプレス後に引き剥がされる。このキャリア形式はS面保護の役割も同時に果たしている。また，極薄箔用に限らないが，アルミ板の両面に銅箔を接着させた製品は，配線の高密度化に伴って樹脂粉等の異物による打痕問題が顕在化するケースが増えたのに対して，それを防ぐ手法として高多層板を中心に活用されている。

電子基板の高密度化に対応したファインパターン形成には，既述の銅箔の薄箔化以外に，M面のローブロファイル化も極めて重要な因子である。表面処理では，銅に対してエッチング遅れを起こさない元素が選択され，またエッチング時の銅残を防止する観点からはM面粗さは極力小さく抑えられることが望ましい。また先の高周波用途の拡大も，ファインパターン化への要求と共に銅箔のローブロファイル化への動きを後押ししている。

従来型の銅箔では製箔時に結晶構造を柱状晶に制御することで，M面の粗さを大きくし十分な樹脂との接着信頼性を得られるように作り込まれてきたが，ここに来て配線のファインパターン化・高周波用途への展開等により，これら先端分野ではベース箔自体のローブロファイル化が強く要求されている。それに答えて銅箔メーカーからはベース箔の表面粗さを低く抑えたローブロファイル箔種が提供されている。これらは特殊な添加剤を含めた電解液の組成と電解条件に

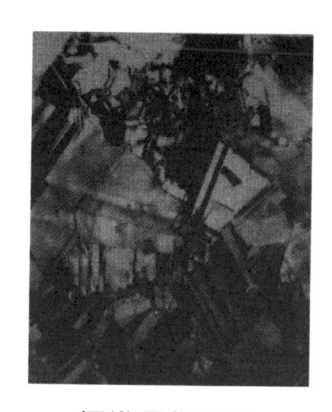

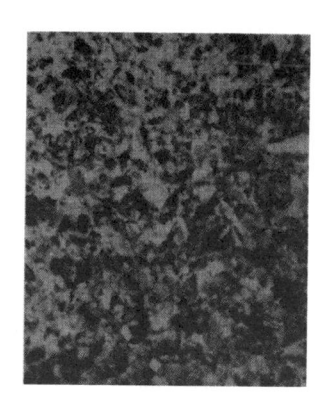

標準電解銅箔　　ローブロファイル箔
　　[E1]　　　　　　　[E3]

0.5μm

写真2　ローブロファイル電解銅箔透過型電子顕微鏡写真（TEM像）

a)	b)	c) ×3000
標準電解銅箔 [E1]	ロープロファイル電解銅箔 [E3] JTCAM	超ロープロファイル電解銅箔 ＋微細粗化処理 [E3] HLPFN

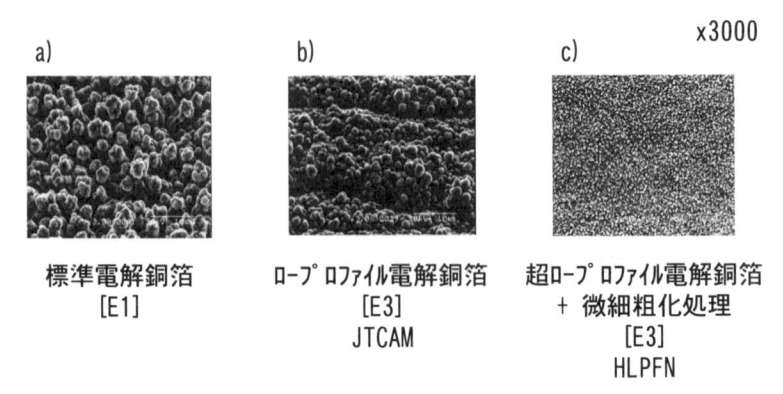

写真3　ロープロファイル電解銅箔 M 面電子顕微鏡写真

よって電析結晶の成長を制御してフラットな形状となっている。写真2にロープロファイル箔（AM 箔）と標準電解銅箔の TEM 像を示す。ロープロファイル箔は標準電解銅箔と異なり，微細な結晶組織を持つことが観察される。また，ロープロファイル銅箔として，S 面のフラット性を活用し，通常 M 面に施す処理を S 面に施した箔も使用されている。ロープロファイル箔用の表面処理としては，従来の粗化処理より粗化の粒子サイズを下げるよう工夫された箔種も一部に使用されている。写真3bに通常よりもベース箔がフラットなロープロファイル箔の電子顕微鏡写真を，写真3cに更に粗化粒子を微細化したロープロファイル箔の電子顕微鏡写真示した。

ロープロファイル銅箔は良好なエッチング特性を示す反面，一般的には樹脂との接着特性が低くなり，適応の際には特性のバランスを確認する必要がある。特に近年の環境対応によるハロゲンフリー基板や鉛フリーはんだ対応の高耐熱，高 T_g，難燃性基板では銅箔との接着力が低くなることが多く，要求される接着強度を確保するためには各種銅箔バリエーションの中から適正な銅箔の選択が重要である。

銅箔関連の複合材として，紙フェノール材用として接着剤層を付与したものや，ビルドアップ配線材料である樹脂付き銅箔が以前より広く使用されている。また，部品内蔵基板用途に，NiCr や NiP 等の抵抗層が形成された特殊複合材も提案されている。

1.3　フレキシブルプリント配線板用銅箔[6]

フレキシブルプリント配線板（以下，フレキシブル基板）には，以前からオートフォーカスカメラに適用されてきたような基板の折り込みによる省スペース用途と，繰り返しの屈曲を伴なう用途の大きく二種類に用いられてきた。また，現在でも最先端ファインパターンの配線にフレキ

第2章 プリント配線基板の構成材料

表3 フレキシブル基板用銅箔

IPCグレード		名　称	説　明
1	E	標準電解銅箔	リジッド板に多く用いられるタイプ。繰り返し折り曲げがないFPCに使用される
3	E	高温高伸び率電解銅箔	リジッド板内層に用いられるタイプ。グレード1より若干屈曲性は良い。
10	E	低温焼鈍可能電解銅箔	圧延銅箔と同程度の熱履歴で再結晶が進むタイプ。上記電解銅箔よりは屈曲性が良いため、信頼性要求の厳しくない摺動部にも一部用いられる。
7	W	焼鈍圧延銅箔	熱処理を行い、再結晶させた圧延銅箔。ポリエステルなどのラミネート・キュア温度が低い樹脂との組み合わせで多く用いられる。
8	W	低温焼鈍可能冷間圧延銅箔	冷間圧延上がりの圧延銅箔。圧延銅箔の殆どがこのタイプ。ラミネート・キュア工程の熱履歴で焼鈍再結晶される。

シブル基板は使用され、電子機器小型化の牽引役となっている。フレキシブル基板に使用される銅箔はIPC-4562に規定され、グレード分けがなされている。表3に各銅箔のIPCでのグレードおよび概略を示す。フレキシブル基板には、電解銅箔と圧延銅箔のいずれもが使用されるが、その屈曲信頼性により屈曲用途には圧延銅箔が多く採用されている。

プリント配線板用途の圧延銅箔の製造には、通常酸素を300ppm程度含むタフピッチ銅の鋳造インゴットが使用される。また一方で、インゴットを製造する鋳造（高温溶解～冷却）の工程を含むことで、比較的容易に様々な合金化が可能なことも圧延銅箔の特長である。続く圧延工程では、まず熱間圧延により厚板とし、続いて冷間圧延により素条まで加工を行う。冷間圧延では金属組織中に転位が導入され加工硬化することから、歪み取り焼鈍と圧延が交互に多段階繰り返すことで製箔される。続いて圧延油の脱脂が行われた後、電解銅箔同様に表面処理が施され表面処理圧延銅箔となる。

圧延銅箔はこのように金属組織を押し潰しながら製造されるため、熱処理前（アズロール）段階では箔の断面方向に対し層状の結晶構造を持つ。アニール特性を含めた圧延銅箔の機械特性は、この圧延工程で作り込まれる。アズロールでは加工硬化によるコシの高い機械特性を示し、熱処理後には金属組織が再結晶し、高い柔軟性を発現するようになる。電解銅箔は銅箔厚み方向に結晶組織が発達するため、銅箔を折り曲げた際、この結晶組織の粒界に沿ってクラックが伝播し破断に至る。これに対し圧延銅箔は再結晶後の結晶組織が等方的であるため、クラックが伝播しに

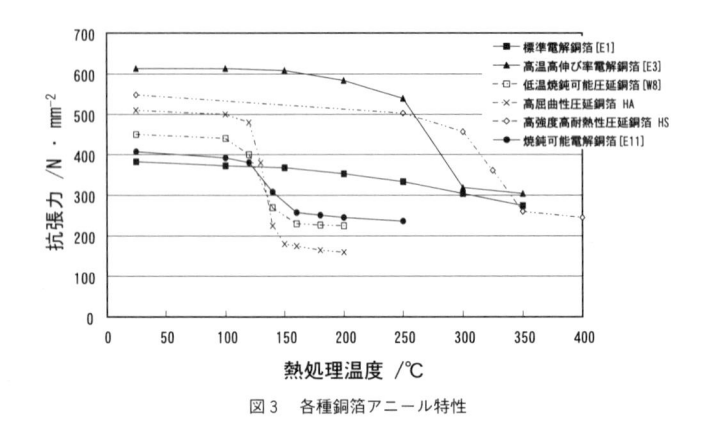

エレクトロニクス実装用高機能性基板材料

図3 各種銅箔アニール特性

くく，耐屈曲信頼性が高い。このアニール温度は150℃程度と比較的低温である。図3に各種銅箔のアニール特性を示す。通常，電解銅箔の結晶組織が数μmと微細であり，低い熱負荷では再結晶しないことと比較して，圧延銅箔のアニール後の結晶サイズは50μm程度と非常に大きい点が特徴的である。

フレキシブル基板用銅箔のIPC規格について表3に代表的なグレードを示す[1]。主流は18μm箔である。12μm厚み以下の圧延銅箔も一部使用されているもののまだ少ない。

薄箔の使用が限られている理由として最近比率が高まっている二層フレキシブル基板等では従来の三層フレキシブル基板の製造工程と比較してより高い熱負荷が加わるため，工程中で軟化することが原因の一つと考えられる。これに対しては，元素の微量添加によりアニール温度を高めた純銅系の圧延銅箔も提案されている。標準圧延銅箔であるタフピッチ銅箔と高強度高耐熱性圧延銅箔（HS箔）の代表特性について表4に示す。HS箔は導電率が90%以上あり純銅に近い。機械強度は標準圧延銅箔より若干高い程度であるが，アニールの目安となる半軟化温度が標準圧延銅箔の135℃に対し，330℃と熱安定性が高い。二層フレキシブル基板製造プロセス中に軟化し難く，最終キュアプロセス（300℃以上）後には標準圧延銅箔レベルにアニールされる。このため，

表4 圧延銅箔機械特性

名称	厚み μm	質量厚さ g/mm^2	引張強さ N/mm^2	伸び率 %	硬度 Hv
アズロール箔 [IPC GRADE8]	18	152	440	1.2	108
アズロール箔 [IPC GRADE8]	35	296	430	2	104
アニール箔 [IPC GRADE7]	18	152	205	13	55
アニール箔 [IPC GRADE7]	35	296	235	21	55
高強度高耐熱性圧延銅箔 HS	18	154	530	3	117

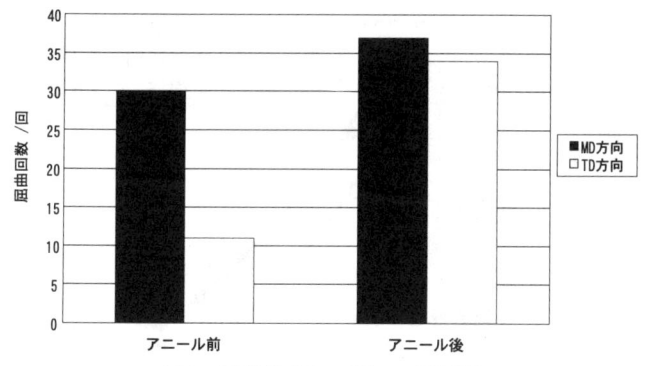

第2章 プリント配線基板の構成材料

図4 圧延銅箔（35μm厚）MIT試験結果

最終製品での柔軟性を確保した上で工程歩留まりの改善が期待される。
　圧延銅箔の機械特性はアズロールの状態では圧延方向とその垂直方向で異なるが，熱負荷を受けて再結晶した後は方向性によらずほぼ同等の特性を発揮する（図4）。
　圧延箔の表面処理工程も概念的には電解箔と同じであり，粗化処理・耐熱処理・防錆処理の層構造が基本となる。ただし，フレキシブル基板は基材自身が柔らかく，リジッド基板と異なる基板特性が要求され，一般に圧延銅箔にはエッチング性重視のより微細な粗化処理が施されることが多い。また最近では，粗化粒子層を形成しないCOF用・ファインパターン用特殊箔が一部用途で検討されている。
　S面に要求される特性はリジッド基板とほぼ同様である。但し，リジッド基板の工程と異なりプレス工程が入らないこと，またリジッド基板以上に配線がファインな領域を狙うケースも多いことから外観品質に対する要求はより厳しい。
　フレキシブル基板で重要になる屈曲特性の評価方法としては，MIT屈曲（耐折）試験[7]，フレックステスト（疲労延性），IPCモード高速屈曲試験等がある。フレキシブル基板の寿命推定には実際の基板の屈曲モードに近いIPCモード高速屈曲試験（摺動屈曲試験）が多く適用される。圧延銅箔は高い屈曲特性を備えるが，更なる高屈曲性[8,9]を求めた新しい圧延銅箔の製品化も行われている。IPC摺動屈曲特性を標準圧延銅箔の数倍に向上させた例がHA箔であるが，この屈曲特性の作り込みは圧延工程で行っており，標準圧延銅箔と取り扱い条件を大きく変えることなく高屈曲フレキシブル基板を得ることができる点も大きな特長である。図5に圧延銅箔のIPC摺動屈曲試験の代表特性について示す。EBSP（Electron Back Scattering Pattern）により観察したHA箔表面の結晶配向組織を図6に示す。標準圧延銅箔が比較的ランダムな結晶配向を示すことと比較して，HA箔の再結晶組織はほとんど〈001〉方向を向いて配向していることが分かる。

図5 圧延銅箔摺動屈曲特性

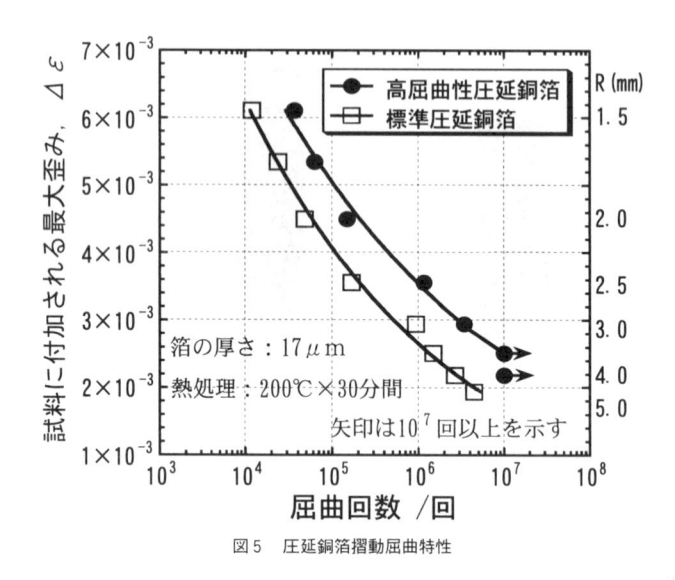

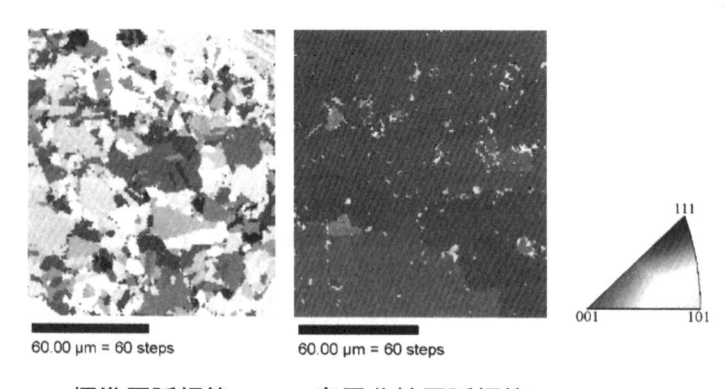

図6 圧延銅箔表面の結晶配向組織（EBSP像）

また，HA箔では再結晶組織のサイズが標準圧延銅箔より数倍程度大きい。再結晶集合組織の配向性が高く結晶粒界におけるミスマッチが小さくなり，かつ結晶サイズが大きいため銅箔表面においてクラックの起点となる結晶粒界も減少した結果クラックの発生が抑えられ，HA箔は標準圧延銅箔の数倍も摺動屈曲寿命を有すると解釈される。

一方，銅合金系の圧延銅合金箔としては，リードフレーム材料として使われて来た，C7025合

第2章 プリント配線基板の構成材料

表5 圧延銅箔および圧延銅合金箔基本特性

種類	成分	電気伝導度 % IACS	引張強さ N/mm^2	厚み μm	用途例	ポイント
標準圧延銅箔 タフピッチ銅	99.90%以上 Cu	101	440	9～70	FPC	標準圧延銅箔
高屈曲性圧延 銅箔 HA	Cu-微量 Ag	101	480	12～70	高屈曲 FPC	摺動屈曲性向上銅箔
高強度高耐熱 性圧延銅箔 HS	Cu-微量 Sn	90	530	9～70	COF, TAB	高導電性, 高強度, 高耐熱
銅合金箔 NK120	Cu －0.2% Cr －0.1% Zr －0.2% Zn	75	700	9～70	HDD サスペンション 他	高導電性, 高強度, 耐熱性
銅合金箔 C7025	Cu －3% Ni －0.65% Si －0.15% Mg	45	900	12～70	HDD サスペンション 他	高強度, 耐熱性

金やNK120が現在一部のハードディスクドライブのサスペンション配線材料として採用されている。銅合金箔は引張強さが高くコシがあるため，バネ材料として優れるが，添加元素の影響で電気伝導度が犠牲となる。銅合金箔の代表特性を表5に示す。このように高い機械特性を持つものの程電気抵抗が低くなり，製品として求められる特性のバランスにより選択される。

　繰り返し屈曲を伴なわない一部のフレキシブル基板においては，圧延銅箔より比較的安価な電解銅箔が適用されている。リジッド用銅箔で触れたようにフラット性を向上させた電解銅箔も開発されてきており，高屈曲性要求用途とそれ以外の基板といった使い分けがなされている。

文　　　献

1)　IPC-4562, Metal Foil for Printed Wiring Applications
2)　IPC-TM-650, Test Methods Manual
3)　JIS C 6481，プリント配線板用銅張積層板試験方法
4)　IPC-TM-650 方法2.3.15, Purity, Copper Foil

5) IPC-TM-650 方法2.5.14, Resistivity of Copper Foil
6) 山西敬亮, フレキシブルプリント配線板用圧延銅箔, エレクトロニクス実装学会誌, **7**, 428 (2004)
7) JIS P 8115, 紙及び板紙－耐折強さ試験方法－ MIT 試験機法
8) T. Hatano *et al.*, Effect of Material Processing on Fatigue of FPC Rolled Copper Foil, *Journal of Electronic Materials*, **29**, 611 (2000)
9) 永井燈文ほか, 圧延銅箔の集合組織の形成と耐摺動屈曲性の改善, 銅と銅合金, **41**, 251 (2002)

2 ガラス繊維とガラスクロス

宮里桂太*

2.1 はじめに

プリント基板の補強材料であるガラス繊維およびガラスクロスに対する最近の要求特性は，プリント基板の高密度化対応，誘電特性および機械特性等多岐にわたっている。

ガラス繊維の歴史は，1930年代に工業化に成功したことに始まる。以来，技術改良が進み，電気，充電，自動車，宇宙産業，住宅，レジャー用品そして電子機器にいたるまでその裾野は広い。

高密度化対応としては，ガラスクロスの厚みの極薄型化，マイクロビア対応のための高扁平化および表面平滑化が強く要求されている。誘電特性としては，低誘電率および低誘電正接，そして機械特性としては，低線膨張化が望まれている。これらの要求を満たすには，ガラス繊維からの設計やガラスクロスでの加工（開繊加工）が必須となりこれらは，プリント基板の性能を左右する重要なものとなっている。

2.2 種類

a）ガラス繊維

プリント基板用ガラス繊維は，その使用上の要求特性（機械特性，熱特性，電気絶縁性，誘電特性等），溶解性・紡糸性，原料の入手し易さ，そして経済性等が考慮され，そのガラス組成が決定される。ガラス組成は，その原料の秤量，混合段階で決まる（表1）。プリント基板用途では，性能・価格の面でバランスのとれたEガラスが世界の需要の大部分を占めている。

ガラス繊維は，フィラメントが基本単位であり，ブッシングと呼ばれる紡糸口から数百本引き

表1 ガラス組成表

		E ガラス	D ガラス	NE ガラス	T ガラス
SiO_2	(wt%)	52〜56	72〜76	52〜56	62〜65
CaO	(wt%)	16〜25	0	0〜10	0
Al_2O_3	(wt%)	12〜16	0〜5	10〜15	20〜25
B_2O_3	(wt%)	5〜10	20〜25	15〜20	0
MgO	(wt%)	0〜5	0	0〜5	10〜15
Na_2O, K_2O	(wt%)	0〜1	3〜5	0〜1	0〜1
TiO_2	(wt%)	0	0	0.5〜5	0

* Keita Miyasato 日東紡績㈱ 技術開発部 加工開発グループ 課長

表2 代表的なガラスヤーンとガラスクロス

クロス名	クロス厚み	通称	使用ヤーン名	繊維径	集束本数	pp厚み（通称）
7628	180μm	↑厚物クロス	G-75	9μm	400本	0.2mm
1501	150μm		E-110	7μm	400本	0.15mm
2116	100μm	↓薄物クロス	E-225	7μm	200本	0.1mm
1080	50μm		D-450	5μm	200本	0.06mm

出されたフィラメントを収束しストランド状態とする。その際，紡糸と同時に収束剤を付着させストランドを収束する（一般にガラスヤーンと呼ばれている）。ストランドの種類は，紡糸部（ブッシング）の穴の数（ホール数）によって収束本数が定まり，その際の紡糸条件（温度，紡糸速度他）によりフィラメント径が定まりストランド番手が定まる。ガラス繊維の番手は特有な表示法（1ポンド当たりガラス繊維が占める長さ（ヤード）の100分の1で表す）が，アメリカを中心に用いられ，日本でも採用されている。また，EUではテックス（TEX）番手（1,000m当たりの重量（g））が採用されている。プリント基板用のガラス繊維は一般には4～9μmの繊維径のフィラメントが50～400本収束されているストランドからなっている。

代表的なガラスヤーンの種類を表2に示す。

b）ガラスクロス

ガラスクロスは，織機を使用してガラスヤーンを織り込まれたもので，たて糸とよこ糸によって構成されている。織り込み形態は，平織り，朱子織，斜文織等，織機により製織可能であるが，プリント基板用としては，現在ほとんどが平織りであるといってよい。ガラスクロスの種類について表2に示す。

2.3 製造方法

a）ガラス繊維（ヤーン）の製造方法

ガラス繊維の製造方法は，①紡糸工程，②巻き取り工程に大別出来る。

① ガラス繊維は，前工程でマーブルまたは，ロッドをつくって溶融させる方法とバッチそのものを投入させて溶融させるダイレクトメルト法がある。溶融には，電気溶融，バーナーによる加熱溶融がある。ダイレクトメルトでバーナーを使用する方法が，現在の製造法の主流になっている。この方法により，ガラス素地をタンク炉で大量に溶融し，紡糸部（ブッシング）に直接導き紡糸機にてケーキ状に巻き取る。その際，繊維への摩擦および機械的強度に対する保護のため，でんぷん系を含む集束剤を塗布する。

② 巻き取り工程では，紡糸工程でケーキ状に巻かれたストランドに撚りをかけながらボビン

第2章 プリント配線基板の構成材料

に巻き取りヤーン状態にする。撚りには，S撚り（右撚り）とZ撚り（左撚り）があり，プリント基板に用いられるものの多くは，Z撚りである（図1）。また，撚りの回数は，1インチ当たり0.5～1程度のものが多く使用されている。最近ではS撚りとZ撚りを混ぜたクロスや，撚りそのものを低減させた糸を用いたクロスの開発もされている。

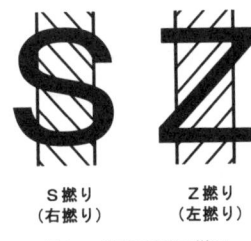

ガラス繊維製造において重要な点は，ガラス繊維のフィラメント径と全体の番手のばらつきの低減を実現させるための紡糸・巻き返し技術の精度の2点が挙げられる。

図1 ガラス繊維の撚り

b）ガラスクロスの製造方法

ガラスクロスの製造工程は，①整経工程，②織布工程，③脱油工程，そして④表面処理工程に大別される。

① 整経工程では，経糸（たて糸）を引き揃え経糸ビームに巻き取る。その際，製織時の経糸の磨耗を保護するため経糸に対しサイズ（主にでんぷん系）を塗布する。

② 製織工程では，織機を用い，整経工程で作られた経糸に緯糸（よこ糸）を打ち込みクロスとする。プリント基板用のガラスクロスは，殆どが平織りでありエアージェット織機が用いられている。

③ 織機で織られたクロスには，摩擦などの機械強度から糸を保護するためのでんぷん，油剤等の有機物が付着している。これらの有機物は，ガラスクロスと樹脂との接着性の障害となるため取り除かなければならない。これらを取り除く工程が脱油工程と呼ばれ，一般的には，熱を用いて有機物を除去している。

表3 代表的なシランカップリング剤

$CH_2=CHSi(OC_2H_4OCH_3)_3$

$CH_2=\overset{CH_3}{\underset{|}{C}}-COOC_3H_6Si(OCH_3)_3$

$ClC_3H_6Si(OCH_3)_3$
$HSC_3H_6Si(OCH_3)_3$

$\overset{O}{CH_2\!-\!\!CH}-CH_2OCH_3H_6Si(OCH_3)_3$

$NH_2C_3H_6Si(OC_2H_5)_3$
$NH_2C_2H_4NHC_3H_6Si(OCH_3)_3$
$NH_2CONHC_3H_6Si(OC_2H_5)_3$

$CH_2=CH-\bigcirc-CH_2NHC_2H_4NHC_3H_6Si(OCH_3)_3 \cdot HCl$

エレクトロニクス実装用高機能性基板材料

④ 表面処理工程では，ガラス布と樹脂の密着力を向上させるために組み合わせられる樹脂に適した親和性のあるシランカップリング剤をガラスクロスに塗布する。

ガラス繊維とシランカップリング剤間ではシロキサン結合が，またシランカップリング剤と樹脂の間では親和性および化学結合がガラスと樹脂の接着性を向上させている。プリント基板に用いられている汎用シランカップリング剤を表3に示す。

2.4 基本特性と最近の要求特性

a) 基本特性

ガラス繊維およびガラスクロスにおける主な基本特性については，次の通りである。

ガラス繊維としては，番手並びに番手変動率，撚り数（回/25mm）および引張り強さ等である。ガラスクロスとしては使用糸（番手），織密度（本/25mm），厚さ，幅，質量（g/m^2）等が挙げられる。これらは，日本では，JIS R3413，JIS R3414，米国では，IPC4412で規格化されている。

b) 最近の要求特性

(1) 低誘電率化および低誘電正接化について

プリント配線板において低誘電率化，低誘電正接化を達成するためには樹脂ないしガラス繊維になんらかの工夫をし，かつ樹脂量（ガラス量）のコントロールによって要求特性を満足させる必要がある。

ガラス組成と誘電率，誘電正接の関係としてSiO_2とB_2O_3は誘電率を低下させ，逆にアルカリ金属酸化物とアルカリ土類金属酸化物は，誘電率，誘電正接を増加させる傾向にある。また，SiO_2はドリル加工性，Na_2O，K_2Oは耐水性に影響を及ぼす。それらを踏まえ検討が行われ，誘

表4 ガラス単体の特性値

		E ガラス	D ガラス	NE ガラス	T ガラス
ε	1 MHz	6.6	4.1	4.7	5.3
	10GHz	6.6	4.2	4.7	—
tan δ	1 MHz	0.0012	0.0008	0.0007	0.0016
	10GHz	0.0066	0.0056	0.0035	—
体積抵抗 (Ω)		10^{15}以上	10^{15}以上	10^{15}以上	over 10^{15}
表面抵抗 (Ω)		10^{15}以上	10^{15}以上	10^{15}以上	over 10^{15}
熱膨張係数 (ppm/℃)		5.5	3.1	3.4	2.8
比重		2.58	2.11	2.30	2.49

第2章 プリント配線基板の構成材料

電率（1 MHz）が4.7，静電正接が0.0007の NE ガラスが上市されている（表1，表4）[1,2]。誘電率の値は樹脂単体と比較した場合，誘電率としては高めであるが，ガラスで比較した場合は，その値は低く，また誘電正接は樹脂と比較し大幅に低く，各種高速信号対応電子機器に対し期待されるものとなっている。

(2) 低線膨張材料

液晶用基板等には，低線膨張化の傾向が高い。この要求に対し，ガラス組成の設計により高強度・高弾性の性質を有するガラス繊維（T ガラス）を用いることで，低線膨張化を実現している（表1）。

ガラス組成としては，SiO_2成分とAl_2O_3成分の割合を高め，引っ張り強度を40％，弾性率を20％向上させ，ガラス自体の線膨張係数は，E ガラスの5.5ppm/℃から2.8ppm/℃と向上している（表4）。

最近では，樹脂の改良ならびに樹脂中にフィラーを充填する方法も研究されている。今後さらなる低線膨張化に対して，上記の樹脂改質法に加え，T ガラスとの併用は有益な方法であると考える。

(3) ガラスクロスの開繊

ガラスクロスの開繊は，ガラスクロスと樹脂とのなじみ性に最も必要である含浸性を向上させ，これによりプリプレグ，ラミネートそしてプリント基板に対し，耐熱性，寸法安定性等大きな影響を与える。

ガラスクロスの開繊には，ガラスクロスを構成しているガラスヤーンのフィラメントを平面方向にいかに均一に分散させるかが重要となる。これについては，10年以上前から研究が進められ，特にSPクロスは，平面方向に均一に開繊及び扁平化されたクロスとして含浸性，半田耐熱性，ドリル加工性そして寸法安定性等において革新的に特性向上を実現させた[3]。

SPクロスは，WJN（Water Jet Needling）を用いた特殊な機械加工を施したものであり，その

(a) 通常品　　　(b) 開繊品

写真1　ガラスクロスのフィラメントの開繊状況（7628）

49

エレクトロニクス実装用高機能性基板材料

開繊効果は抜群である（写真1）。

開繊については，いろいろ検討されたが，基本的にはガラス繊維のヤーンそのものを改良する方法やガラスクロスに対し，前記 WJN を含め流水力，応力等物理的力を与える方法が用いられている場合が多い。また，含浸性の向上に対しては，上記物理加工に加え，表面処理剤（シランカップリング剤）の選択による化学的処理を加える例も多い。これらの物理的そして化学的加工を複合させることによりプリント基板の要求に対応している。

最近はプリプレグ時ないし，プレス時の樹脂の含浸性が良好なことを生かしたCAF（Conductive Anodic Filament）性改善対応クロスも開発されている。また，クロス厚みで50μm以下のクロスについてストランド中のフィラメントを開繊させ，平坦なものに加工した極扁平なガラスクロスも開発され，今後の極小径のマイクロビアへの対応や高密度配線のための表面の平滑化に有意義な材料として注目されている。

(4) **極薄物クロスについて**

ガラスクロスは，厚物クロスと薄物クロスに分けられる。一般的に厚物ガラスクロスとは，0.2mm相当で，薄物クロスは，0.15mm以下を示す（表1）。携帯電話などに用いられるクロスの厚さ0.05mm以下のものが多く，軽薄短小化に伴いさらに薄いクロスの要求がある。

表5に0.05mm以下の極薄クロスについて示す。これらは，上記で述べた極扁平加工とも併用され，さらに薄くなる絶縁層基材部分に用いられている。これによりガラスクロスを有しながら極薄の絶縁層が実現でき，これからの伸びが期待される。

技術が高度化すればするほど源流材料の良し悪しが，最終製品の性能を大きく左右すると考えている。そういった意味では，現在のプリント基板業界を根底から支えているガラス繊維材料に課せられた役割は，益々大きくなると考えている。

表5　極薄クロス

クロスタイプ	使用糸		密度（本/25mm）		単重（g/m^2）	厚み（μm）
	タテ	ヨコ	タテ	ヨコ		
1280	D450	D450	59	59	53	47
1078	D450	D450	53	53	48	42
1067	D900	D900	70	70	32	30
1035	D900	D900	65	67	30	28
1037	C1200	C1200	69	72	24	26
開発品	BC3000	BC3000	85	85	12	15

第2章 プリント配線基板の構成材料

文　　献

1) M. Matsumoto *et al.*：Printed Circuit World Convention Ⅷ, Tokyo, 1999
2) 宮里桂太, 鈴木芳治：エレクトロニクス実装学会誌, vol. 4, No. 2 (20001, 3)
3) 分田英治, 宮里桂太：電子技術12月号, vol. 29, No. 17, 1987

3 樹　脂

吉澤正和*

3.1　はじめに

プリント配線基板用として，最も汎用に使用されている樹脂にエポキシ樹脂が挙げられる。エポキシ樹脂は，その接着性・耐熱性・電気絶縁性・機械強度等の優れた特性バランスを背景に，様々な電材用途に使用されている（図1）[1]。実際，2003年の需要実績では，エポキシ樹脂の総生産量16万740トンの内，電材用途は5万1520トンで32％の比率にもなっている[2]。

ここでは，プリント配線基板の構成材料として，エポキシ樹脂を中心に説明することにする。

3.2　エポキシ樹脂の構造と特徴

エポキシ樹脂の中で代表的なBPA（ビスフェノールA）型エポキシ樹脂の構造を図2に示した[3]。

エポキシ樹脂とは，分子中に3員環骨格（エポキシ基）を有する樹脂の総称である。従って，主骨格（構造）を変えることにより，種々の要求特性にあったエポキシ樹脂を創製することができ，またエポキシ基は，多くの化合物（硬化剤）との反応性に富むことから，硬化剤との組み合わせによっても，種々の特性を発現することが可能である。

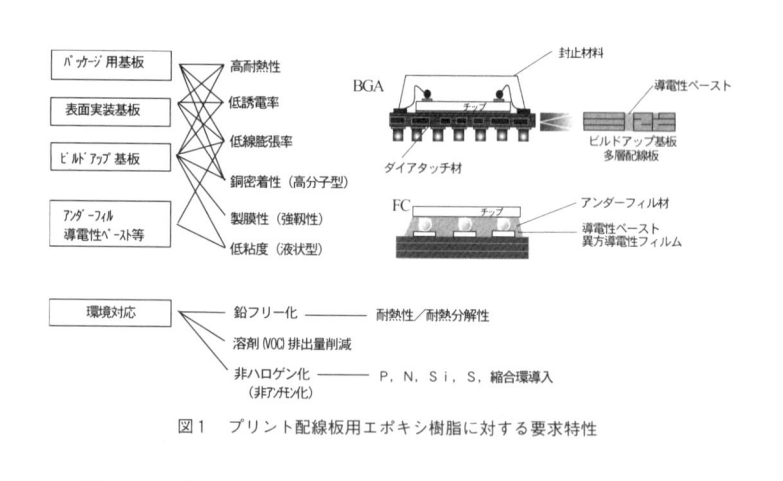

図1　プリント配線板用エポキシ樹脂に対する要求特性

*　Masakazu Yoshizawa　大日本インキ化学工業㈱　機能性ポリマ技術本部
　　エポキシ樹脂技術グループ　主任研究員

第2章 プリント配線基板の構成材料

BPA型エポキシ樹脂

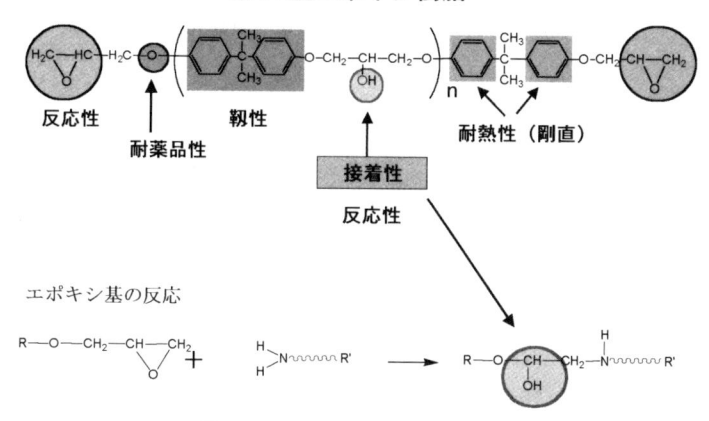

図2 BPA型エポキシ樹脂の構造と特性

電子材料分野の進歩は早く,ニーズの変化も激しいことから,新規な構造のエポキシ樹脂や硬化剤の開発が盛んに行われており,推進されている。

エポキシ樹脂の最大の特徴は,分子内および硬化時に発生する2級のOH基による水素結合といわれている。これにより,金属・他樹脂・無機材料(ガラス基材/セラミックス等)の接着には欠かせない材料となっている。

3.3 エポキシ樹脂の製造方法

次にエポキシ樹脂の製造方法に関して,概略を述べる。その方法は,概ね以下の2通りに大別される。

3.3.1 フェノール性OH基とECH(エピクロルヒドリン)の反応による製造方法[4](1段法)

BPA型エポキシ樹脂を例に取り説明すると,BPAに過剰のECHを反応させて,いったんECHを付加(ECHのエポキシ基が開環)させた後に,再度,閉環(エポキシ基を再生)させて合成する(図3)。これは,BPAに限らず,フェノール性のOH基を有するものであれば,エポキシ化は可能である。例えば,ECN(クレゾールノボラック型エポキシ樹脂)の様なノボラック型エポキシ樹脂も同様である。

上記,合成方法によって合成されるエポキシ樹脂には,どうしても副反応生成物として,加水分解性塩素(可けん化塩素)や末端α-グリコール等の不純物が微量含まれることになる。特に電材用途では,電気信頼性(高温高湿下)の面で,加水分解され易い塩素を低減することが重要

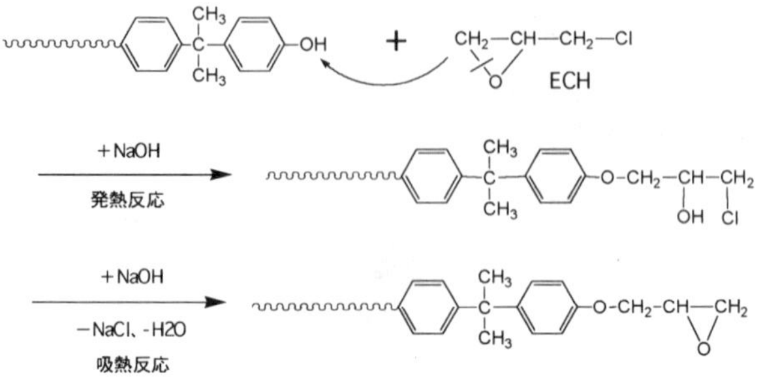
ECH
+NaOH
発熱反応
+NaOH
−NaCl、-H2O
吸熱反応

図３　エポキシ樹脂の合成方法(1)

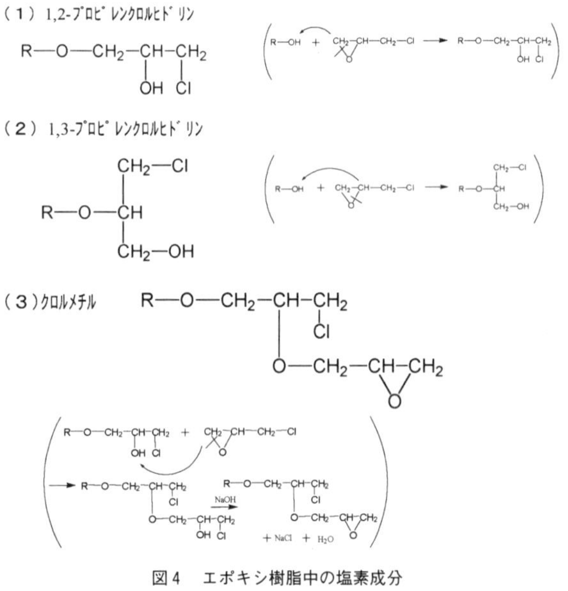
（１）1,2-プロピレンクロルヒドリン
（２）1,3-プロピレンクロルヒドリン
（３）クロルメチル
NaOH
+ NaCl + H2O

図４　エポキシ樹脂中の塩素成分

となってくる。

以下に，不純物として生成する塩素を示す（図４）。加水分解され易い塩素は，図４の(1)<(2)<<(3)の順であり，(3)は非常に取れにくく，残存し易い（エポキシ樹脂中には，タイプにもよるが，微量の塩素は残存する）。

3.3.2　エポキシ樹脂中のエポキシ基を一部他の化合物で変性する製造方法[4]（２段法）

ガラス－エポキシ積層板（FR-4）に使用される低臭素化エポキシ樹脂（Low-Br 型）は，

第2章 プリント配線基板の構成材料

TBBPA (テトラブロモビスフェノール A) と BPA と ECH を一度に反応して合成するのではなく，BPA のエポキシ樹脂に TBBPA を反応させて合成する（図5）。

　BPA 型エポキシ樹脂と TBBPA を反応させることにより，次の様な分子量分布を持ったエポキシ樹脂となる。通常，DICY（ジシアンジアミド）を硬化剤とする場合，難燃性（UL 規格：V-O）を確保する為には，硬化物中の臭素含有量が18％程度が必要となる。積層板を製造する際，一般に日本では，低臭素化エポキシ樹脂の耐熱性を付与する目的で，ノボラック型エポキシ樹脂（主にクレゾールノボラック型エポキシ樹脂）を併用することが多い。このため，併用する他成分の配合量によって種々臭素含有量の異なる低臭素化エポキシ樹脂が使用されている。臭素含有量は，BPA 型エポキシ樹脂と TBBPA の反応比率を変えることによって，任意に調整される。

　参考までに，臭素化エポキシ樹脂の分子量分布の一例として EPICLON 1121N-80M（エポキシ当量495，臭素含有量21.5％）の分子量分布の一例を下記に示す（図6）。

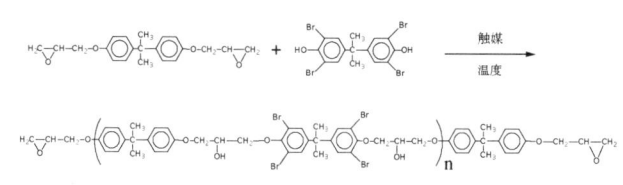

図5　エポキシ樹脂の製造方法(2)：低臭素化エポキシ樹脂

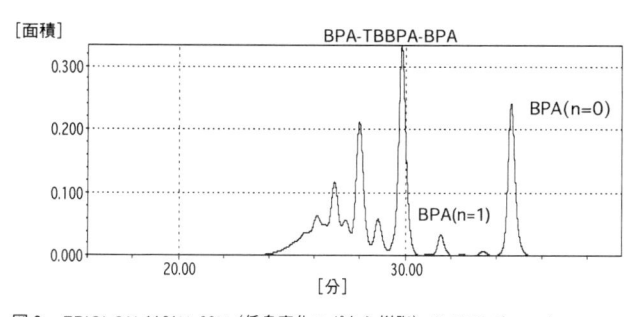

図6　EPICLON 1121N-80M（低臭素化エポキシ樹脂）の GPC チャート
　・BPA ($n=0$)：BPA のエポキシ化物
　・BPA ($n=1$)：BPA が更にもうひとつ付加したエポキシ化物
　・BPA-TBBPA-BPA：BPA のエポキシに TBBPA が1個付加して両末端 BPA エポキシになったもの。

3.4 プリント配線基板に使用されるエポキシ樹脂／硬化剤（含む封止剤用途）

電材用途に使用されているエポキシ樹脂の代表的なものを以下に示す。

3.4.1 臭素系エポキシ樹脂（図7）[5]

低臭素化エポキシ樹脂（Low-Br 型）は，臭素含有量が18～27％程度のエポキシ樹脂であり，FR-4のガラスエポキシ積層板の主成分となっている（低臭素化エポキシ樹脂の DICY 硬化が主流）。

高臭素化エポキシ樹脂（High-Br 型）は，TBBPA と ECH から合成されるものを指し，臭素含有量が44～52％のものである。少量で難燃性が付与出来，紙－フェノール板用の難燃剤として，また高耐熱が要求される積層板用（FR-5）にも，他多官能成分をより多く入れられることから使用されている。更に封止材料の難燃性付与にも主に使用されている。低臭素化および高臭素化エポキシ樹脂ともに，TBBPA から誘導された2官能のエポキシ樹脂であるが，難燃性と耐熱性を両立した臭素化フェノールノボラック型エポキシ樹脂等も積層板を中心に使用されている。

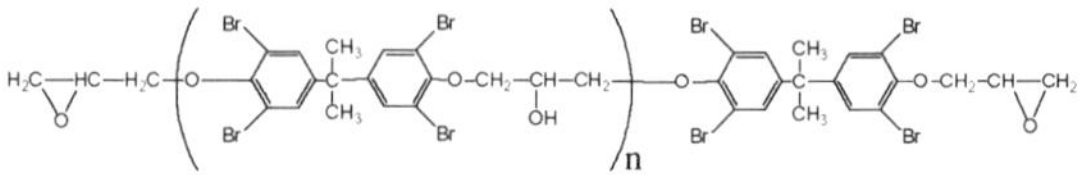

高臭素化エポキシ樹脂（High-Br 型）

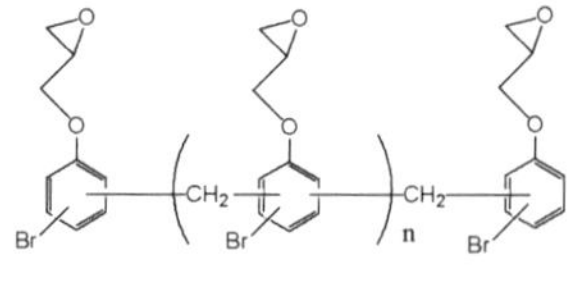

臭素化フェノールノボラック型エポキシ樹脂

図7　低臭素化エポキシ樹脂以外の臭素化エポキシ樹脂

3.4.2 多官能型エポキシ樹脂

図8に一般に使用される耐熱性の高い多官能エポキシ樹脂を示した。ECN（クレゾールノボラック型エポキシ樹脂）は，封止材用途に最も使用されており，プリント配線板用途においても，低臭素化エポキシ樹脂に一部耐熱付与成分として配合して用いられる。プリント配線板で行われる耐湿耐半田特性では，種々の吸湿条件(煮沸／ PCT（プレッシャークッカー試験：121℃/100％，85℃/85％等))による強制吸湿した後の半田浴（260℃以上）でのフクレ／ミーズリングを確認するが，低臭素化エポキシ樹脂のみでは，T_g（ガラス転移温度）が PCT 条件よりも低くなる可能性があり，耐湿耐半田性が持たないケースも出てくる（ゴム状領域で吸湿する為）。これを改善する意味で ECN 等を一部併用し，耐熱性（T_g）を向上させるのが一般的な方法となっている。

第 2 章 プリント配線基板の構成材料

ECN（クレゾールノボラック型エポキシ樹脂）：R=CH₃
EPN（フェノールノボラック型エポキシ樹脂）：R=H

テトラファンクション型エポキシ樹脂

EBN（BPAノボラック型エポキシ樹脂）

3官能型エポキシ樹脂

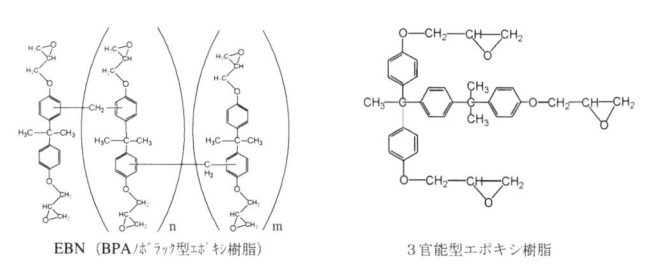

図8　多官能エポキシ樹脂

　EPN（フェノールノボラック型エポキシ樹脂）や EBN（BPA ノボラック型エポキシ樹脂）も同様に積層板用途を中心に使用されている。また、海外を中心にテトラファクション型エポキシ樹脂もプリント配線板用に使用されている。このエポキシ樹脂は、耐熱性向上以外に、樹脂中に含まれる不純物成分に起因して、UV 吸収性を持っており、AOI（Auto Optical Inspection）対応による検出精度が上がる特徴がある。この樹脂を用いたプリント配線板は、通称イエローボードと呼ばれている。

　近年、ハロゲンフリー化の要求が強まる中で、比較的難燃性に有利な EPN を ECN の代わりに使用するケースも増えてきた。

3.4.3　その他特殊エポキシ樹脂（図9）

　封止剤用途には、ECN がポピュラーであるが、近年の実装方法の進歩に伴い、より電気信頼性への要求が高まり、ECN に変わる高性能エポキシ樹脂の採用、使用が増加している。ビフェニル型エポキシ樹脂は、結晶性であり、それ自体のハンドリング性が良いことと溶融時の粘度が低く、充填材の配合量を ECN よりも増やせることから、吸水率・線膨張率が低減出来る特徴がある。DCPD（ジシクロペンタジエン）型エポキシは、ジシクロペンタジエンから誘導されたバルキーな環状脂肪族骨格を持つユニークなエポキシ樹脂であり、耐湿性（低吸水率）・電気特性（低誘電率）に優れる他、耐熱性や密着性も良好で、封止材や高機能プリント配線基板用エポキシ樹

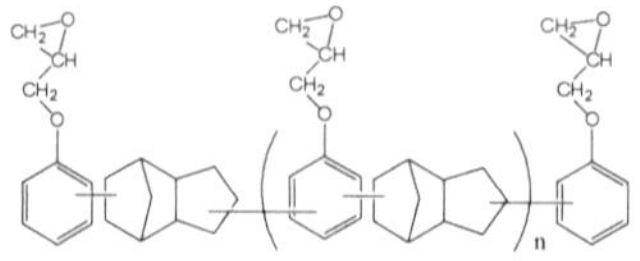

DCPD（ｼﾞｼｸﾛﾍﾟﾝﾀｼﾞｴﾝ）型エポキシ樹脂

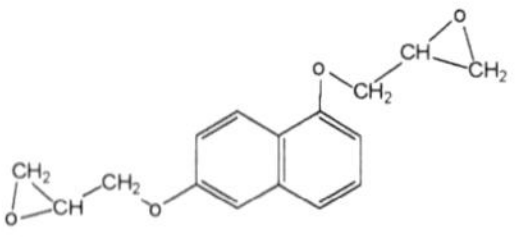

ナフタレン型エポキシ樹脂（2官能）

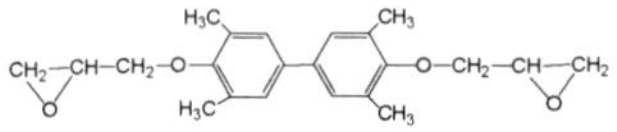

ビフェニル型エポキシ樹脂

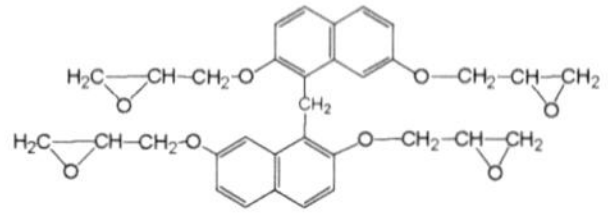

ナフタレン型エポキシ樹脂（4官能）

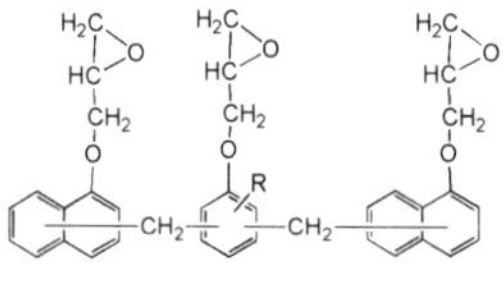

図9　特殊エポキシ樹脂

脂として要求される諸特性をバランスよく兼備している。

また，HP-4032Dは，ナフタレン骨格を有するエポキシ樹脂であり，2官能でありながら耐熱性も比較的高く，ナフタレン骨格が平面状であり，凝集力が高いことからエポキシ樹脂硬化物の中では，比較的線膨張率も低い特徴があり，プリント配線板や液状封止材料として使用されている。EXA-4700もナフタレン骨格を有する4官能のエポキシ樹脂であり，その硬化物は，エポキシ樹脂の中でも最も耐熱性（T_g）の高いエポキシ樹脂のひとつである。高温での弾性率が高く，パッケージ基板の反り抑制にも期待されている。最近は，ハロゲンフリー対応のエポキシ樹脂も種々提案されているが，それは，3．6節の環境対応材料の項目で述べることとする。

3．4．4　硬化剤（図10）

プリント配線板用途では，DICY（ジシアンジアミド）が，最も汎用に使用されている。

その理由としては，DICYは潜在性であることから，プリプレグの貯蔵安定性の良好なものが得られる点にある。また，銅箔／基材との密着性にも優れ，プリント配線板用途での諸特性のバランスが非常に良好である。

ノボラック樹脂は，DICY系に比べて，耐湿性（吸水率）・耐熱性が良好であり，CEM-Ⅲのコア材やFR-5用の硬化剤として使用されている。但し，硬化物が固くて脆くなる傾向がある為，密着性の低下をどう克服するかが重要となる。

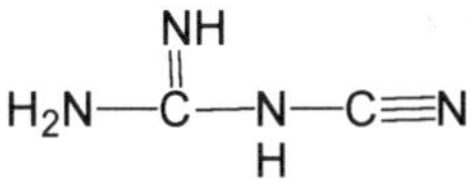

第2章 プリント配線基板の構成材料

ジシアンジアミド（DICY）

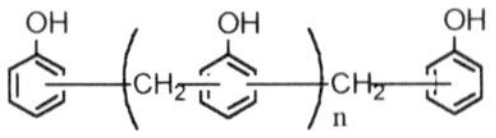

フェノールノボラック樹脂

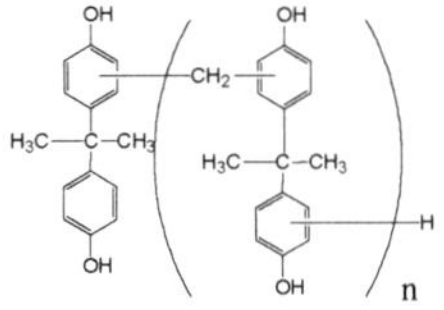

BPAノボラック樹脂

図10 硬化剤

3.5 プリント配線板用樹脂に求められる特性[1,6]

現状，エポキシ樹脂は，諸特性のバランスに優れた樹脂としてプリント配線板に広く用いられているが，更なる特性向上も強く要望されてもいる。プリント配線板用樹脂としては，エポキシ樹脂以外の材料も実用化されてきているが，密着性・作業性・加工性・価格等の特徴を具備したエポキシ樹脂の改良も強く望まれることとなっている（図1）。

3.5.1 低誘電率／低誘電正接

プリント配線板においては，電気信号の高速化の要求が益々強まっている。伝送損失（誘電体損）は，以下の式で表され，誘電率・誘電正接の低減高速化に有効であることが解る。

$$伝送損失（誘電体損）= k \times f/C \times (\varepsilon)^{1/2} \times \tan\delta$$

（k：定数，f：周波数，C：光速，ε：誘電率，$\tan\delta$：誘電正接）

一般に，Clausius-Mossotiの式により，材料（または原子団）の誘電特性（設計）が予想できるが，エポキシ樹脂の場合，分子鎖中および硬化後に2級のOH基が発生する。このOH基は，エポキシ樹脂の最大の特徴である他基材との密着性を高める役割をしているが，極性の高いOH基は，モル分極／モル体積の比率が非常に高く，誘電率／誘電正接を低減するには，不利な構造となっている[7]（表1）。

低誘電率／低誘電正接のニーズに応えるべく，エポキシ樹脂以外の材料も積極的に検討されている。例えば，BTレジン（ビスマレイミド-トリアジン樹脂）やPPO（ポリフェニレンオキサイド）／PPE（ポリフェニレンエーテル），シアネートエステル樹脂，BCB（ベンゾシクロブラン）樹脂，各種液晶ポリマー等が挙げられる。最近では，エポキシ樹脂の硬化に際して，OH基の発生しない硬化システムも報告され，研究が進められている[8]。

エレクトロニクス実装用高機能性基板材料

表1 原子団とモル分極率、モル体積

原子団	P	V	P/V
-CH₃	5.6	23.9	0.23
-CH₂-	4.7	15.9	0.30
-◯-	25.0	65.5	0.38
-C(=O)-O-	15.0	23.0	0.65
-C(=O)-	10.0	13.4	0.75
-O-	5.2	10.0	0.52
-OH	20.0	9.7	2.06

Clausius-Mossotti の式
$$\varepsilon = \frac{1+2(\sum P/V)}{1-(\sum P/\sum V)}$$

3.5.2 耐熱性 (T_g)

情報処理機器の高速演算化、信号伝搬速度の高速化の要求については、低誘電率／低誘電正接化のアプローチが求められる一方で、プリント配線板としては、信号伝搬時間（遅延時間）の短縮をすべく、高多層化・高密度化がプリント配線板に求められることになる。高多層・高密度配線のプリント配線板には、蓄熱による高温に耐え得る耐熱性と、電気信頼性（絶縁不良低減）の面から、熱時の寸法変化を少なくする必要もあり、耐熱性（T_g）の高い材料が必要となる。この点、パッケージ基板を中心にBTレジン（ビスマレイミドートリアジン樹脂）やPPO（ポリフェニレンオキサイド）樹脂／PPE（ポリフェニレンエーテル）樹脂が採用され、多層基板材料にはポリイミド樹脂（種々変成による改良も行われている）やシアネートエステル樹脂も使用、検討されている。耐熱性自体では、若干劣るものの特性バランスでは、FR-5相当のエポキシ樹脂システムも使用され、実績が出てきている。

3.5.3 耐熱分解性

プリント配線板にパッケージ等のチップを実装する場合には、半田付け或いは半田リフローによる高温での処理が伴う。さらに、鉛フリー半田に切り替わることで、半田浴の温度が20〜30℃、従来の鉛使用半田よりも高くなることが予想されている。この点、耐熱分解性（分解ガス・分解温度）の面より、低臭素化エポキシ樹脂／DICY硬化系よりも、ノボラック樹脂硬化系の方が耐熱分解性が高いことから、鉛フリー対応として検討が進められている。DICY硬化系の熱分解開始温度がノボラック樹脂硬化系に比べて熱分解開始温度が低い理由は、塩基性であるアミノ基が、臭素の解離を促進する為と推測される。また、一般にノボラック樹脂硬化系は硬化物が褐色になる傾向があるが、BPAノボラック樹脂は、パラ位が塞がっている為にキノン構造を取りにくく、硬化物の色調もDICY硬化系とほぼ同様となる。参考までに、図11、12にエポキシ硬化物のTGA（熱重量減少）データと熱分解機構を示した[9]。また、ハロゲンフリー材料は、解離し易い臭素を含まないことから、耐熱分解性にも有利であり、長時間高温に曝されてもピール強度の低

第2章 プリント配線基板の構成材料

図11 エポキシ樹脂硬化物の熱分解機構

分解時には,分解反応と縮合反応が繰り返し起こり,最終的には,熱分解生成物(CO,メタン,アセトン,プロピレン,臭化メチル,蟻酸,フェノール等)と炭化物が生成

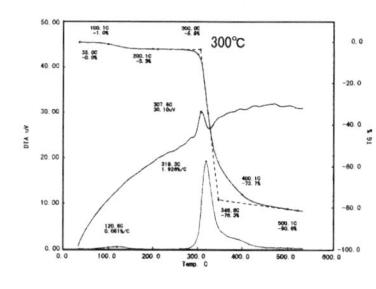

DICY硬化系　　　　　　　　　　　　BPAノボラック硬化系

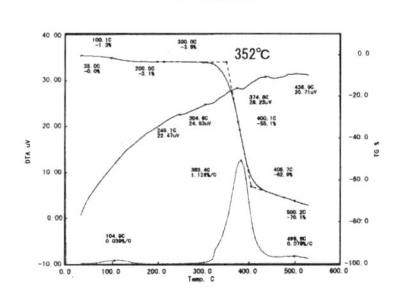

図12 硬化剤の違いによる熱分解挙動比較

（主　　剤）臭素21.5%の臭素化エポキシ樹脂／クレゾールノボラック型エポキシ樹脂＝90/10配合
（硬化剤）DICY：0.5当量, BPAノボラック樹脂：1.0当量
（測定条件）昇温速度：10℃／min, N_2雰囲気

下が少ない（臭素の解離による腐食が少ない）などの信頼性向上の利点もある。

3.5.4 低線膨張率

　金属配線（銅等）・シリコンチップ・ガラスクロス・樹脂間の線膨張率の違いから発生する熱時の応力の低減（パッケージ基板の反り防止,耐クラック性向上）を目的に低線膨張率化が検討

61

されているが，現状は，樹脂からのアプローチではなく，充填剤（シリカ等）を高充填化することで対応する方法が有力となっている。

3.5.5 耐湿性（低吸水率）

基板自体，配線パターン形成時に酸・アルカリ等の薬液（エッチングやメッキ等）処理が行われることから，吸湿後に高温での半田付けがなされることになる。従って，プリント配線板の最も重要な要求特性としては，耐湿耐半田性が挙げられる。

諸特性に優れていても，耐湿耐半田性が悪ければ，実用化は非常に難しい。この点，樹脂からのアプローチとしては，密着性の向上と耐湿性（低吸水率）が有効となる。その意味で，最近では，吸水率の低いエポキシ樹脂やノボラック樹脂硬化系での検討も行われている[1]。

3.5.6 その他

プリント配線基板の周辺用途（例えばアンダーフィル材，導電性接着剤等）にもエポキシ樹脂が使用されており，液状で密着性（強靱性）に優れるものも提案されている[1,10]。

3.6 最近のトピックス

3.6.1 環境対応材料

環境対応に関していうと，プリント配線板の場合，概ね以下の3点が挙げられる。

(1) 鉛フリー対応
(2) VOCs（Volatile Organic Compounds：揮発性有機化合物）の削減
(3) ハロゲンフリー

鉛フリーに関しては，前述した様に，半田浴の処理条件（温度）が上昇することから，今まで以上に樹脂の耐熱性（耐熱分解性）／耐湿耐半田性の向上が要求されてくることになるものと予想される。半田実装の環境面を考えると，熱分解時の発生ガス等の分析や安全性も今後問われる可能性がある。実装関連でのVOCs（削減）は，半田フラックス（水性化）が主な課題となっており，鉛フリー半田の開発と共に検討が進められている。また，プリント配線板は，その製法上，ガラスクロスを溶剤ワニス中に含浸させて乾燥・B-ステージ化するプリプレグを作製することになるが，その際に使用される有機溶剤は，燃焼等で処理されることになる。この点，炭酸ガスの排出量削減の意味では，使用有機溶剤の低減も今後の課題となるものと推測される。有機溶剤を使用しないプリプレグの製造方法の開発も試みられている様である[11~13]。

プリント配線板および封止材料において，環境対応ということでは，樹脂のハロゲンフリー化が最大の要求項目となっている。電子材料が，焼却される際に発生が懸念される「ダイオキシン」（実装基板材料の場合臭素系ダイオキシン）が社会問題となり，各社，環境対応の観点から，急速に種々臭素を用いない難燃樹脂システムの開発が行われ，現在も開発が進められている。臭素

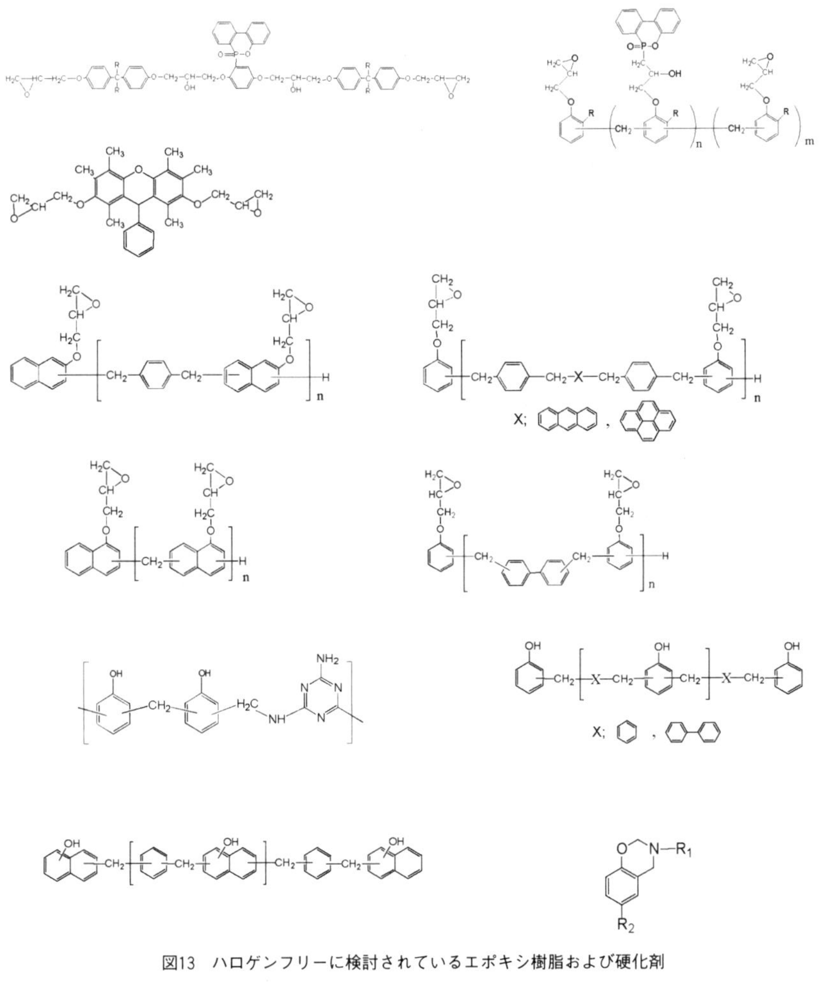

第2章 プリント配線基板の構成材料

図13 ハロゲンフリーに検討されているエポキシ樹脂および硬化剤

系難燃材の難燃機構は，燃焼に必要な OH・ラジカルのトラップ（反応抑制）と臭素ガスによる酸素希釈効果といわれている[4]。これに代わる材料として，燐系化合物（ポリメタリン酸の被膜による酸素遮断・炭化の促進）や窒素系化合物（不活性窒素ガスによる酸素希釈）が盛んに研究されている。その他，燐も窒素も使用せずに炭素系化合物（芳香族炭素の多い構造）と無機充填剤（水酸化アルミニウム・水酸化マグネシウム等）との組み合わせのみで難燃性を付与する検討も報告されている。ここでは，その中でエポキシ樹脂システムを中心に主なハロゲンフリー材料

(特許や文献より抜粋)を紹介する(図13)。
プリント配線板のハロゲンフリー化の樹脂構成に関しては,概ね
(1) エポキシ樹脂／硬化剤(N含有)／添加系P化合物／無機充填材[15]
(2) P含有エポキシ樹脂(原子を骨格に組み込んだエポキシ)／硬化剤[16]
(3) エポキシ樹脂／硬化剤(芳香族含有量の高いもの)／無機充填剤[17,18]

が挙げられる。

封止材の場合は,シリカを高充填することから,P化合物やN化合物を用いずに難燃性を付与する材料も開発されつつある。なお,封止材の場合,臭素もさることながら,三酸化アンチモンの代替も今後の課題となるものと予想される。

「ダイオキシン」とは,臭素系の場合,臭素化ジベンゾダイオキシン(75種)・臭素化ジベンゾフラン(135種類)を合わせた化合物(異性体)の総称であり(除くコプラナー化合物),ダイオキシンの種類によっても,毒性がまったく異なる。また,臭素系ダイオキシンは,同種の塩素系ダイオキシンに比較しても毒性は低いことも解っている。少なくとも「ダイオキシン」のイメージだけで判断するのではなく,科学的な検証と理解の基に,「環境に対して最も最良の選択は何なのか」という本質をリサイクルの可能性[19]を含めた安全性(LCA:Life Cycle Assessment)に対する議論をする必要がある。

EUにおいても,全ての臭素系化合物が問題となっている訳ではなく,リスクアセスメントを行った結果,RoHS指令(Restriction of the use of certain Hazardous Substances in electrical and electronic equipment)で使用禁止と判断されたのは,PBB(ポリブロモビフェニル)とPBDE(ポリブロモジフェニルエーテル)のペンタブロモジフェニルエーテル・オクタブロモジフェニルエーテルのみであり,デカブロモジフェニルエーテルは,除外されている。

3.6.2 その他

エポキシ樹脂における最近の動向で注目されるのが,有機－無機ハイブリッド材料が挙げられる。最近,プリント配線板材料への展開も報告されている。耐湿性／耐湿耐半田性の向上が課題と思うが,T_gが消失する挙動は,高温時の高弾性率を維持できることから,パッケージ基板等の問題となっている反りの防止にも有効であり,実用化が期待される[20~23]。

また,今後,高多層・高密度化・高周波対応の傾向が増す中で,放熱の問題は,今後の重要な課題となってくることが予想される。この点,メソゲン基を導入する手法で高熱伝導化が図れるとの報告もあり,今後に期待が持たれるところである。

3.7 おわりに

現在,エポキシ樹脂は電子材料用途においてなくてはならない樹脂となっている。一方で実装

第2章 プリント配線基板の構成材料

技術の進歩は目覚ましく,樹脂に対する要求も加速度的に厳しいものとなってきている。この点,エポキシ樹脂は,新規な構造の導入や硬化剤を含めたシステムからの取り組みが可能であり,市場のニーズに対応して今後も更なる開発が進められるとともに,発展していくものと考えている。

文　献

1) 吉澤正和,エレクトロニクス実装学会誌,**4**,No.2,102~107（2001）
2) エポキシ樹脂技術協会ホームページ:http://www.epoxy.gr.jp/data/frame7.html
3) 垣内弘編著,新エポキシ樹脂,16~18
4) エポキシ樹脂技術協会編,総説エポキシ樹脂,**1**,基礎編Ⅰ,22~24
5) エポキシ樹脂技術協会編,総説エポキシ樹脂,**1**,基礎編Ⅰ,40~49
6) 小椋一郎,DIC Technical Review, No.7, 1~11 (2001)
7) 伊藤幹雄ら,回路実装学会誌,**10**,No.3, 143~147 (1995)
8) 出村ら,第12回ポリマー材料フォーラム講演要旨集,1PB25 (2003)
9) 垣内弘編著,新エポキシ樹脂,37~38
10) 中村信哉,プラスチックエージ,May, 122~124 (2004)
11) 特開平9-316219
12) 特開平11-240967
13) 特開2002-220432
14) 西沢仁,エポキシ樹脂技術協会編,総説エポキシ樹脂,**2**,基礎編Ⅱ,28~44
15) 池田尚史ら,ネットワークポリマー講演会講演要旨集,27 (1996)
16) 特開2000-80251
17) 位地正年,エポキシ樹脂技術協会編,総説エポキシ樹脂,**2**,基礎編Ⅱ,139~145
18) 小椋一郎ら,ネットポリマー,**24**,No.4, 206~215 (2003)
19) 柴田勝司,日本接着学会誌,**39**,No.6,【226】(20)~【230】(24)
20) 紺田哲史ら,松下電工技報,73~77 (Feb. 2004)
21) 紺田哲史ら,第52回ネットワークポリマー講演討論会講演要旨集,130~133 (2002)
22) 永井晃ら,第52回ネットワークポリマー講演討論会講演要旨集,122~125 (2002)
23) 西口賢治ら,Polymer Preprints, Japan,**52**,No. 10

第 2 編　基材

第3章 エポキシ樹脂銅張積層板

池田謙一*

1 はじめに

エポキシ樹脂を用いる銅張積層板には，ガラス布基材，紙基材，ガラス不織布基材等を基材とする積層板がある。ガラス布基材エポキシ樹脂銅張積層板は広く普及しており，一般に用いられるNEMA規格の呼称ではG-10，FR-4，G-11，FR-5等がある。これらの中でも，難燃性を付与したFR-4が一般的であり生産量も多い。近年，樹脂のガラス移転点（以下 T_g）を高くし，高温での曲げ特性等諸特性を向上させた高 T_gFR-4，またはFR-5の需要が高まっている。

ガラス基材エポキシ樹脂銅張積層板はガラス布基材にエポキシ樹脂ワニス（樹脂，硬化剤，溶剤を主成分とする配合物）を含浸，乾燥させた半硬化（Bステージ）状態のプリプレグと，その片面もしくは両面に銅箔を配置し加熱加圧により成型し製造される。

紙基材エポキシ樹脂銅張積層板FR-3（NEMA規格呼称）は，上記FR-4のガラス基材の代わりに紙基材が用いられる。コンポジット（複合）基材エポキシ樹脂銅張積層板CEM-1，CEM-3（NEMA規格呼称）は，2種類以上の異なった基材から構成される積層板である。CEM-1は主にその内層に紙，表面層にガラス布が用いられる。また，CEM-3は主にその内層にガラス不織布，表面層にガラス布が用いられる。

プリント配線板は配線の高密度化とともに多層化が進み，この多層プリント配線板に使用される材料は銅張積層板と半硬化状態のプリプレグ等がある。製造方法としては，銅張積層板にあらかじめ配線パターンを形成し内層板を得，多層化の成型はプリプレグを用い，内層板や銅箔を一緒に加熱加圧により接着し製造される。

2 エポキシ樹脂

エポキシ樹脂は，図1に示す2個の炭素原子と1個の酸素原子とからなるエポキシ基を1分子中に2個以上もち，三次元構造を取り得る物質の総称である。

---

* Ken-ichi Ikeda　日立化成工業㈱　下館事業所　配線板材料ビジネスユニット
下館プロダクトセンタ　開発グループ　主任研究員

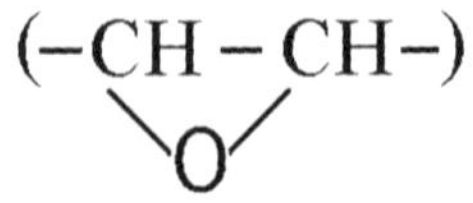

エレクトロニクス実装用高機能性基板材料

図1　エポキシ基の化学構造

　エポキシ樹脂は熱硬化性樹脂のなかで最も汎用的なもので，その用途には塗料，接着剤，電気絶縁材料等がある。これらはエポキシ樹脂が以下に示すように機械的，電気的，化学的特性が優れている点を利用したものであり，紙やガラス基材との親和性も得られることから，プリント配線板用材料として多用されている。

① 170℃以下の温度で硬化剤により速やかに反応する。
② 硬化時にガスや水の発生がない。
③ エポキシ樹脂中にエーテル結合が存在し，接着強度，密着性がよく，接着に圧力を必要としない。
④ 収縮が少ないので内部ひずみが小さい。
⑤ 硬化したエポキシ樹脂は優れた電気絶縁性をもつ。
⑥ 化学薬品に対する抵抗性に優れる。

エポキシ樹脂にはビスフェノールA（BPA）タイプ（図2），ノボラックタイプエポキシ樹脂（図3）等がある。FR-4に用いられるエポキシ樹脂は，大部分がBPA型からなる。電子機器の発煙防止の観点からプリント基板の難燃化のため臭素元素の導入が一般的である。近年ではあらかじめBPA型エポキシ樹脂とテトラブロムビスフェノール（TBBA）を難燃化に必要な臭素含有量となるような配合としたローブロムタイプの樹脂がエポキシメーカーで製造されている。

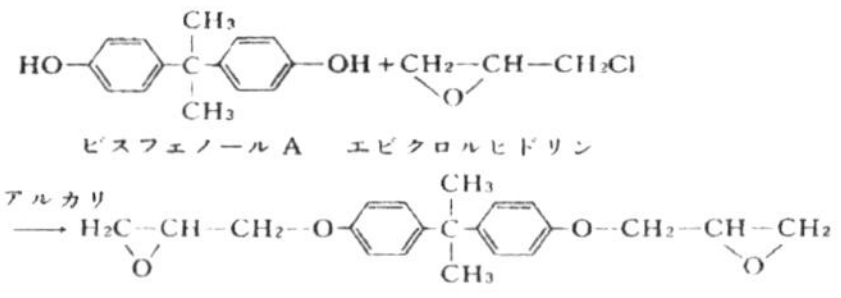

図2　ビスフェノールAタイプエポキシ樹脂

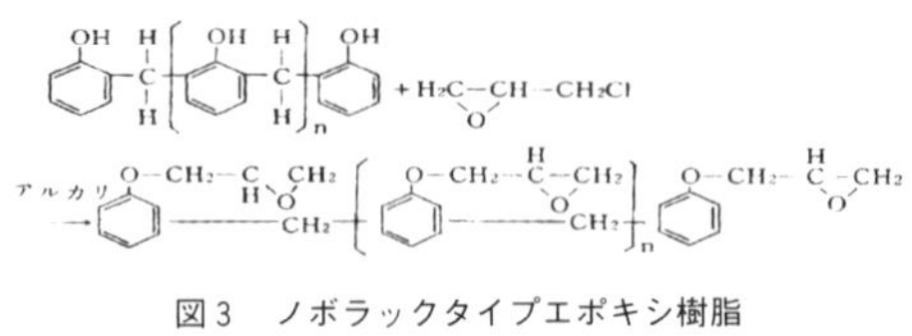

図3　ノボラックタイプエポキシ樹脂

第3章 エポキシ樹脂銅張積層板

3 硬化剤ほか

銅張積層板に使用されるエポキシ樹脂は基材に樹脂を含浸させ半硬化状態でプリプレグとして保管する。このため，硬化剤および硬化促進剤が入った状態で半硬化状態でも長時間反応があまり進まずに安定している配合が必要となる。また，絶縁材料としての各種性能を付与するために変性剤，充填剤，難燃剤等がある。

以下，エポキシ樹脂に添加し熱硬化性樹脂とする硬化剤の分類を示す。

① 有機ポリアミン
1) 芳香族および脂環族ポリアミン硬化：乾燥 40-100℃，2-3時間
2) 内在アミンアダクト硬化：乾燥 40-100℃，2-3時間
3) 分離アダクト硬化：乾燥 40-100℃，2-3時間
4) ポリアミド樹脂併用硬化：乾燥 40-100℃，2-3時間
5) 芳香族アミン硬化：加熱時間 100-150℃，3-4時間
6) アミン予備縮合物硬化：加熱時間 100℃，30-40分
7) 複合アミン化合物硬化：加熱時間 50-100℃，1-2時間
8) アミン塩，アミン錯化物硬化：加熱時間 100-200℃，4時間

② 有機酸
1) 有機酸無水物硬化：加熱時間 100-300℃，2-5時間
2) 有機酸予備縮合物硬化：硬化促進併用 加熱時間 150-200℃，2-4時間

一般にFR-4では，ジシアンジアミド（DICY）が硬化剤として用いられる場合が多い。DICY硬化系は銅箔との接着性が良好であり，樹脂に難溶で成形性が良い特徴がある。高 T_g FR-4等の硬化剤はフェノールノボラック樹脂が用いられる場合がある。従来フェノールノボラック硬化系では，加熱処理での酸化による変色が問題であったが，ノボラック樹脂の結合様式を限定する手法により改善できることが明らかになっている[1]。

硬化促進剤にはイミダゾール系がよく用いられる。ワニスの溶剤にはメチルエチルケトン等のケトン類を用いることが多い。

4 ガラス布

ガラス布基材エポキシ樹脂銅張積層板に一般的に用いられるガラス布は，Eガラス（電気用無アルカリガラス）といわれ，アルカリ成分がほとんどなくホウ酸を入れたホウケイ酸ガラスのタイプである。この他に特定用途向けのガラス組成として，SiO_2 の比率の高い低熱膨張高弾性

エレクトロニクス実装用高機能性基板材料

タイプのTガラス(Sガラス),低誘電率ガラスのDガラス等が開発されている。

フィラメントを数百本集束してヤーンとし,これを用いて織る。積層板用途は,そりおよびねじれ特性等の観点から平織が大部分を占める。ガラス布製織工程でバインダや集束剤は高温焙焼除去される。表1に代表的なガラスクロスを示す。

ガラスは一般的に有機物との結合力が小さい。そこで,ガラス繊維の表面にも,エポキシ樹脂に親和力を高めるための化学処理が行われる。これは,シリコン樹脂(けい素樹脂)に分類されるシランカップリング剤が主流である。シランカップリング剤の一般化学式は $R(CH_2)_3Si(OCH_3)_3$ 等となる。

通常は表面処理の工程でシランカップリング剤を水溶液としてガラスに吹き付けるか,ガラス布を浸漬させて付着させる。エポキシ樹脂にはアミノ基(NH_2-)やエポキシ基(CH_2OCH-)を持ったシランカップリング剤が適しており,主なものとしてはアミノシラン,エポキシシラン,カチオニックシラン等がある。

シランカップリング剤は樹脂,ガラスの両者に強固に結合する化学構造を持っている。ワニス組成により微妙に親和力に差異があるため,積層板の耐熱性等へ影響がある。ガラス布に樹脂含浸する工夫として高開繊タイプが開発されている。表1の1037,1078スタイルは高開繊タイプである。平面方向の機械的物性が均一であるためドリルおよびレーザ加工性に優れ,そり寸法特性が安定している。

表1 無アルカリ平織ガラスクロス

スタイル[*]	織密度 (本/25mm) たて×よこ	使用糸[*] たて×よこ		厚み (mm)	重さ (g/m^2)	重さ許容差 (g/m^2)
101	75×75	D1800 1/0×	D1800 1/0	0.024	16.3	15.2-17.3
1037	70×73	C1200 1/0×	C1200 1/0	0.027	23.0	22.2-24.1
106	56×56	D900 1/0×	D900 1/0	0.033	24.4	23.4-25.4
1080	60×47	D450 1/0×	D450 1/0	0.053	46.8	45.1-48.5
1078	54×54	D450 1/0×	D450 1/0	0.043	47.8	46.8-49.2
1501	46×45	E110 1/0×	E110 1/0	0.140	165.0	158.0-171.0
1504	60×50	DE150 1/0×	DE150 1/0	0.125	148.0	142.8-153.2
2116	60×58	E225 1/0×	E225 1/0	0.094	103.8	100.7-106.8
3313	60×62	DE300 1/0×	DE300 1/0	0.084	81.4	79.0-83.7
7629	44×34	G75 1/0×	G75 1/0	0.180	210.0	204.5-215.3

[*] ガラススタイル,使用糸はIPC規格に準拠した。使用糸はヤーンの種類等を表記した。

第3章 エポキシ樹脂銅張積層板

5 銅箔

　一般に銅張積層板には電解銅箔が使用される。この銅箔の厚みは12, 18, 35, 70μm が使用されている。最近では導体ライン幅/スペース幅の微細化が進み, 3, 5, 9μm の極薄銅箔が増加している。極薄の3, 5μm は取り扱い性を改善するためキャリア付きが標準である。極薄銅箔は CO_2 レーザによるダイレクト加工法等に対応するためにも有効である。一方, 高電流高電圧用途等では70μm 以上 (70, 105, 140, 175μm 等) の厚銅箔が使用される。

　電解銅箔は硫酸銅水溶液をいれた大型の電解槽で, クロムメッキしたステンレスのドラムを回転し, この表面に銅を析出させて製造される。一般にドラム側は光沢面 (S面), 反対側は光沢がないマット面 (M面) となる。マット面には電気分解で銅微粒子を付着させ表面粗さを大きくし接着性を向上させる。さらに, 両表面に, ごく薄い防錆処理等が施される。

　微細配線板用途では, 銅箔粗さを小さくし, かつ, 接着性を満足したロープロファイル箔が使用される。

6 銅張積層板の製造方法

① 製造工程

　製造工程はワニス, 塗工, 積層および仕上げの4工程よりなる。図4に銅張積層板の製造工程を示す。一般にガラス布基材エポキシ樹脂銅張積層板のプリプレグ製造では縦型塗工機を用いる。

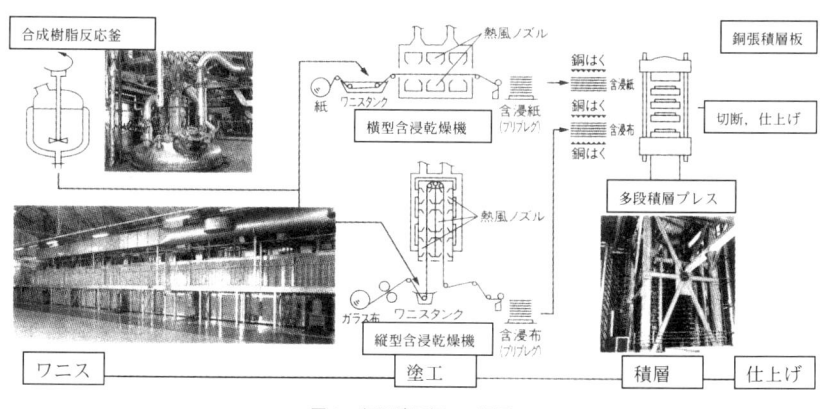

図4　銅張積層板の工程図

② ワニス，塗工工程

エポキシ樹脂に各種特性を付与する樹脂配合にして合成樹脂反応釜でワニスとする。次に，ワニスをワニスタンクに導き，ガラス布のロールを巻きだし連続的にワニスを含浸，塗工する。塗工方式はディップ方式，キスコート方式および絞りロール方式等がある。

乾燥機に誘導して半硬化状態になるよう温度と速度で調整される。この乾燥方式として熱風循環方式と熱輻射方式がある。この工程を経て出来上がったものは中間工程品で，シート状に切断され，いわゆるプリプレグまたはBステージの樹脂含浸布となる。保存安定性は，保管，運搬から考慮して20℃，50% RHで90日以上が望ましく，保管条件およびその管理方法に注意が必要である。

プリプレグの製造工程では，管理項目としては，樹脂量，樹脂流れ量，ゲル化時間および揮発分等である。特にゲル化時間は，ワニスが一定温度条件で硬化に至るまでの所要時間として計測される。

③ 積層，仕上げ工程

プリプレグはシート状で一定サイズに切断され，板厚仕様に応じ所定枚数を積層し，その上下に銅箔を配置して鏡板（ステンレス板）等の押し板に挟んで交互に何枚か重ね合わせ，プレスの熱板間に仕込まれる。プレスの所定段に仕込まれた後，所定の加熱，加圧条件により成型され，冷却，解体工程を経て完了する。加熱方式にはヒータ，熱水，蒸気および熱媒等が用いられる。最近は，プレス昇圧初期の微量な空気およびガスをのぞくために，プレス内部を真空にして成型する真空プレス装置が普及している。

仕上げ工程で，周辺端部に流出した樹脂は切断除去され，性能検査，外観検査の後に梱包出荷される。外観検査項目としては，表面外観（きず，さび，しみ，汚れおよびピンホール等），打こん，直角度，寸法と許容差，そり，ねじれおよび板厚と許容差等がある（JIS C 6481等）。

7 規 格

積層板に関連する主な規格略号と名称を表2に示す[4]。IEC規格は国際規格であり，日本ではJIS規格が標準化している。ガラス布基材エポキシ樹脂銅張積層板の代表的な規格を以下に示す。

1) JIS C 6481プリント配線板用銅張積層板試験方法
2) JIS C 6484 プリント配線板用銅張積層板：ガラス布基材エポキシ樹脂
3) IEC 60249プリント配線板用銅張積層板
4) IEC 60249-1 試験方法
5) IEC 60249-2-7プリント配線板用銅張積層板：耐燃性ガラス布基材エポキシ樹脂

第3章　エポキシ樹脂銅張積層板

6) IPC 4101A　一般，多層配線板用銅張積層板規格
7) IPC TM-650　試験方法

表2　主な規格略号と名称[1]

規格略号	名　　称
JIS	Japanese Industrial Standards：日本工業規格
JPCA	Japan Printed Circuit Association：日本プリント回路工業会規格
ASTM	American Society for Testing and Materials：アメリカ材料試験協会規格
NEMA	National Electrical Manufacturers Association：アメリカ電気工業会規格
IPC	The Institute for Interconnecting and Packaging Electronic Circuits：IPC 規格
IEC	International Electrotechnical Commission：国際電気標準会議規格
UL	Underwriters Laboratories Inc：UL 規格

エポキシ樹脂銅張積層板の規格別グレード対照表を表3，JIS，ASTM，IPC に関するグレード別規格詳細を表4，5に示す。JIS に規定される代表的な性能一覧表に関し，片面，両面は表6，多層用は表7に示す。はんだ処理条件を表8，耐燃性を表9，板厚毎の曲げ強さを表10に示す。今後は国際規格の IEC 規格が順次翻訳され，国際規格に整合した JIS 規格となる予定である。

8　技術動向

情報の高速，大容量化が進み，携帯電話およびパソコンを中心とした情報通信関連機器は，ますます小型，高性能化が追求されている。

配線板の高密度化が進み，より短い距離で絶縁性確保が望まれている。ガラス布基材積層板はガラス繊維/樹脂界面に導電性フィラメントが生成する CAF（Conductive Anodic Filament：ガラス布繊維と樹脂の間隙に生じる銅イオンマイグレーション）による絶縁劣化を抑制する必要がある。

CAF の発生の模式図を図5に示す。CAF は①陽極の樹脂/めっき銅界面から溶出した銅イオンが，②ガラス繊維/樹脂界面を陰極方向へ移行し，③その過程で金属銅が還元析出する現象である。優れた耐 CAF 性を得るためには，樹脂/めっき銅界面からの銅溶出を抑制するか，ガラス繊維/樹脂界面で銅イオンを捕捉し移行を抑制することが必要である。更には，基板の吸湿やドリル等加工時の損傷も耐 CAF 性の劣る原因になり，樹脂系自体が低吸水であり，機械加工性に優れることも重要である。

熱サイクル試験時の温度変化に対応して多層板は面方向及び厚さ方向に膨張収縮を繰り返し，

エレクトロニクス実装用高機能性基板材料

表3 規格別グレード対照表[4]

基材	樹脂	その他の特徴	耐燃性[*1]	JIS/JPCA 片面板用	JIS/JPCA 多層用	ASTM 片面板用	ASTM 多層用	NEMA 片面板用	NEMA 多層用	IPC 片面板用	IPC 多層用	IEC 片面板用	IEC 多層用
紙基材			○	PE1F		FR-3	FR-3			4101/04		No.3	
合成繊維布基材				SE1									
			○	SE1F									
ガラス布/紙複合基材			○	CPE1F		CEM-1	CEM-1			4101/10		No.9	
ガラス布/不織布複合基材			○	CPE3F		CEM-3	CEM-3			4101/12		No.10	
ガラス布基材	エポキシ樹脂	一般用		GE4		G-10	G-10			4101/20		No.4	No.11
										4101/21			
										4101/97			
										4101/98			
			○							4101/92[*2]		No.5	No.12
				GE4F		FR-4	FR-4			4101/93[*2]			
										4101/94[*2]			
										4101/95[*2]			
		高T_g	○							4101/24			
										4101/26			
		耐熱性		GE2		G-11	G-11			4101/22			
		高耐熱性	○	GE2F		FR-5	FR-5			4101/23			

*1：○は耐熱性を有することを示す。
*2：ハロゲンフリー材

このことがスルーホールめっき及び内層接続と基材との間に歪みを生じさせる。この歪みがスルーホールクラックまたは，内層フォイルクラックを生じさせ信頼性を低下する要因となる（図6）。スルーホールの信頼性を確保するためには，特にZ軸（厚さ）方向の熱膨張量が小さいことが求められる。図7にTMA（熱膨張特性）測定結果を示す。一般にT_gが高いほどZ軸方向の熱膨張量が小さくスルーホール信頼性は優れている。

第3章　エポキシ樹脂銅張積層板

表4　グレード別規格詳細(1)〔JIS/JPCA・ASTM〕[4]

タイプ	基材と樹脂の記号	特性の記号	絶縁抵抗	その他	耐燃性	ガラス転移温度(℃)	ASTM
紙基材エポキシ樹脂	PE	1F	10^5 MΩ以上		耐燃性		FR-3
合成繊維布基材エポキシ樹脂	SE	1	$5×10^5$ MΩ以上		一般用		
		1F			耐燃性		
ガラス布/紙複合基材エポキシ樹脂	CPE	1F	10^5 MΩ以上		耐燃性		CEM-1
ガラス布/ガラス不織布複合基材エポキシ樹脂	CGE	3F	$5×10^5$ MΩ以上		耐燃性		CEM-3
ガラス布基材エポキシ樹脂	GE	4	$5×10^5$ MΩ以上		一般用	110以上	G-10
		4F			耐燃性		FR-4
		2		耐熱性	一般用		G-11
		2F			耐燃性		FR-5
ガラス布基材ポリイミド樹脂	G1	1	$5×10^5$ MΩ以上	未変性	一般用	200以上	
		1F			耐燃性		
		2		変性	一般用	170以上	
		2F			耐燃性		
ガラス布基材ビスマレイミド/トリアジン/エポキシ樹脂	GT	1	$5×10^5$ MΩ以上	充填材を含まない	一般用	150以上	
		1F			耐燃性		
		2		充填材を含む	一般用		
		2F			耐燃性		
ガラス不織布基材ポリエステル樹脂					耐燃性		FR-6
ガラス・ポリエステル複合不織布基材エポキシ樹脂					耐燃性		CFR-1

エレクトロニクス実装用高機能性基板材料

表5 グレード別規格詳細(2) [IPC][1]

分類	基材	樹脂		充填材	難燃材	耐燃性 (UL94)	UL/ANSI	ガラス転移温度 (℃)
		主成分	第2成分					
04	紙	エポキシ	—	—	Br/Cl/Sb	V-1	FR-3	—
10	Eガラス布(表面)	エポキシ	フェノール	—	Br/Sb	V-0	CEM-1	100以上
11	Eガラス布(表面)	ポリエステル	ビニルエステル	無機	Br	—	CMR-5	—
12		エポキシ	—	含有	Br	V-0	CEM-3	—
13		ポリエステル	ビニルエステル	無機	Br	—	—	—
20		エポキシ	—	—	—	HB	G-10	—
21		2官能エポキシ	多官能エポキシ	—	Br	V-1	FR-4	100-150
22		耐熱エポキシ	—	—	—	HB	G-11	135-175
23	Eガラス布		—	—	Br	V-1	FR-5	135-185
24		エポキシ	多官能エポキシ	—	Br	V-1	FR-4	150-200
25			PPO	—	Br	—	—	150-200
26		エポキシ	多官能エポキシ	—	Br	—	FR-4	170-220
28			エポキシ以外	—	Br	HB	—	170-220
29			トリアジン	—	Br	HB	—	170-220
50	アラミド布	エポキシ	多官能エポキシ	—	Br	—	—	150-200
55		エポキシ	多官能エポキシ	—	Br	—	—	150-200
80	Eガラス布(表面)		フェノール		Br/Sb	V-0	CEM-1	100以上
81	Eガラス布(表面)	エポキシ	多官能エポキシ	めっき触媒	Br	V-0	CEM-3	—
82					Br	V-1	FR-4	110以上
83					Br	V-1	FR-4	150-200
92				—	りん	V-1	FR-4	110-150
93	Eガラス布	エポキシ	多官能エポキシ	—	水酸化アルミ	V-1	FR-4	110-150
94				—	りん	V-1	FR-4	150-200
95				—	水酸化アルミ	V-1	FR-4	150-200
97		2官能エポキシ	多官能エポキシ	無機	Br	V-1	FR-4	110-150
98		エポキシ	多官能エポキシ	無機	Br	V-1	FR-4	150-200
27	UNIDIRECTIONAL, CROSS-PLIED FIBERGLAS	エポキシ	多官能エポキシ		Br		—	110以上

第3章 エポキシ樹脂銅張積層板

表6 JIS 一般性能規格（片面，両面）[4]

項目			単位	処理条件	ガラス布基材エポキシ			
					GE2	GB2F	GE4	GE4F
はんだ耐熱性（板厚1.6mm）			—	A	260$^{+5}_{-0}$℃，20±1秒浸せきで膨れ，はがれがないこと			
気中耐熱性			—	A	200±2℃，60±5分で膨れ，はがれがないこと			
引きはがし強さ	銅箔 0.018mm	常態	kN/m	A	1.0			
		はんだ処理後		規定のはんだ処理	1.0 (S$_t$)			
	銅箔 0.035mm	常態		A	1.4			
		はんだ処理後		規定のはんだ処理	1.4 (S$_t$)			
		加熱時		E-1/105	—		—	
				E-1/125	—		0.9	
				E-1/150	0.6		—	
	銅箔 0.070mm	常態		A	1.6			
		はんだ処理後		規定のはんだ処理	1.6 (S$_t$)			
		加熱時		E-1/105	—		—	
				E-1/125	—		1.1	
				E-1/150	0.7		—	
曲げ強さ（板厚1.0mm以上）			N/mm^2	A	320			
曲げ強さ保持率（板厚1.0mm以上）			%	E-1/150	40			
体積抵抗率		常態	MΩ·m	C-96/20/65	1×10^5			
		吸湿処理後		C-96/20/65＋C-96/40/90	5×10^4			
表面抵抗	銅箔除去面	常態	MΩ	C-96/20/65	1×10^6			
		吸湿処理後		C-96/20/65＋C-96/40/90	1×10^5			
	積層板	常態	MΩ	C-96/20/65	—			
		吸湿処理後		C-96/20/65＋C-96/40/90	—			
絶縁抵抗		常態	MΩ	C-96/20/65	5×10^5			
		吸湿処理後		C-96/20/65＋D-2/100	1×10^3			
比誘電率（1MHz）（板厚0.5mm以上）		常態	—	C-96/20/65	5.5			
		吸湿処理後		C-96/20/65＋D-24/23	5.8			
誘電正接（1MHz）（板厚0.5mm以上）		常態	—	C-96/20/65	0.035			
		吸湿処理後		C-96/20/65＋D-24/23	0.045			
耐薬品性		耐水酸化ナトリウム性	—	A（濃度3%，40℃，3分）				
吸水率（板厚1.6mm）			%	E-24/50＋D-24/23	0.25			
耐燃性[*1]			—	A，E-168/70	—	V0,V1	—	V0,V1
ガラス転移温度		TMA法	℃	A	110			
		DMA法		A	120			

表中の比誘電率，誘電正接，吸水率は最大値，その他は最小値を示す。
＊1：耐燃性の判定基準は表9に示す。

エレクトロニクス実装用高機能性基板材料

表7 JIS 一般性能規格（多層用）[1]

項目			単位	処理条件	グレード ガラス布基材エポキシ	
					GE4	GE4F
はんだ耐熱性（板厚1.6mm）			—	A	260$^{+5}_{-0}$℃，20±1秒浸せきで膨れ，はがれがないこと	
気中耐熱性			—	A	200±2℃，60±5分で膨れ，はがれがないこと	
引きはがし強さ	銅箔 0.018mm	常態	kN/m	A	1.0以上	
		はんだ処理後		S₄		
	銅箔 0.035mm	常態		A	1.4以上	
		はんだ処理後		S₄		
	銅箔 0.070mm	常態		A	1.6以上	
		はんだ処理後		S₄		
体積抵抗率		常態	Ω・m	C-96/20/65	10^{13}以上	
		吸湿処理後		C-96/20/65＋C-96/40/90	$5×10^{12}$以上	
表面抵抗		常態	Ω	C-96/20/65	10^{12}以上	
		吸湿処理後		C-96/20/65＋C-96/40/90	10^{11}以上	
絶縁抵抗		常態	Ω	C-96/20/65	$5×10^{11}$以上	
		吸湿処理後		C-96/20/65＋D-2/100	10^{9}以上	
比誘電率（1 MHz）		常態	—	C-96/20/65	—	
		吸湿処理後		C-96/20/65＋D-24/23	5.4以下	
誘電正接（1 MHz）		常態		C-96/20/65	—	
		吸湿処理後		C-96/20/65＋D-24/23	0.035以下	
耐薬品性		耐水酸化ナトリウム性	—	A（濃度3％，40℃，3分）	膨れ，はがれがなく，外観に著しい変化がないこと	
吸水率	板厚0.1mm		%	E-24/50＋D-24/23	2.0以下	
	板厚0.2mm				1.5以下	
	板厚0.3mm				1.2以下	
	板厚0.4mm				1.0以下	
	板厚0.5mm				0.8以下	
	板厚0.6mm				0.7以下	
	板厚0.7mm				0.6以下	
耐燃性			—	A，E-168/70	—	V0，V1
ガラス転移温度		TMA 法	℃	A	110以上	
		DMA 法		A	120以上	

第3章　エポキシ樹脂銅張積層板

表8　はんだ処理条件[1]

処理条件記号	規定温度（℃）	規定時間（秒）
S_0	246^{+2}_{-0}	5±1
S_1		10±1
S_2	260^{+2}_{-0}	5±1
S_3		10±1
S_4		20±1

表9　耐燃性の判定基準[1]

項目 \ 規格	ASTM JIS, IPC (UL94) IEC		Class 0 V-0 FV0	Class 1 V-1 FV1
第1回着火フレーミング	最大（秒）		10	30
第2回着火フレーミング	最大（秒）		10	30
フレーミング＋グローイング	最大（秒）		30	60
第1回，第2回のフレーミング合計	最大（秒）		50	250

注）1セット（5個）の試験片が適合しない場合，もう1セットを試験し，秒数の合計がこの範囲であれば適合していると判断する。この際，つかみ具までのフレーミングまたはグローイングがないこと。

表10　板厚毎の曲げ強さ[1]

板厚 (mm)	CGE3F (N/mm^2)
1.0	240以上
1.2	230以上
1.6	220以上
2.0	200以上

9　FR-4エポキシ基板材料

　エポキシ基板材料としては，難燃性を付与したFR-4が一般的である。非難燃グレード（G-10，G-11）も存在するが，最近では生産量が少なく限定された用途にのみ使用されている。ガラス布エポキシ樹脂銅張積層板には片面・両面板用途および多層板用途がある。FR-4の特性は，ガラス転移温度 T_g が120～135℃，誘電率が4.6～4.8，誘電正接が0.015～0.020程度である。最近では携帯電話およびパソコンなど軽薄短小，高機能化，高信頼性化に対応するため耐CAF性，

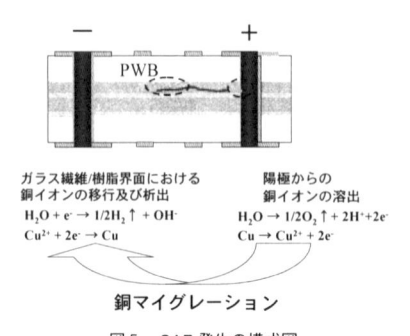

エレクトロニクス実装用高機能性基板材料

図5　CAF発生の模式図
陽極で溶出した銅イオンは，ガラス繊維/樹脂界面を陰極方向へ移行する過程で還元析出する。

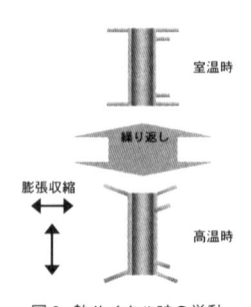

ガラス繊維/樹脂界面における銅イオンの移行及び析出
$H_2O + e^- \rightarrow 1/2H_2\uparrow + OH^-$
$Cu^{2+} + 2e^- \rightarrow Cu$

陽極からの銅イオンの溶出
$H_2O \rightarrow 1/2O_2\uparrow + 2H^+ + 2e^-$
$Cu \rightarrow Cu^{2+} + 2e^-$

銅マイグレーション

図6　熱サイクル時の挙動
熱サイクル試験時には熱膨張収縮により内層回路等に歪みを生じる。

スルーホール接続信頼性，電気特性，機械特性に優れたFR-4多層材料が開発されている。

10　CEM-3，CEM-1，FR-3基板材料

CEM-3は，スルーホール信頼性，ドリル，打抜き加工性，コストパフォーマンスに優れることから，FR-4の代替えで広い分野で普及している。日本のコンポジット材の多くがCEM-3である。用途は家電製品，OA機器等，高密度実装分野の民生用電子機器から産業用電子機器まで様々である。FR-4の薄物基板を除く両面板はCEM-3に切り替わりつつある。

CEM-1は，紙フェノール銅張積層板（FR-1，FR-2）と比較し高強度，低臭気であることから主に片面板で欧米で使用されている。しかし，日本では逆に低価格のFR-1が使用されるため使用量は減少している。用途は家電製品，民生用電子機器等である。

FR-3は品質面，価格面とも紙フェノール銅張積層板（FR-1，FR-2）とガラス基材エポキシ銅張積層板の中間に位置する。主な用途は音響機器，車載用途であるが，現状日本ではほとんど使用されていない。FR-3は特性面でFR-4，価格面でFR-1へと置き換えられた分野が多く，生産量は激減している。

11　環境対応多層材料

EU（欧州連合）ではRoHS（Restriction of the use of certain Hazardous Substances in EEE）指令により水銀（Hg），カドミウム（Cd），鉛（Pb），六価クロム（Cr^{6+}），特定臭素系難燃剤（PBB，

第3章　エポキシ樹脂銅張積層板

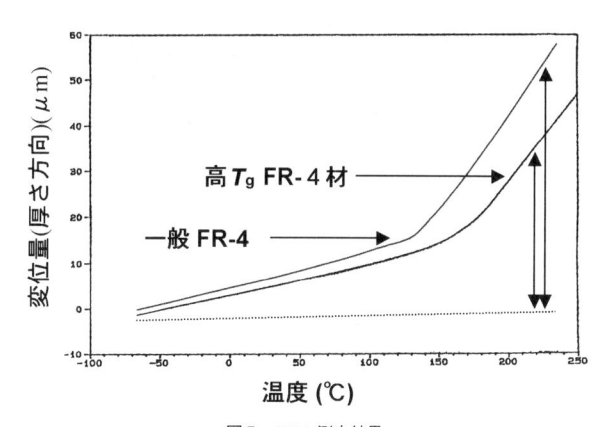

図7　TMA測定結果
厚さ方向の熱膨張量が小さいため，スルーホール信頼性に優れる。

表11　ハロゲンフリー材の難燃化手法

項　目	無機水酸化物の導入	難燃（芳香族）骨格の増加	リン源の導入	窒素源の導入
燃焼，分解時主発生ガス	H_2O 等	CO, CO_2, H_2O 等	PH_3等	HCN, N_2, NO_2等
有害性 $LC_{50}-30min$	無害 (H_2O)	5,705ppm (CO)	600ppm (PH_3)	164ppm (HCN)
難燃機構	吸熱燃焼ガス拡散	難熱分解難酸化	炭化促進炭化層形成	吸熱不燃ガス発生
長　所	無害性	低害性	難燃効果大	特性低下小
短　所問題点	多量必要加工性，成形性	配合制約のため他特性との	耐トラッキング性，機械物性の低下，赤リンは自然発火	耐熱性，耐薬品性の低下

PBDE）を2006年7月以降には規制する動きがある。電子部品を実装する際に用いられる"はんだ"には鉛が含まれるため鉛フリー化が進んでいる。鉛フリーはんだは融点が高いため耐熱性の高い基板材料が望まれている。一方，エポキシ樹脂銅張積層板では難燃性UL94V-0を達成するためPBB，PBDE以外の臭素系難燃剤を使用しており，RoHS指令には抵触しない。しかしながら，臭素系難燃剤全般は燃焼時にダイオキシン等を発生する可能性があることから，ハロゲン元素を含まない難燃性材料が望まれている。ハロゲンフリー材の難燃化手法を表11に示す。各手法は長所，短所があり組み合わせて用いられる。

　これらの環境面の要求に対し，鉛フリーはんだに対応した T_g 140〜150℃で高信頼性用途のハ

エレクトロニクス実装用高機能性基板材料

表12 環境対応（ハロゲンフリー）FR-4多層材の一般特性

項　　目	単位	条件	環境対応 （ハロゲンフリー） FR-4多層材 MCL-BE-67G	FR-4多層材
ガラス転移温度（T_g）	℃	TMA法	140〜150	120〜135
		DMA法	195〜220	150〜160
熱膨張係数　Z方向	ppm/℃	<T_g：α1	45〜55	50〜70
引きはがし強さ　銅箔0.018mm	kN/m	常態	1.4	1.4〜1.6
曲げ弾性率　X方向	GPa	室温	21〜25	20〜23
吸水率	％	PCT-5hr	0.40〜0.50	1.1〜1.2
鉛フリーリフトオフ性　パット径：1.0mm	—	PCT-5 hr	異常無し	発生有り
耐燃性	—	常態	V-0	V-0

ロゲンフリー材料 MCL-BE-67G が開発されている[5]。開発品の特性を表12に示す。この材料は芳香族成分が多い特殊な樹脂システムを使用しており，さらにフィラ配合技術を組み合わせることにより，鉛フリーはんだ対応，低誘電正接の特長を持つ。これは Z 軸方向（厚み方向）の熱膨張係数が一般 FR-4材と比べて小さいことが，鉛フリーはんだが適用可能な理由である。耐熱性のレベルも一般 FR-4と比べて向上しており，耐 CAF 性等の絶縁信頼性，スルーホール信頼性に優れている。パソコンや携帯電話等のマザーボード用に採用されている。

12　高 T_g ガラスエポキシ多層材料

半導体等実装部品の高密度化による電子機器の軽薄短小化によりプリント配線板への要求特性が厳しくなっており，特に多層板用途を中心として高信頼性等の要求に対応した技術開発が行われている。従来，高信頼性を要求される用途，特に大型コンピュータ等の用途向けにはガラスポリイミド銅張積層板が使用されてきたが，最近は低コスト化の要求が強く，樹脂を高 T_g 化し，スルーホール信頼性，高温での曲げ強度等の諸特性を向上させた高 T_gFR-4（または FR-5）が開発されている[6]。さらに，高信頼性用途のため耐 CAF 性等の絶縁信頼性，吸湿耐熱性を向上した材料，鉛フリーはんだに適用可能な材料がある。また，半導体パッケージ基板用途としても，従来のセラミック基板からの置き換え用として使用されており，今後も高 T_g ガラスエポキシ多層材料の需要は増加を続けるものと予想される。

第3章　エポキシ樹脂銅張積層板

13　高 T_g 高弾性低熱膨張多層材料

　高 T_g 多層材料では，X，Y 軸方向（面内方向）熱膨張係数を小さくしてシリコンチップの熱膨張係数に近づけた材料が望まれている。また，スルーホール信頼性の向上のため，Z 軸（厚さ方向）熱膨張係数の小さい材料が望まれている。

　X，Y 軸方向の低熱膨張化のためには T ガラス等の低熱膨張ガラスを使用することが有効である。また，X，Y 軸方向に加え Z 軸方向も低熱膨張化するためには無機系成分の使用比率を上げる手法がある。無機成分としてフィラを高充填化する技術が開発されている。フィラの高充填化は凝集等による欠陥をともない絶縁劣化が起こる。そこで，処理剤をフィラ表面に効率よく処理するシステムの開発により，フィラの分散性が向上し，フィラ高充填化ワニスの粘度を増加させることなく，ガラス基材への良好な含浸性を実現している。

　これらのフィラの配合技術と表面処理技術を組み合わせることによって，一般の E ガラスを使用しながら，X，Y，Z 軸の熱膨張係数を小さくした材料 MCL-E-679F が開発されている[7]。さらに，これらをベースにハロゲンフリー化した環境対応材料 MCL-E-679FG がある[8]。これらの材料特性を表13に示す。開発品は，T_g が170℃と高く，曲げ弾性率は現行の高 T_gFR-4に比べて20％高い。吸水性は低く，高弾性により優れた耐湿耐熱性を発現し，鉛フリーはんだに適用可能である。Z 方向の熱膨張特性は高 T_gFR-4に比べて約1/2となっており温度サイクル等によるスルーホール接続信頼性が良好である。表面平滑性およびドリル加工性が良好で，微細なパター

表13　高 T_g 高弾性低熱膨張多層材，環境対応（ハロゲンフリー）高 T_g 高弾性低熱膨張多層材の一般特性

項　目		単位	条件	高 T_g 高弾性低熱膨張多層材 MCL-E-679F	環境対応（ハロゲンフリー）高 T_g 高弾性低熱膨張多層材 MCL-E-679FG	高 T_g 多層材
ガラス転移温度（T_g）		℃	TMA 法	160～170	160～170	150～180
熱膨張係数	X，Y 方向	ppm/℃	30～120℃	10～12	13～15	14～18
	Z 方向		$< T_g : \alpha 1$	20～30	20～30	40～60
			$> T_g : \alpha 2$	100～120	100～120	200～300
曲げ弾性率	X 方向	GPa	室温	30～32	27～30	20～25
鉛フリーリフトオフ性	パット径：1.0mm	—	PCT-5 hr	異常無し	異常無し	異常無し
表面粗さ		μm	常態	2.0～3.0	2.0～3.0	5.0～13.0
耐燃性		—	常態	V-0	V-0	V-0

ン形成に対して有効である。この材料は半導体パッケージ基板，高多層基板等の特に高信頼性が要求される分野に対して好適である。

14 おわりに

プリント配線板の微細配線と高密度部品実装が進み，多層材の比率が高まっている。ガラス布エポキシ樹脂積層板は，これまで対象としていたコンピュータや通信機器等の産業用分野から，情報端末機器，デジタル家電等の民生用分野，さらには半導体パッケージ基板分野への展開が進んでいる。

エポキシ樹脂は，その優れた電気特性，耐熱性，接着性等とともに，加工性の良さ，コスト面含め基板用樹脂としては最適の樹脂と考えられる。今後とも，高周波特性の改善のため新規なエポキシ樹脂の開発も活発であり，さまざまな硬化剤との組合せ，各種変性技術，さらには，フィラ技術，極薄ガラス布等の開発によりコストパフォーマンスに優れた材料開発が進むものと予想される。

文　献

1) エポキシ樹脂技術協会編：総説エポキシ樹脂，第 3 巻応用編 1，第 4 章，プリント回路への応用（2003）
2) 社団法人エレクトロニクス実装学会編：エレクトロニクス実装大辞典（2000）
3) 倉橋：ぷりんとばんじゅく，プリント配線板の材料（銅張積層板）入門，第 5 回，JPCA ニュース，**409**, 30-37 (2002)
4) 合成樹脂工業協会編：プリント配線板用銅張積層板の規格と試験方法（第 5 版），合成樹脂工業協会（2002）
5) 大堀：環境対応ノンハロゲン多層材 "MCL-RO-67G"，日立化成テクニカルレポート，**33**, 27-30 (1999)
6) 高野ほか：プリント配線板の耐電食性に及ぼす樹脂の影響，サーキットテクノロジ，**5**, 5, 337-344 (1990)
7) 高野："半導体用低熱膨張・高弾性率基板材料"，エレクトロニクス実装学会誌，3, 3, 210-214 (2000)
8) H. Murai, Y. Takeda, N. Takano, K. Ikeda：New Halogen-Free Materials for PWB, HDI and Advanced Package Substrate, IPC Printed Circuit EXPO, Proceedings of the Technical Conference (2000)

第4章　耐熱性材料

1　ガラス布基材ポリイミド樹脂銅張り積層板

米本神夫*

1.1　動　向

近年，高度情報化社会の進展により処理される情報量が飛躍的に増大し，大型コンピュータやスーパーコンピュータなどの情報処理機器に対しては，高速演算化が強く要求されている。これに対応するため，プリント配線板では信号伝搬時間（遅延時間）の短縮化が求められている。一般に，プリント配線板の導体内を信号が流れる場合，遅延時間 T_d (sec) は，式(1)で表される。

$$T_d = L \times \sqrt{\varepsilon}/C \tag{1}$$

　　L：導体長さ(m)，ε：絶縁層比誘電率，C：光速度（m/sec）

したがって，遅延時間を短縮するためには，伝送距離（L）の短縮，あるいは絶縁層の低比誘電率化の方法がある。前者の方法では，プリント配線板の高密度化，高多層化が求められる。大型コンピュータに使用されている多層プリント配線板は，すでに高多層，高密度化が実現され，信号回路そのものの短縮化による高速化が図られている。

このような高密度，高多層のプリント配線板用材料でのマトリックス樹脂としては，高温時において軟化しないこと，熱膨張が低いことがポイントになる。これらのポイントを満たす材料がポリイミド樹脂材料である。ポリイミド樹脂材料は，10層以上の高多層プリント配線情報として，早くから実用化された耐熱樹脂材料である。また，ドリル加工時にスミアの発生がなく，スルホールの信頼性に優れるため，最近では20層以上の多層用に使用されている。さらにコストを含むニーズの多様化により，ポリイミド樹脂をエポキシ樹脂で変性したエポキシ変性ポリイミド樹脂材料も開発されている。

1.2　ポリイミド樹脂材料の特徴

銅張り積層板に使用される一般的なポリイミド樹脂の構造式を図1に示す。

ポリイミド樹脂材料はエポキシ系材料と比較して，次のような特徴がある。

---

*　Tatsuo Yonemoto　松下電工㈱　電子材料分社　電子基材事業部　商品技術グループ　課長

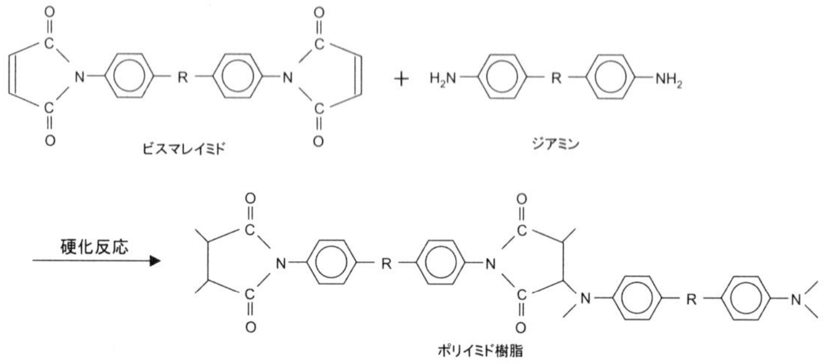

エレクトロニクス実装用高機能性基板材料

図1　ポリイミド樹脂構造式

① 高密度化するための細線化，微細穴あけなどの高精度加工が可能である。
② 高温時での導体接着力および硬度が高く，実装性が良好である。
③ 厚さ方向の熱膨張率が小さく，スルホール信頼性が高い。
④ ガラス転移温度が高いため，ドリル加工工程でのスミア発生が少ない。

以上の特徴より，特に10層以上の高多層プリント配線板では，実装工程での耐熱性やレジンスミアによる導通不良，また厚さ方向の熱膨張による接続信頼性の低下に対応するため，ポリイミド樹脂材料が用いられている。

但し，問題点としては，常温での導体接着力が劣る，プリプレグの溶融粘度が高く成形性が悪い。また，反応性が遅いため成形での作業性が悪い等がある。これらの問題点を改善するため，エポキシ変性ポリイミド樹脂材料が開発されている。

エポキシ変性ポリイミド樹脂材料の特徴は次の通りである。

① 170℃成形が可能である。
② 耐熱性に優れ，難燃性はUL規格94-V0を達成する。
③ ポリイミド樹脂材料より，耐水性が良好である。
④ 高温時での導体接着力，硬度および厚さ方向の熱膨張率がポリイミド樹脂材料に近い。

1.3　特　性

ポリイミド銅張積層板の規格はJIS規格（C 6493），IPC規格（L-115B），IEC規格（60249-2-17）に定められている。以下ポリイミド銅張積層板の特性について述べる。試験法は，特殊なものを除きJIS C 6481に準拠した。

① **一般特性**

表1にポリイミド銅張積層板，エポキシ変性ポリイミド銅張積層板，エポキシ銅張積層板の一

第4章 耐熱性材料

表1 一般性能表

	単位	処理条件	ポリイミド銅張積層板 R-4775	エポキシ変性ポリイミド銅張積層板 R-4785	エポキシ銅張積層板 R-1766
体積抵抗率	M$\Omega \cdot$m	C-96/20/65	5×10^7	5×10^7	5×10^7
		C-96/20/65+C-96/40/90	1×10^7	1×10^7	1×10^7
表面抵抗	MΩ	C-96/20/65	1×10^8	1×10^8	5×10^8
		C-96/20/65+C-96/40/90	5×10^7	5×10^7	1×10^8
絶縁抵抗	MΩ	C-96/20/65	5×10^8	5×10^8	1×10^8
		C-96/20/65+D-2/100	5×10^7	5×10^7	1×10^7
比誘電率（1 MHz）	−	C-96/20/65	4.4	4.6	4.7
		C-96/20/65+D-24/23	4.5	4.7	4.8
誘電正接（1 MHz）	−	C-96/20/65	0.005	0.008	0.015
		C-96/20/65+D-24/23	0.006	0.009	0.016
はんだ耐熱性（260℃）	秒	A	120以上	120以上	120以上
銅箔引き剥がし強さ 銅箔：0.0018mm（18μm）	kN/m	A	1.18	1.47	1.57
		S4	1.18	1.47	1.57
銅箔：0.0035mm（35μm）	kN/m	A	1.57	1.96	1.96
		S4	1.57	1.96	1.96
耐熱性	−	A	280℃60分ふくれなし	250℃60分ふくれなし	240℃60分ふくれなし
曲げ強さ（ヨコ）	N/mm^2	A	490	539	490
吸水率	%	E-24/50+D-24/23	0.2	0.14	0.06
難燃性（UL法）	−	AおよびE-168/70	94V-1	94V-0	94V-0
耐アルカリ性	−	浸漬（3分）	異常無し	異常無し	異常無し
ガラス転移温度（DMA法）	℃	A	240	230	155

表2 電気特性

		1 MHz	2 GHz	10GHz
ポリイミド銅張積層板 R-4775	比誘電率	4.70	4.22	4.13
	誘電正接	0.006	0.008	0.012
エポキシ変性ポリイミド銅張積層板 R-4785	比誘電率	4.80	4.15	4.02
	誘電正接	0.009	0.011	0.014
エポキシ銅張積層板 R-1766	比誘電率	4.90	4.25	4.16
	誘電正接	0.016	0.017	0.022

エレクトロニクス実装用高機能性基板材料

般特性を示した。ポリイミドはガラス転移温度が高いが，常温での銅箔引きはがし強さや吸水率はエポキシより劣る。比誘電率や誘電正接などの電気特性はエポキシに比較して優れる。

② **電気特性**

表2に比誘電率と誘電正接の周波数依存性を示す。ポリイミド銅張積層板はいずれの周波数においてもエポキシ銅張積層板よりも良好な電気特性を示す。

③ **引きはがし強さ**

高密度化に伴いプリント配線板の回路は微細化する。その結果，引きはがし強さの絶対強度は小さくなる。このため，表面実装での部品装着時や部品交換時などにランドはがれが発生しやす

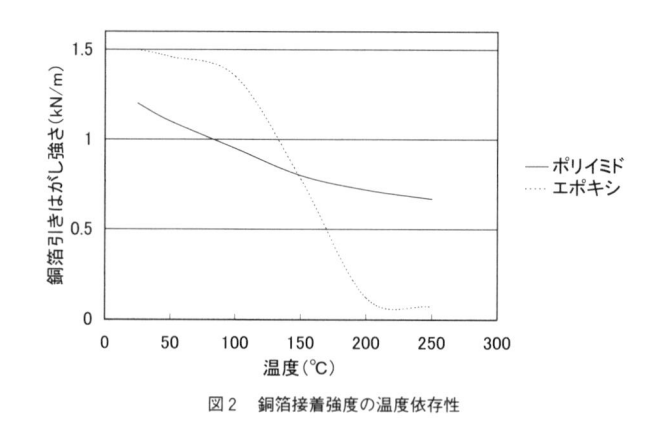

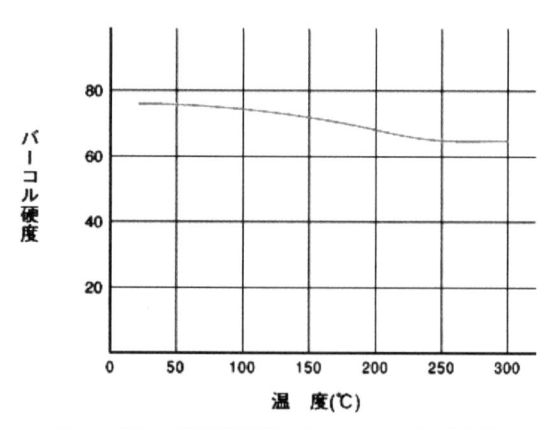

図2 銅箔接着強度の温度依存性

図3 ポリイミド銅張積層板のバーコール硬度温度依存性

第4章 耐熱性材料

くなる。図2に銅箔引きはがし強さの温度依存性を示す。ポリイミド銅張積層板は常温ではエポキシ銅張積層板より銅箔引きはがし強さが低いが，高温でもその変化が小さく，エポキシ銅張積層板より高い値となる。従って，はんだ時のランドはがれなどの不良が低減できる。

④ バーコール硬度

バーコール硬度の温度依存性を図3に示す。ポリイミド銅張積層板は高温領域においても硬度の低下はほとんど見られない。従って，実装時の反り等が小さく実装性に優れる。

⑤ 熱膨張性

図4に厚さ方向の熱膨張を示す。ポリイミド銅張積層板はガラス転移温度が高いため，高温加熱時の熱膨張が小さく，スルホール信頼性に優れる。

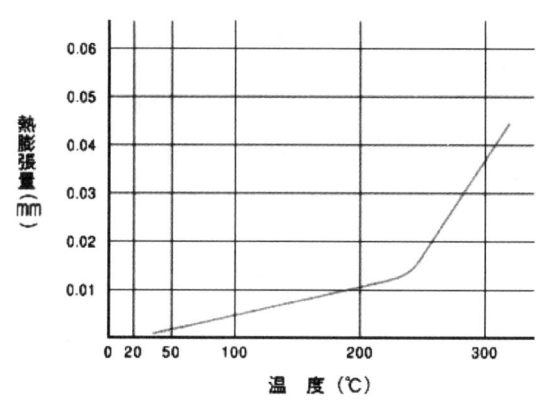

図4 ポリイミド銅張積層板の熱膨張

1.4 多層化成形条件

図5および図6にポリイミド銅張積層板およびエポキシ変性ポリイミド銅張積層板の標準成形条件を示す。

ポリイミド積層板は，以下の手順で多層化成形を実施する。

材料をプレス中央に挿入の後，0.5MPaの加圧を行い，直ちに140℃まで加熱し，真空を開始する（できれば加圧・加熱の前に真空開始することが望ましい）。5分後に圧力を2.9～3.9MPaにする。熱盤温度を140±5℃にコントロールし，この温度を20～30分保持した後，熱盤温度を直ちに200～220℃まで上昇させる。この場合，製品の昇温速度は2～5℃/分が最適である。製品温度を190℃以上で100分以上保持した後，圧力をかけたまま常温まで冷却する。常温まで冷却した後，圧力を下げる。

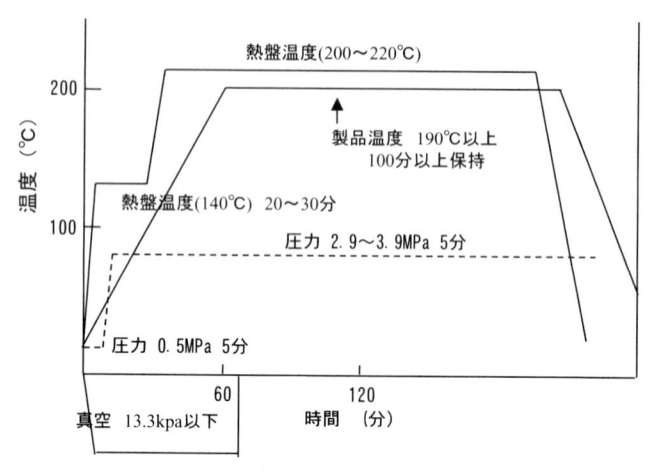

エレクトロニクス実装用高機能性基板材料

図5 ポリイミド銅張積層板の多層化標準成形条件

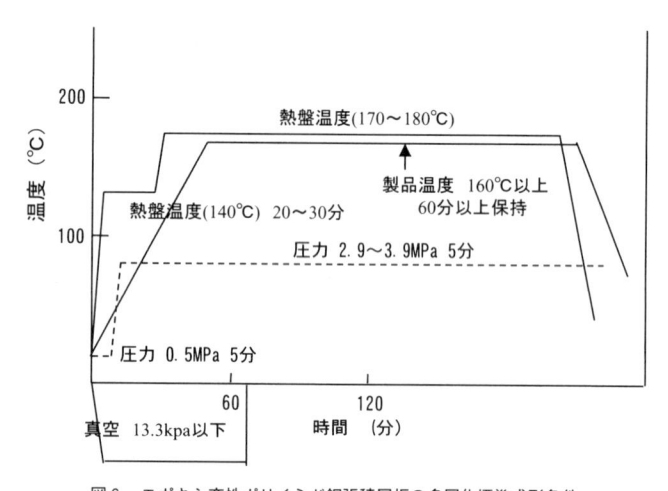

図6 エポキシ変性ポリイミド銅張積層板の多層化標準成形条件

エポキシ変性ポリイミド積層板は,以下の手順で多層化成形を実施する。
 材料をプレス中央に挿入の後,0.5MPa の加圧を行い,直ちに140℃まで加熱し,真空を開始する(できれば加圧・加熱の前に真空開始することが望ましい)。5分後に圧力を2.9～3.9MPa にする。熱盤温度を140±5℃にコントロールし,この温度を20～30分保持した後,熱盤温度を

第4章　耐熱性材料

直ちに170～180℃まで上昇させる。この場合，製品の昇温速度は2～5℃/分が最適である。製品温度を160℃以上で60分以上保持した後，圧力をかけたまま常温まで冷却する。常温まで冷却した後，圧力を下げる。

1.5　今後の動向

　ポリイミド樹脂材料では，吸水率の低減，加工性および接着力の向上が課題といえる。多層材料としては，情報処理用電子機器の演算速度の向上，高機能化，小型化のため低誘電率化，低熱膨張率化等が求められる。これらの課題に対応するためには，さらに樹脂の改良を研究するとともに，複合材料を構成するガラスクロス等をも含めた研究が必要である。

2 BTレジン材料

近藤至徳*

2.1 BTレジンとは

BTレジンとは，B成分（ビスマレイミド化合物）とT成分（トリアジン樹脂）を主成分とし，さらに他の改質剤より構成された，高耐熱付加重合型熱硬化性樹脂の総称であり，三菱ガス化学独自の技術により開発された樹脂である。

BTレジンの主成分であるトリアジン樹脂は，シアネート基（R-OCN）という不飽和三重結合を持つ化合物が，加熱により反応してトリアジン環（図1）を形成し，更に重合したものである。トリアジン環はベンゼン環より熱エネルギーや放射線に対して安定であり，しかも他の極性基を副生しないため，トリアジン樹脂は耐熱性および電気特性の優れた樹脂である。

ここで用いるシアネート化合物はバイエル社の発明したものであり，1970年代に三菱ガス化学はバイエル社からシアネート化合物を入手し，実用化のために各種化合物との反応を検討した。その結果ビスマレイミド化合物との間で付加重合体を形成することによって，優れた特性を持つBTレジンを得ることができた。

2.2 シアネート化合物

シアネート化合物は，1960年代にフェノール類とハロゲン化シアンの反応により合成されている。その後，バイエル社により工業的な連続合成法が確立された。

シアネート化反応はフェノール類を有機溶剤に溶解し，低温下で塩基触媒の存在下で塩化シアンを混合することにより短時間に起こる（図2）。

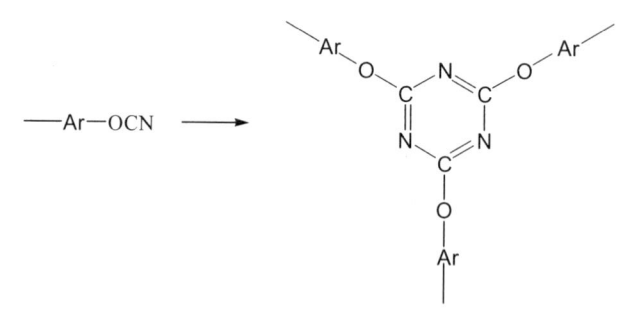

図1 シアネート基によるトリアジン環形成

* Yoshinori Kondo 三菱ガス化学㈱ 東京研究所 主席研究員

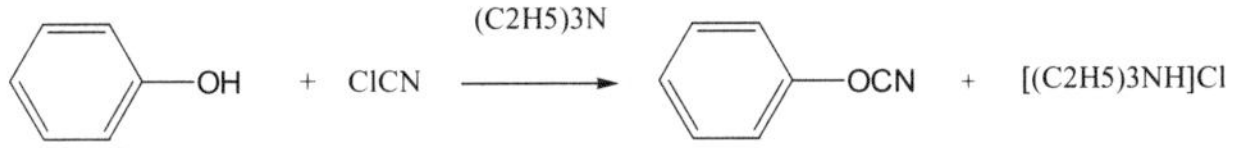

第4章　耐熱性材料

図2　シアネートの合成

		融点 ℃	T_g ℃ DMA	誘電率 1GHz	誘電正接 1GHz
1	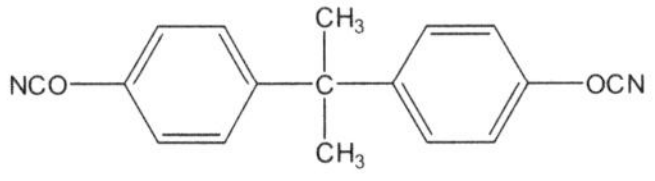 2,2'-ビス(4-シアナトフェニル)プロパン	79	289	2.8	0.006
2	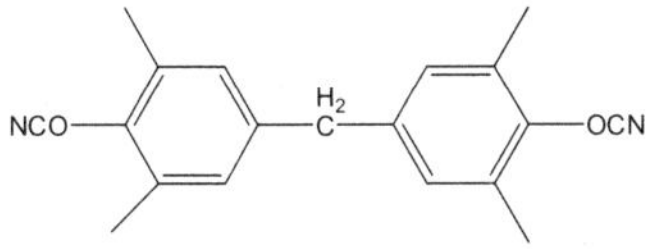 ビス(4-シアナト-3,5-ジメチルフェニル)メタン	106	252	2.7	0.005
3	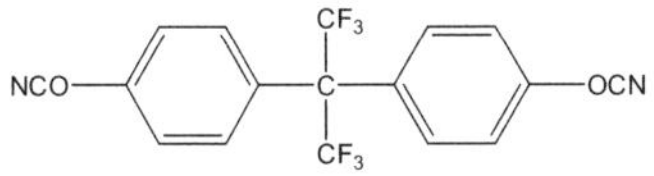 2,2'-ビス(4-シアナトフェニル)-ヘキサフルオロプロパン	87	273	2.5	0.005
4	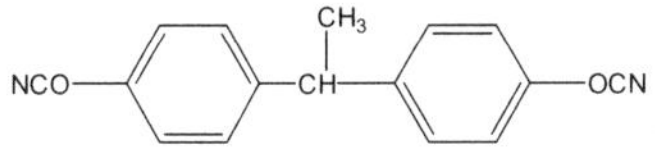 1,1'-ビス(4-シアナトフェニル)エタン	29	258	2.9	0.006
5	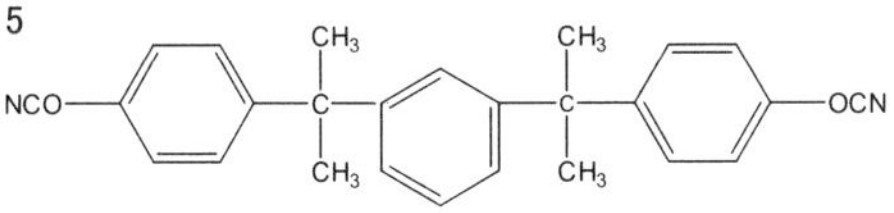 1,3-ビス(2-(4-シアナトフェニル)イソプロピル)ベンゼン	68	—	2.5	0.002

1　スカイレックス　CA200（三菱ガス化学）
　　BADCY（ロンザ）
　　AROCY B-10（チバガイギー）
2　AROCY M-10（チバガイギー）
3　AROCY F-10（チバガイギー）
4　AROCY L-10（チバガイギー）
5　RTX-366（チバガイギー）

図3　主なシアネート化合物

エレクトロニクス実装用高機能性基板材料

三菱ガス化学ではバイエル社から実施権を取得した後，1982年から新潟工業所において商業生産を開始した。生産を開始したシアネート化合物は，ビスフェノールAを原料とした，2,2'-ビス(4-シアナトフェニル)プロパンである[1]。

このシアネート化合物が現在最も多く汎用的に使用されており，融点が79℃の白色物質であり，単独硬化物はT_g 289℃（DMA法），誘電率2.8(1GHz)，誘電正接0.006(1GHz)の特性を持つ。

使用するフェノール類により，各種のシアネート化合物がこれまでに得られており，その一例を示す（図3）[2]。

2のビス(4-シアナト-3,5-ジメチルフェニル)メタンは，それぞれのベンゼン環にメチル基を2個ずつ導入し嵩高い構造により，**3**の2,2'-ビス(4-シアナトフェニル)ヘキサフルオロプロパンはフッ素原子の導入により低誘電率及び低誘電正接化を達成している。

4の1,1'-ビス(4-シアナトフェニル)エタンでは中央部にエタン構造を持つために，常温で液体となっている。

5の1,3-ビス(2-(4-シアナトフェニル)イソプロピル)ベンゼンでは誘電正接0.002という値を達成している。

以上代表的なシアネート化合物を紹介したが，この他にも多くのシアネート化合物が合成されており，高耐熱性，低誘電特性組成物の原料として検討が進んでいる。

図4に主な樹脂の誘電率と誘電正接を示した。シアネート硬化物は熱硬化性樹脂の中では誘電率，誘電正接とも低い部類であることがわかる。

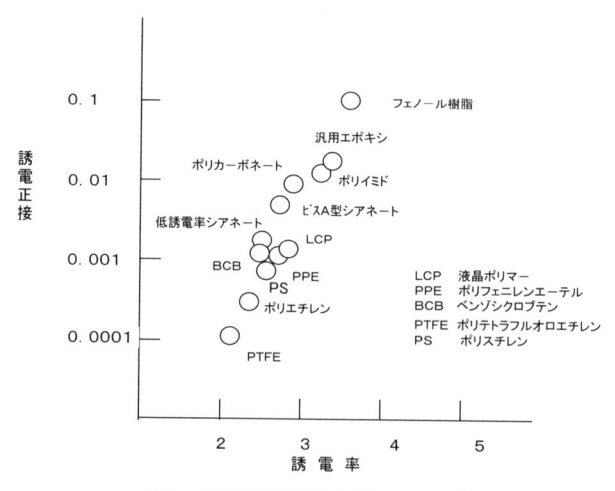

図4　各種樹脂の誘電特性（1GHz 25℃）

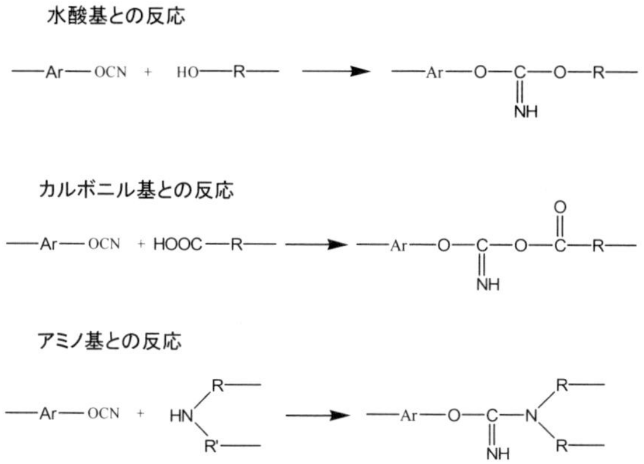

第4章 耐熱性材料

水酸基との反応

―Ar―OCN + HO―R― → ―Ar―O―C(=NH)―O―R―

カルボニル基との反応

―Ar―OCN + HOOC―R― → ―Ar―O―C(=NH)―O―C(=O)―R―

アミノ基との反応

―Ar―OCN + HN(R)(R') → ―Ar―O―C(=NH)―N(R)(R')

図5 シアネートの反応例

2.3 BTレジンの製法

反応基にシアネート化合物とビスマレイミド化合物を投入して加熱・攪拌することにより，トリアジン環を含む三次元構造を持った高分子物質が生成する。反応は発熱反応であり，温度制御を十分にする必要がある。所定の重合度になった時点で冷却して反応を止め，溶融状態のまま外部に排出し固形化する。また，積層板原料のワニスのように溶液状態で使用する製品の場合は，反応停止と同時に有機溶剤を投入し，溶液として外部に取り出す。

生成物をGPCにて測定すると，シアネート化合物モノマー，シアネート化合物オリゴマー，3次元架橋物の混合物であることがわかる。

また，シアネート基は各種の官能基と反応するため，ビスマレイミド化合物以外の成分を配合して，各種の特性を持った樹脂を得ることが可能である。各種の官能基との反応例を図5に示す。

2.4 BTレジンの特徴

BTレジンは次のような特徴を有するために，積層板材料としてはもとより，各種の構造材料にも幅広く使用されている。

・耐熱性が優れている[3]。
・長期耐熱性が優れている[4]。
・低誘電率である。
・吸湿後の電気絶縁性が優れている。
・耐マイグレーションが優れている。

エレクトロニクス実装用高機能性基板材料

・機械的特性に優れている。
・耐摩耗性に優れている[5]。
・耐放射線・耐高エネルギー線に優れている[6,7]。

2.5 BTレジン銅張積層板

BTレジン銅張積層板は，樹脂（2.3節で示したように製造したBTレジンにエポキシ樹脂他の樹脂成分等を配合したもの），ガラス布基材，銅箔により構成されている。したがって，製造方法はガラスエポキシ銅張積層板と同じであり，樹脂の配合（ワニスの製造）→ガラス基材への含浸→乾燥（プリプレグの製造）→積層調整→プレスの工程にて製造される。

BTレジンをベースとした銅張積層板は1970年代後半より実用化され，その使用範囲が広まっている。各種用途向けに種々の品種があり，代表的な品種とその特徴を表1に示す。

2.5.1 パッケージ材料用BTレジン銅張積層板 CCL-HL830，CCL-HL832，CCL-HL832EX，CCL-HL832HS

パッケージ用材料は従来リードフレーム又はセラミックが使用されていた。近年，樹脂材料がセラミックと比較して，低誘電率，加工の自由度が高い，軽量で薄型化可能等の特徴を持つことより，セラミックに代わって使用され，その数量が増えてきている。パッケージ材料用BTレジ

表1 BTレジンガラス布基材銅張積層板の品種，特徴，用途

品種	ANSI	UL94難燃性	温度インデックス 電気用途	温度インデックス 機械用途	色	特徴	用途
CCL-HL830	GPY	94V-0	170	180	茶色	耐熱性・耐薬品性・耐燃性 耐PCT性・耐マイグレーション性	PPGA・PBGA・PLCC
CCL-HL832	GPY	94V-0	170	180	黒色		
CCL-HL832EX	-	94V-0	-	-	黒色		
CCL-HL832HS	-	94V-0	-	-	黒色	高剛性・耐熱性・耐薬品性	PPGA・PBGA・PLCC・CSP
CCL-HL800	-	94HB	180	180	茶色	高耐熱性・高絶縁性・耐薬品性	BIB基板・ICカード基板・カメラ時計用基板
CCL-HL810	GPY	94V-0	170	180	茶色	高耐熱性・耐薬品性・耐燃性 耐マイグレーション性	高多層基板・電源基板・電子交換機基板
CCL-HL820	-	94HB	180	180	アイボリー	光反射性・高耐熱性・高絶縁性 耐薬品性	LED基板・ICカード基板
CCL-HL820W	-	94HB	-	-	白色		
CCL-HL820WTypeDB	-	94HB	-	-	白色		
CCL-HL950K	-	94V-0	170	180	茶色	低誘電率・低誘電正接・耐熱性 耐薬品性	通信用基板・高多層基板 アンテナ用基板・チューナー用基板
CCL-HL870TypeM	GPY	94V-1	170	180	薄茶色		
CCL-HL832NB	-	94V-0	-	-	黒色	ハロゲンフリー・耐熱性	PPGA・PBGA
CCL-HL832NX	-	94V-0	-	-	黒色	ハロゲンフリー・耐熱性・高剛性	PPGA・PBGA

第4章 耐熱性材料

ン銅張積層板の一般特性値を表2に示す。

CCL-HL830，CCL-HL832は，上記の特徴に加え，吸湿後の絶縁信頼性の高い材料として，1980年代半ばにPPGA（プラスチック・ピン・グリッド・アレイ）として実用化された。

その後，1990年半ばに大手半導体メーカーがMPUのパッケージとして採用したために，樹脂製パッケージ用材料としての標準品となった。

また，時を同じくして，PBGA（プラスチック・ボール・グリッド・アレイ）用材料としても採用され現在に至っている。

図6にHL830のPCT処理後の絶縁抵抗値を示す。FR-4と比較して，優れた絶縁抵抗値を示している。

また，図7にHL832の加熱時のピール強度変化を示す。BTレジン積層板は高温時までピール強度が低下しないことががわかる。

図8にHL832のバーコール硬さの温度依存性を示す。バーコール硬さについても低下開始温度が高く，低下開始後も低下率が小さい材料である。

表2 BTレジンガラス布基材銅張積層板の一般特性値

項目	単位	処理条件	HL830	HL832	HL832EX	HL832HS	HL800	HL810	HL832NB	HL832NX
色			茶色	黒色	黒色	黒色	茶色	茶色	黒色	黒色
ガラス転移温度	℃	DMA	210-220	210-220	210-220	215-225	210-220	210-220	215-225	215-225
		TMA	180-190	180-190	180-190	185-195	180-190	180-190	185-195	185-195
絶縁抵抗	Ω	C96/20/65	1.E+15	1.E+15	1.E+15	1.E+15	1.E+15	1.E+15	1.E+15	1.E+15
体積抵抗	Ω−cm	C96/20/65	1.E+16	1.E+16	1.E+16	1.E+16	1.E+16	1.E+16	1.E+16	1.E+16
表面抵抗	Ω	C96/20/65	1.E+15	1.E+15	1.E+15	1.E+15	1.E+15	1.E+15	1.E+15	1.E+15
誘電率	1 MHz	C96/20/65	4.7	4.7	4.9	4.7	4.5	4.3	−	−
	1 GHz	C96/20/65	4.2	4.2	4.5	4.6	4.3	4.1	4.1	4.7
誘電正接	1 MHz	C96/20/65	0.007	0.007	0.006	0.006	0.006	0.006	−	−
	1 GHz	C96/20/65	0.012	0.012	0.009	−	0.01	0.008	0.009	0.0013
熱膨張係数	ppm/℃	60〜120℃ X, Y	14-16	14-16	13-15	14-16	14-16	14-16	13-15	13-15
		Z	40-60	40-60	40-50	35-45	40-60	40-60	40-50	25-35
		240〜280℃ X, Y	5	5	5	5	5	5	5	5
		Z	200-250	200-250	200-250	100-200	200-250	200-250	200-250	200-250
ピール強度 (12μ)	N/m	常態	1.0	1.0	1.0	1.1	1.3	0.8	0.8	
はんだ耐熱性	秒	300℃ 30秒	異常なし	異常なし	異常なし	異常なし	異常なし	異常なし	異常なし	異常なし
耐熱性		220℃ 60分	異常なし	異常なし	異常なし	異常なし	異常なし	異常なし	異常なし	異常なし
曲げ強度	N/mm2	常態	500-600	500-600	500-500	450-500	450-600	450-650	450-550	450-500
曲げ弾性率	Gpa	常態	22-25	22-25	25-27	25-26	25-27	20-25	23-25	27-28
吸水率	%	E24/50+D24/23	0.08	0.08	0.08	0.08	0.08	0.11	0.11	0.09
耐薬品性 (NaOH 3%)		40℃ 浸漬3分	異常なし	異常なし	異常なし	異常なし	異常なし	異常なし	異常なし	異常なし
耐燃性			94V-0	94V-0	94V-0	94V-0	94HB	94V-0	94V-0	94V-0

エレクトロニクス実装用高機能性基板材料

これまでパッケージ用標準材料として HL832 が使用され現在に至っているが，近年の低コスト化・高性能化の要求に応えて，HL832EX を新規に開発・上市した。樹脂の組成を改良することにより，価格の低減と同時に，性能アップを図っている。

図9に曲げ弾性率の温度依存性を示す。また，表3に吸湿後リフロー試験の結果を示す。HL832と比較し，吸湿後リフロー加熱を繰り返した際に，膨れの発生が少なく，耐熱性に優れた材料である。

パッケージも近年，薄型・小型化が進み，CSP（チップサイズパッケージ）と呼ばれるものが普及してきており，製品が薄くなるにつれ積層板に高剛性特性が要求されるようになった。

HL832HS はこの要求に応えた材料である。図10に曲げ弾性率の温度依存性を示す。HL832と比較して弾性率が高く，高温時の低下も小さい。

また，最近のパッケージは，センターコアと称する積層板の上に薄い絶縁層を積み重ね多層化するビルドアップ工法が多用されている。BT レジン積層板を使用した例を写真1に示す。薄い層厚みでも良好な絶縁特性を持つ材料である。

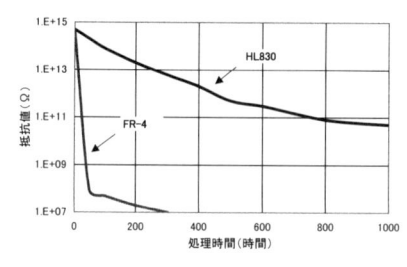

図6　PCT 処理時の絶縁抵抗値

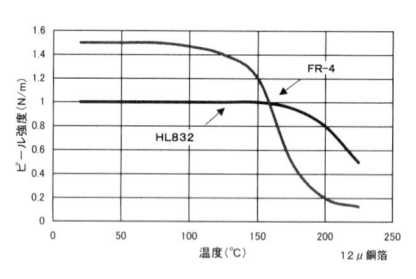

図7　ピール強度の温度依存性

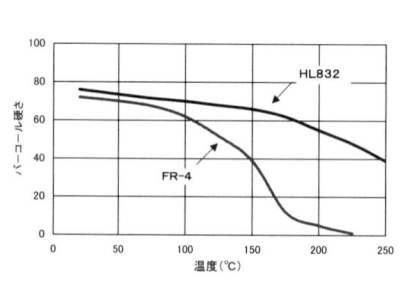

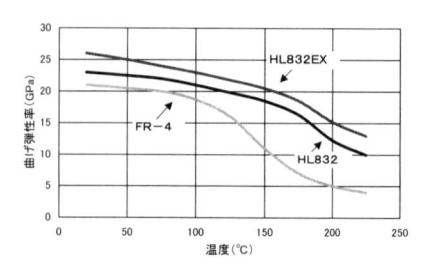

図8　バーコール硬さの温度依存性

図9　曲げ弾性率の温度依存性

第4章　耐熱性材料

表3　吸湿後リフローテスト結果

コア材	プリプレグ	1回目	2回目	3回目
HL832	HL830MBT	0／12	5／12	12／12
HL832EX	HL830MET	0／12	0／12	1／12

N／12　＝　膨れ発生個数／サンプル数
テスト　「前処理30℃／80％／168時間＋260℃
　　　　リフロー」を1～3回実施

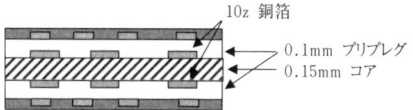

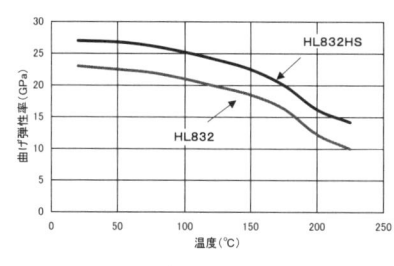

図10　曲げ弾性率の温度依存性

写真1　ビルドアップ積層板断面図

2.5.2　高速・高周波回路用BTレジン銅張積層板および積層用材料 CCL-HL950K，CCL-HL870 TypeM，GMPL195

電気信号の伝播速度は次の式で表される。

　　電気信号伝播速度（V）＝ $K \times C / \sqrt{\varepsilon}$

　　　K：定数　C：高速　ε：誘電率

したがって，信号の高速化には低誘電率が必要となる。
また，信号の損失は次の式で表される。

　　誘電損失（dB/m）＝ $91 \times \tan\delta \times \sqrt{\varepsilon} \times f$

　　　f：周波数（GHz）

したがって，高周波になるほど損失が増すため，高周波用基材としては，より低誘電正接・低誘電率が必要となる。
　また，その他に必要な特性として，周波数依存性が小さいこと，使用環境（特に温度）によって特性変化が小さいことが望まれる。
　HL950K，HL870 TypeMは一般特性を表4に示すように，低誘電特性の銅張積層板である。図11に誘電率の周波数依存性，図12に誘電正接の周波数依存性を示す。
　HL950K，HL870 TypeMとも誘電率の周波数依存性は小さく，特に1GHz以上の高周波領域では，低い値を示す。また，誘電正接も広範な周波数で低い値を示している。

101

エレクトロニクス実装用高機能性基板材料

表4 BTレジン高周波用材料の一般特性値

項　目	単　位	処理条件	HL950K SK	HL870 TypeM	GMPL195
色			茶色	薄茶色	薄茶色
ガラス転移温度	℃	DMA	215-225	215-225	220-230
		TMA	185-195	185-195	190-200
絶縁抵抗	Ω	C96/20/65	1.E+15	1.E+15	1.E+14
体積抵抗	Ω－cm	C96/20/65	1.E+16	1.E+16	1.E+14
表面抵抗	Ω	C96/20/65	1.E+15	1.E+15	1.E+15
誘電率	1 MHz	C96/20/65	3.8	3.5	－
	1 GHz	C96/20/65	3.4	3.4	3.2
誘電正接	1 MHz	C96/20/65	0.002	0.002	－
	1 GHz	C96/20/65	0.004	0.004	0.0035
熱膨張係数	ppm/℃	60～120℃ X, Y	14-16	14-16	25-35
		Z	60-80	60-80	70-80
		240～280℃ X, Y	5	5	－
		Z	200-250	200-250	－
ピール強度（12μ）	N/m	常態	1.4	1.4	1.1
はんだ耐熱性	秒	300℃　30秒	異常なし	異常なし	＊異常なし
耐熱性		220℃　60分	異常なし	異常なし	－
曲げ強度	N/mm²	常態	400-550	400-500	140-150
曲げ弾性率	Gpa	常態	17-22	20-25	6-7
吸水率	%	E24/50＋D24/23	0.08	0.08	0.18
耐薬品性（NaOH 3%）		40℃　浸漬3分	異常なし	異常なし	異常なし
耐燃性			94V-0	94V-1	94V-0

＊260℃10分

図11　誘電率の周波数依存性（HL950K／HL870タイプM）

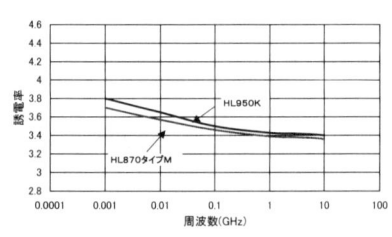

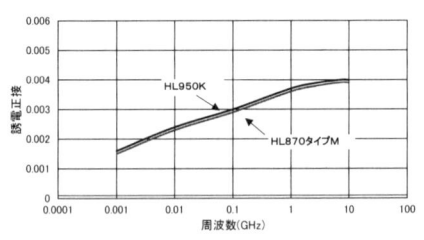

図12　誘電正接の周波数依存性（HL950K／HL870タイプM）

第4章 耐熱性材料

　HL870 TypeMの誘電率と誘電正接の温度依存性を図13および図14に示す。誘電率，誘電正接とも幅広い温度域で変化が小さい。

　HL870 TypeMは，良好な電気特性および環境変化に対して特性変化が少ないことから，携帯電話等通信の基地局の基板に使用されている。

　近年，信号のさらなる高周波化，高速化が進んでおり，そのために基材には，より低誘電率，低誘電正接が要求されるようになってきている。一般的な積層板材料は，ガラス基材と樹脂の組み合わせで作られている。通常使用されるガラス基材の原料であるEガラスは，誘電率が6.6あるため，樹脂と組み合わせた場合低誘電率化に限界がある。そこで，積層板材料の低誘電率化を図るためには，ガラス以外の基材を使用する必要がある。

　基材として液晶ポリマーの不織布を使用し，BTレジンと組み合わせたのがGMPL195である。表4にあるようにHL950K，HL870 TypeMより低誘電の材料である。

　GMPL195の誘電率・誘電正接の周波数依存性を図15および図16に示す。高周波になっても誘電率および誘電正接とも低く維持されることがわかる。

　また，回路を作成し，信号の減衰率を測定した例を図17に示す。EL170（FR4）およびHL832（汎用BT積層板）と比較して，非常に信号の減衰が少ないことがわかる。

　また，ガラス基材を使用していないために，機械式ドリル，レーザー穴加工性は良好である。

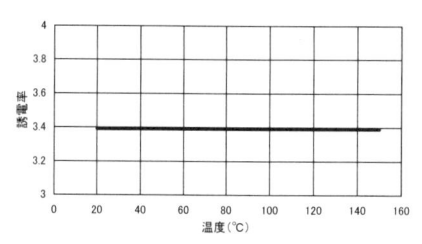

図13　誘電率の温度依存性（HL870タイプM　1 MHz）

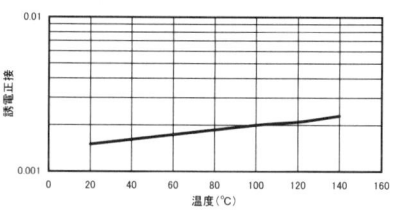

図14　誘電正接の温度依存性（HL870タイプM　1 MHz）

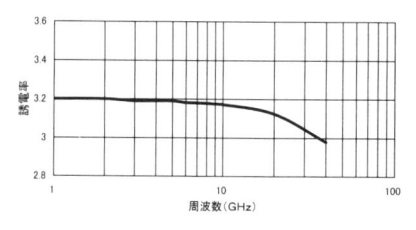

図15　誘電率の周波数依存性（GMPL195）

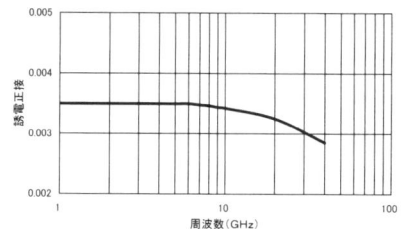

図16　誘電正接の周波数依存性（GMPL195）

図17 伝送損失測定例

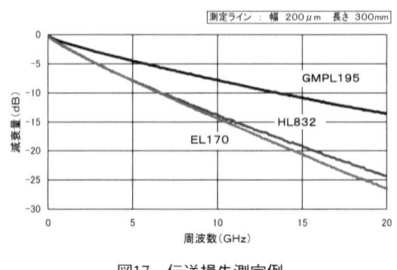

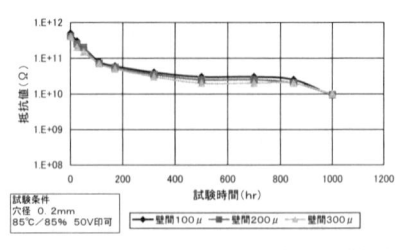

図18 GMPL195 マイグレーション試験結果（穴間）

　穴加工性が良好なため，マイグレーション性にも優れている。図18に穴間のマイグレーション結果を示すように，狭壁間でも優れた耐マイグレーション性を持つ。

　以上のように，優れた電気特性，加工性，耐マイグレーション性のため，今後の高周波，高密度回路用材料としての使用が期待される。

2.5.3　IC カード・LED 用 BT レジン銅張積層板 CCL-HL820, CCL-HL820W, CCL-HL820W TypeDB

　白色化した BT レジン銅張積層板であり，IC カード用として開発した。その後，白色で反射率が高いために LED を搭載する基板として採用された。現在は，携帯電話・車載用ディスプレイ・各種電化製品等広範な用途に LED が使用されているため，HL820 も幅広い製品で使用されている。LED は当初は赤色系が主流であったが，現在はより短波長のものが使用されるようになっている。そのため，短波長から長波長まで，広範な範囲での反射率を高くした品種が HL820W である。これらの品種の一般特性を表5に示す。また図19に各製品の反射率を示したが，HL820W は450nm から高い反射率を示すことがわかる。

　近年の LED は高輝度化しておりそれに伴い発熱量も増大している。HL820, HL820W は長時間高温に曝されると徐々に白色度が低下する傾向がある。高輝度・高発熱の LED 用基板として，変色を改良した材料が，HL820W TypeDB である。反射率は HL820W と同等であり，加熱試験下での白色度の低下は大幅に低減化されており（図20），今後使用量が増加していくと期待される。

2.5.4　バーンインボード用 BT レジン銅張積層板 CCL-HL800

　IC テストに使用するバーンインボード用基板には，ハロゲン化合物を使用していないため，長期耐熱性に優れている HL800 が使用される。HL800 は高温下での強度保持時間および絶縁劣化時間が長く，長期信頼性に優れた材料である。図21に曲強度保持時間の温度依存性，図22に絶縁劣化時間の温度依存性を示す。

2.5.5　ハロゲンフリー BT レジン銅張積層板 CCL-HL832NB, CCL-HL832NX

　現在世界的に使用されている銅張積層板の多くは，ハロゲン化合物（主として臭素化合物）を

第4章 耐熱性材料

表5 BTレジンガラス布基材銅張積層板（LED用）の一般特性値

項 目	単 位	処理条件	HL820	HL820W	HL820W TypeDB
色			アイボリー	白色	白色
ガラス転移温度	℃	DMA	210-220	210-220	205-215
		TMA	180-190	180-190	170-180
絶縁抵抗	Ω	C96/20/65	1.E+15	1.E+15	1.E+15
体積抵抗	Ω−cm	C96/20/65	1.E+16	1.E+16	1.E+16
表面抵抗	Ω	C96/20/65	1.E+15	1.E+15	1.E+15
誘電率	1 MHz	C96/20/65	5.6	5.3	6.2
	1 GHz	C96/20/65	—	—	—
誘電正接	1 MHz	C96/20/65	0.009	0.008	0.012
	1 GHz	C96/20/65	—	—	—
熱膨張係数	ppm/℃	60〜120℃ X, Y	14-16	14-16	14-16
		Z	40-50	40-50	40-50
		240〜280℃ X, Y	5	5	5
		Z	200-250	200-250	200-250
ピール強度（12μ）	N/m	常態	1.1	1.1	1.1
はんだ耐熱性	秒	300℃ 30秒	異常なし	異常なし	異常なし
耐熱性		220℃ 60分	異常なし	異常なし	異常なし
曲げ強度	N/mm^2	常態	500-600	500-600	500-600
曲げ弾性率	Gpa	常態	22-25	22-25	22-25
吸水率	%	E24/50+D24/23	0.09	0.09	0.09
耐薬品性（NaOH 3%）		40℃ 浸漬3分	異常なし	異常なし	異常なし
耐燃性			94HB	94HB	94HB

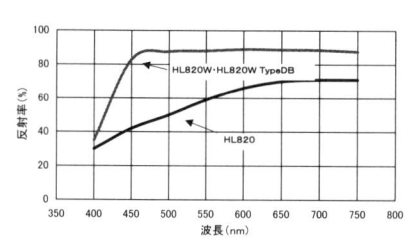

図19 反射率の波長依存性（HL820・HL820W・HL820W TypeDB）

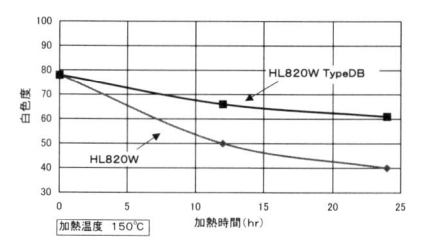

図20 加熱による白色度の変化

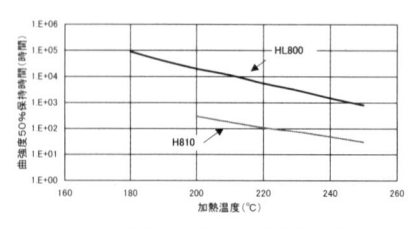

エレクトロニクス実装用高機能性基板材料

図21 曲強度保持時間の温度依存性

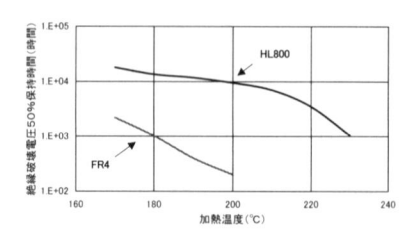

図22 絶縁破壊電圧50%保持時間の温度依存性

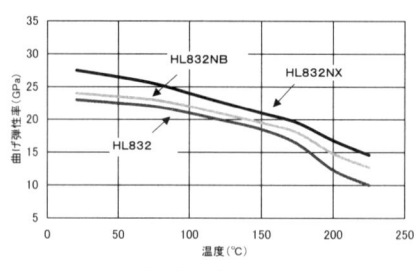

図23 曲げ弾性率の温度依存性

表6 吸湿後リフローテスト結果

コア材	プリプレグ	1回目	2回目	3回目
HL832NB	NT60	0／12	0／12	11／12
HL832NX	1T56	0／12	0／12	0／12

N／12＝膨れ発生個数／サンプル数
テスト条件　前処理85℃／80％／168時間
　　　　　　260℃リフロー1～3回
テストサンプル構成は表3と同じ。

安価で難燃の効果が高いということで難燃剤として多用している。近年になって，ハロゲン系難燃剤が，環境に有害な物質を生成する可能性があるということで，使用を規制する動きが活発化してきている。

現在BTレジン銅張積層板に使用されている臭素化合物は，規制の対象となっている特定ハロゲン化合物ではないが，一般的な意味でのハロゲン化合物に包含される。そこで，ハロゲン化合物を使用することなく難燃化を達成したのがCCL-HL832NB，CCL-HL832NXである。両者とも臭素化合物を使用せずにUL 94V-0を達成している。

最近は難燃剤としてリン化合物を使用した製品もあるが，リンによる環境汚染を懸念する意見も出されている。CCL-HL832NB，CCL-HL832NXは難燃剤としてリン化合物も使用していないので，環境への影響が少ない材料といえる。

一般特性は表2に示す。CCL-HL832NB，CCL-HL832NXとも一般のBTレジン積層板と同等以上の特性を持っている。さらにCCL-HL832NXはCCL-HL832NBの樹脂組成等を改良することにより，弾性率，耐熱性を向上させた材料でもある。曲げ弾性率の温度依存性を図23に，吸湿後リフロー試験の結果を表6に示す。CCL-HL832NBと比較し，吸湿後リフロー加熱を繰り返した場合に膨れの発生が少なく，耐熱性に優れている。

今後各種機器のハロゲンフリー化が進むにつれ，ハロゲンフリー基板材料の需要も増大してい

第4章 耐熱性材料

くと思われる。

2.6 樹脂付き銅箔材料 CRS-401，CRS-501，CRS-601

近年多層化の方法としてビルドアップ法が多用されてきている。ビルドアップ材料としては，樹脂付き銅箔が代表的なものである。BTレジンを用いた樹脂付き銅箔としてCRS-401，CRS-501，CRS-601がある。これらの一般特性値を表7に示す。CRSを使用した基板の断面図を写真2に示す。CRSを用いたビルドアップ基板は，耐マイグレーション性，HAST特性に優れている。図24にマイグレーション試験時の絶縁抵抗値，図25にHAST試験時の絶縁抵抗値を示す。

表7 CRS（樹脂付き銅箔）の一般特性値

項　目	単　位	処理条件	CRS401	CRS501	CRS601
色			茶色	茶色	茶色
ガラス転移温度	℃	DMA	210-220	210-220	215-225
		TMA	180-190	180-190	185-195
絶縁抵抗	Ω	C96/20/65	1.E+14	1.E+14	1.E+14
誘電率	1 MHz	C96/20/65	4.7	4.7	4.5
	1 GHz	C96/20/65	3.4	3.5	3.8
誘電正接	1 MHz	C96/20/65	0.007	0.007	0.006
	1 GHz	C96/20/65	0.017	0.016	0.015
熱膨張係数	ppm/℃	60〜120℃　Z	50-70	40-60	30-50
		240〜280℃　Z	110-150	90-130	70-110
ピール強度（12μ）	N/m	常態	1.2	1.1	1.0
はんだ耐熱性	秒	300℃　30秒	異常なし	異常なし	異常なし
耐熱性		220℃　60分	異常なし	異常なし	異常なし
吸水率	%	E24/50+D24/23	0.5	0.45	0.4
耐薬品性	(NaOH 1N)	70℃　浸漬30分	異常なし	異常なし	異常なし
	(HCl 4N)	60℃　浸漬30分	異常なし	異常なし	異常なし
耐燃性			94V-0	94V-0	94V-0

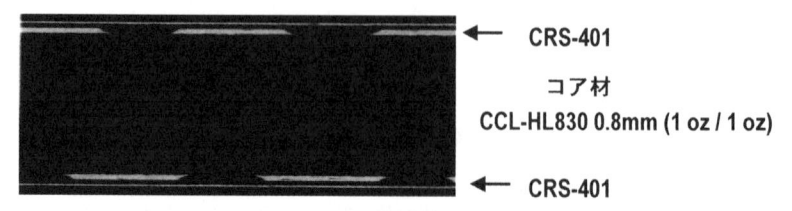

写真2　CRS401使用ビルドアップ積層板

図24　マイグレーション試験時の抵抗値（CRS401）

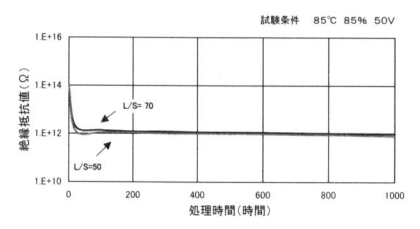

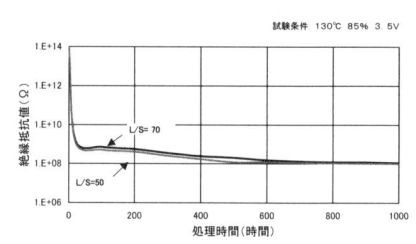

図25　HAST試験時の抵抗値（CRS401）

2.7 今後の展開

BTレジンを使用した積層板材料は，耐熱性，絶縁性等が優れた材料として，様々な用途に使用され，特にパッケージ用材料としては標準的なものとなった。また，近年の電子機器の増加に伴い，需要も年々増加している。

最近の特性要求としては，高耐熱性，薄板化，高剛性化，低誘電特性化，加工性の良好さ，ハロゲンフリー化等がある。

これらの要求を満たすために新規な材料開発を行っており，BTレジン使用材料の使用範囲は今後ますます広がっていくと期待される。

第4章 耐熱性材料

文　献

1) 綾野怜:最新耐熱性高分子 (1987)
2) Chemistry and Technology of Cyanate Ester Resins : Edited by IAN HAMERTON
3) 横田力男,秋山昌純,神戸博太郎:熱測定, **8**, 22 (1981)
4) 大橋正人:第17回電気絶縁展講演会,1982年11月
5) 山口章三郎,佐藤貞雄,高橋英二,鈴木資久,白幡功夫:日本材料学会第13期年次大会,1982年5月
6) Y. Yahagi, T. Amakawa, N. Toda, K. Sonoda, O. Hayashi, Y. Tanaka, S. Hirabayashi : NAS Conf., October 12, 1978, Boston
7) 貴家恒夫,萩原幸:エネルギー特別研究会,1985年12月,大阪

＊各材料の特性値等は,各々の技術資料他から転記

第5章　高周波用材料

1 多官能スチレン系高周波用材料

1.1 はじめに

天羽　悟*

　近年，情報通信・処理機器の高速化，大容量化にともない伝送信号のデジタル化，高周波化が急速に進められている。携帯電話，PHS等のモバイル通信機器，無線LAN等のデータ通信システムの伝送速度の推移を図1に示した[1～4]。各通信システムにおいて利用者数の増加，画像，映像等の大容量通信に対応するために伝送速度の向上が図られている。通信分野においては，伝送速度の向上のために通信方式の効率化（例えばCDMA, Code Division Multiple Access）とともに，広い通信帯域を確保するための高周波化が進められている。情報処理機器においては処理速度の向上を目的としてCPUの動作周波数は年々高くなっており，2002年には2GHzを超えるCPUが上市され，数年後には20GHzの動作周波数を有するCPUの開発が見込まれている[5]。こ

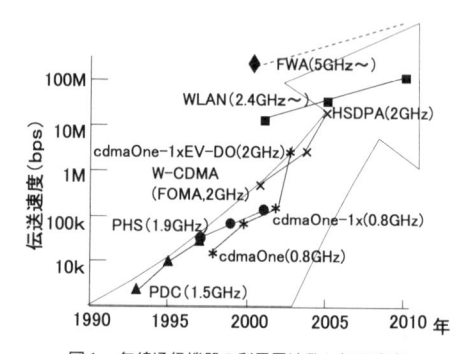

図1　無線通信機器の利用周波数と伝送速度

FWA：Fixed Wireless Access, HSDPA：High Speed Downlink Packet Access, WLAN：Wireless Local Area Network, cdmaOne：CDMA方式採用の第2.5世代携帯電話規格の一つ，W-CDMA：Wideband Code Division Multiple Access, PHS：Personal Handyphone System, PDC：Personal Digital Cellular

---

*　Satoru Amou　㈱日立製作所　材料研究所（日立研究所内）　電子材料研究部　研究員

第5章 高周波用材料

れに対してプリント基板内の信号周波数は500MHz未満であり，CPU動作周波数の高周波化の進行に比べて，それほど信号の高周波化が進んでいない[6]。これはCPUに比べて配線長が長いプリント基板においては高周波信号の減衰が著しいためであると考えられる。しかし，高速サーバー，ルーター，ストレージ等のITプラットホーム装置においては信号伝送に必要な周波数帯域が飛躍的に拡大しており，GHz帯の信号を用いたGbpsレベルの高速伝送が強く求められている[7,8]。信号の高周波化は大容量，高速伝送に有利である反面，式(1)のように誘電損失の増大を招き，信号の減衰にともなう信頼性の低下，消費電力，発熱の増大といった問題を引き起こす[9]。誘電損失の大きさは配線を被覆する絶縁材料の比誘電率（ε'）の平方根および誘電正接（$\tan\delta$）と比例関係にあることから高周波化にともなう誘電損失の増大を抑制するためにはε', $\tan\delta$の小さな絶縁材料を使用する必要がある。そのため，従来，GHz帯の信号を用いる各種の高周波回路では，誘電損失と直接比例関係にある$\tan\delta$の小さなポリテトラフロロエチレン（PTFE）のような全フッ素樹脂やセラミックスが使用されてきた。しかし，フッ素樹脂，セラミックスは多層化に極めて高い加工技術が要求されることから，これらを用いた高密度，高多層プリント基板は高価な基板となっていた。これに変わる廉価な高周波対応プリント基板が求められ，加工性に優れた熱硬化性のポリフェニレンエーテル（熱硬化PPE），ビスマレイミド-トリアジン樹脂（BTレジン），ベンゾシクロブテン樹脂（BCB）等の有機系低誘電率，低誘電正接材料を絶縁材料とする基板が開発され，各種高周波機器への適用が進められている[10~12]。

$$誘電損失 ≒ 23.7 \times \varepsilon'^{1/2} \times \tan\delta \times f/C \tag{1}$$

ε'：比誘電率，$\tan\delta$：誘電正接，f：周波数，C：光速

1.2 多官能スチリル化合物の構造と特性

㈱日立製作所のグループでは，式(2)に示したClausius-Mosottiの式を出発点としてモル分極が小さく，モル比容が大きな分子設計を行い，低誘電率性と耐熱性を両立する樹脂系としてマレイミド樹脂とスチリル系樹脂から構成されるマレイミド-スチリル樹脂（MS樹脂）を開発し，大型計算機用多層プリント基板に適用した[13~15]。MS樹脂は図2に示したポリ（ブロモ-4-ビニルフェニルメタクリレート）（PVPM），2,2-ビス［4-(4-マレイミドフェノキシ)フェニル］プロパン（BBMI），エポキシ変性ポリブタジエン（EPB）を主成分とし，ラジカル系およびアミン系触媒によって重合，硬化させて多層プリント基板の絶縁材料として使用される。MS樹脂のε'は，1MHzにおいて3.1と低く，耐熱性も熱分解温度，ガラス転移温度ともに300℃以上と優れており，低誘電特性と耐熱性を併せ持つ熱硬化性低誘電率材料であったが，先に述べた高周波機器への適用は見送られている。

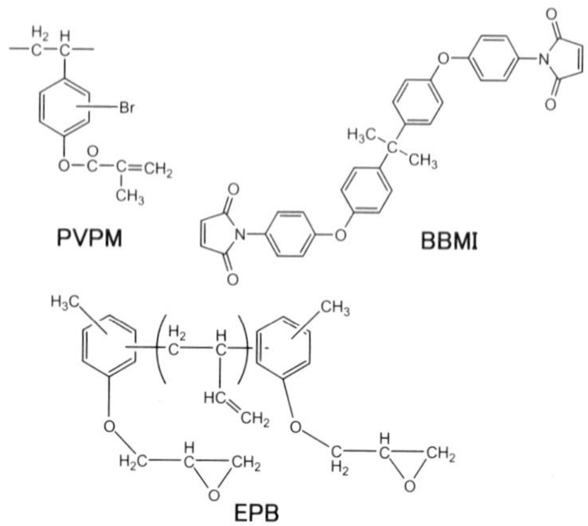

エレクトロニクス実装用高機能性基板材料

図2 MS樹脂の主な構成材料

$$(\varepsilon_r - 1)/(\varepsilon_r + 2) = P_M/V_M \equiv a \tag{2}$$

$$\varepsilon_r = (1 + 2a)/(1 - a)$$

$$a = \Sigma P_M / \Sigma V_M$$

ε_r：比誘電率　P_M：モル分極 cm^3/mol　V_M：モル比容 cm^3/mol　a：分極密度

　MS樹脂においては，耐熱性の観点から樹脂系に硬化性を付与することを目的としてメタクリレート基，エポキシ基，マレイミド基が導入されている。従って，MS樹脂の硬化物にはエステル基，水酸基等の分極密度の高い原子団が含まれている。これら分極密度の高い原子団の除去は樹脂系のε'，tanδの一層の低減に効果があると考えられる。また，MS樹脂には難燃剤としてブロム化したスチリル化合物（PVPM）や，接着性を向上するブタジエンユニットを含有するエポキシ化合物（EPB）が添加されているが，その耐熱性は熱分解温度，ガラス転移温度ともに300℃以上と高い。これはスチレン系やブタジエン系の材料を樹脂系に添加しても硬化物の耐熱性は，必ずしも低下するものではないことを示している。一方，通常のポリスチレンは，溶融温度が100℃程度と低いものの，10GHzにおけるε'が2.4程度，tanδが0.0006程度と極めて優れた誘電特性を有することが知られている[16]。従ってポリスチレンに対して適度な架橋基を導入することによって優れた誘電特性と耐熱性が両立できるものと考えられた。硬化性を有する多官能スチリル化合物の合成，重合に関する研究は古くから行われており，側鎖或いは末端にスチリル基を有する種々のポリマー，モノマーが知られている[17～23]。代表的な化合物の構造を図3に示した。Liao，Wangらは，ビニルベンジルエーテル化合物のRの部分に嵩高い炭化水素骨格を導入し，その誘

112

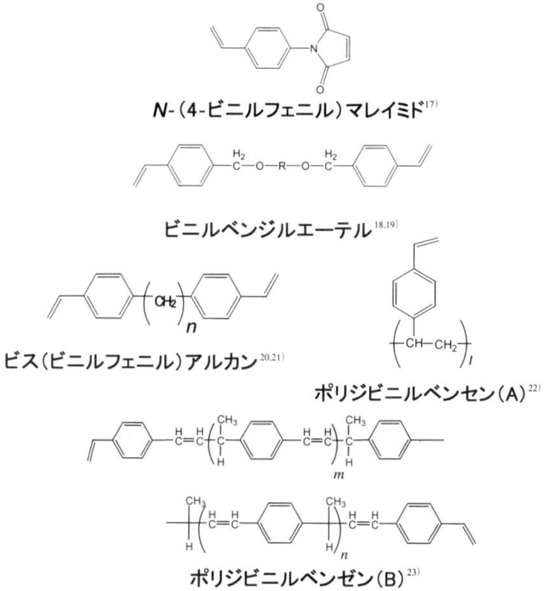

第5章　高周波用材料

N-(4-ビニルフェニル)マレイミド[17]

ビニルベンジルエーテル[18,19]

ビス(ビニルフェニル)アルカン[20,21]

ポリジビニルベンゼン(A)[22]

ポリジビニルベンゼン(B)[23]

図3　多官能スチリル化合物

電特性，耐熱性を観測した結果を報告している。それによればビニルベンジルエーテル化合物の1kHzにおけるε'は2.7〜2.8，$\tan\delta$は0.003〜0.007，5％重量減少温度は380〜415℃である[18]。一方，全炭化水素骨格を有するビスビニルフェニルアルカン，側鎖または末端にスチリル基を有するポリジビニルベンゼンに関しては，モノマー合成，重合性に関する報告は多いものの誘電特性，耐熱性等に関する検討は殆どなされていなかった。構造中にヘテロ原子を有するビニルベンジルエーテル化合物と比較して構造中にヘテロ原子を含まない全炭化水素骨格の多官能スチリル化合物はε'，$\tan\delta$の一層の低減が期待される。図4にビス(4-ビニルフェニル)メタン(BVPM)，1,2-ビス(ビニルフェニル)エタン(BVPE)，1,6-ビス(ビニルフェニル)ヘキサンの合成例を示した。BVPEは出発材料としてビニルベンジルクロライド(VBC)のm，p体のミクスチャーを用いていることからm-m体，m-p体，p-p体のミクスチャーとして得られている。m-m体，m-p体は常温で液状，p-p体は約90℃に融点を有する結晶である。各多官能スチリル化合物のDSCカーブを図5に示した。溶融温度はいずれも100℃以下であり，硬化開始温度は120〜140℃である[24]。溶融温度が低く，硬化温度と溶融温度との差が比較的広いことから本化合物群は成型材料に適するものと判断される。窒素気流下，180℃/100分で硬化した硬化物の誘電特性を図6

113

エレクトロニクス実装用高機能性基板材料

図4 全炭化水素骨格多官能スチリル化合物

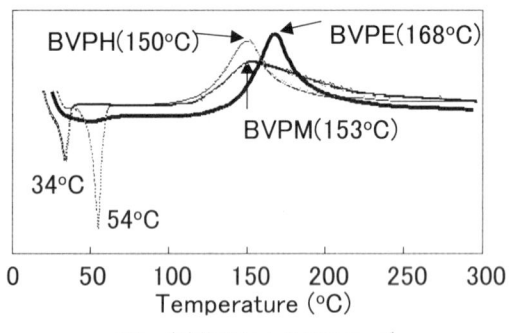

図5 多官能スチレンの DSC カーブ

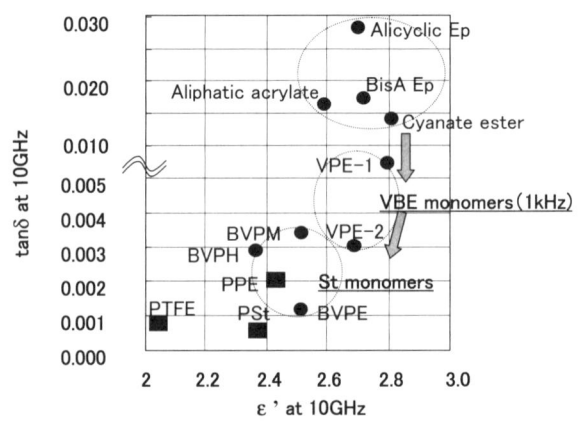

図6 各材料の誘電特性

Dielectric constants (ε) and dissipation factor (tan δ) of crosslinkes (●) and linear (■) resins.

第5章 高周波用材料

表1 BVPE およびその硬化物の特性

ε (10GHz)	2.5
$\tan\delta$ (10GHz)	0.0012
ガラス転移温度（℃）	>400
5%熱重量減少温度（℃）	443
溶融温度（℃）	r. t. ~90
硬化温度（℃）	140~180
引張強度（MPa）	32
伸び（％）	<2

表2 ポリフェニレンエーテルによる改質結果

BVPE	100	70	50	30	0
PPE	0	30	50	70	100
25B[a)	0	1	1	1	0
ε (10GHz)	2.50	2.45	2.43	2.43	2.41
$\tan\delta$ (10GHz)	0.0012	0.0015	0.0019	0.0020	0.0022
Tensile strength (MPa)	32	75	79	78	79
Elongation (％)	<2	26	27	47	123
T_g (DMA, ℃)	>400	219	222	219	229

a) 2,5-dimethyl-2,5-(*t*-buthylperoxy) hexyne-3

に示した。全炭化水素骨格の多官能スチリル化合物の誘電特性は，熱硬化性樹脂としては極めて優れており，特にBVPEでは10GHzにおけるε'は2.5，$\tan\delta$は0.0012である。類似構造を有するBVPM，BVPE，BVPHの間において$\tan\delta$の値に大きな差が生じているのは合成原料であるブロモスチレン，ビニルベンジルクロライド等の極性物質の残存量，即ち，不純物の含有量が影響しているものと考えられる[16)]。BVPE硬化物の一般特性を表1に示した。全炭化水素骨格を有する多官能スチリル化合物は，優れた誘電特性と耐熱性を有していることが分かる。しかし，強度，伸びの値は小さく，プリント基板のような実装材料に適用するためには機械特性の改善が必要であった。

1.3 多官能スチリル化合物の改質

ポリマーブレンドによるBVPEの改質結果によればブレンド体の硬化物の誘電特性，機械特性は，ほぼブレンドしたポリマーとBVPEの特性の中間的な値を示し，ガラス転移温度は，ほぼポリマーの値を反映する[25)]。ポリフェニレンエーテル（PPE）による改質結果を表2に示した。PPEによる改質は，PPE自体のε'，$\tan\delta$が低いこと，および図7に示した機械特性から明らかなようにPPEを用いた改質においては，ポリマー添加率が30wt％程度でほぼポリマー単独の成

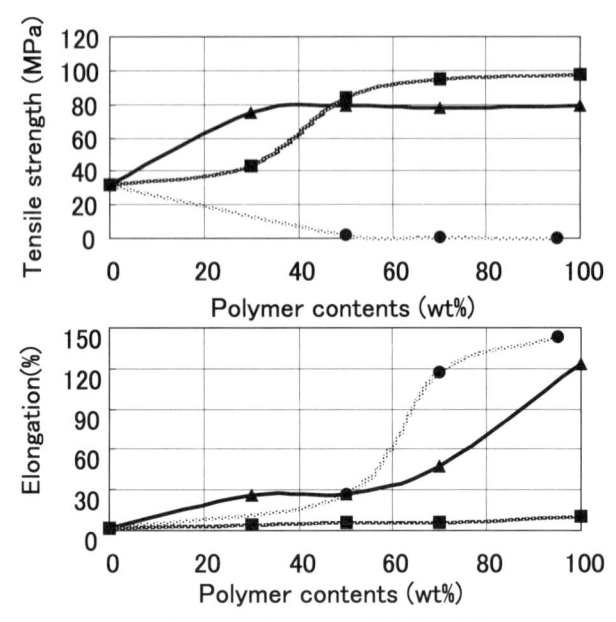

エレクトロニクス実装用高機能性基板材料

図7　ポリマーブレンドによる機械特性の改善
● 1,4-ポリブタジエン
▲ ポリフェニレンエーテル
■ ポリキノリン

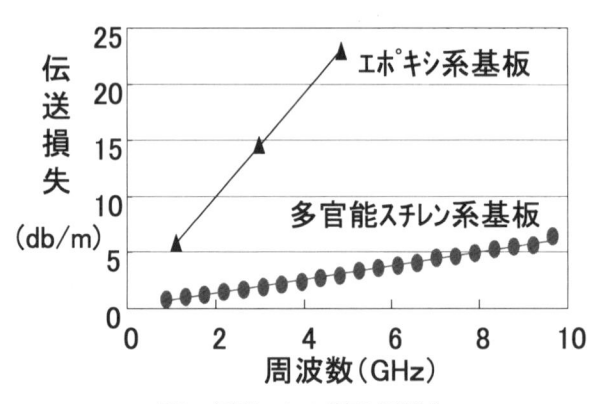

図8　多官能スチレン基板の伝送特性
（測定協力：日立化成工業㈱）

第5章 高周波用材料

型板と同等の引張強度を示すため,他のポリマーを用いた改質に比べて,改質に必要なポリマー添加量が少なくてすむことから,改質による ε', $\tan\delta$ の増大を防止できる点で好ましい。また,PPE を単独で成型するためには300℃程度の高温で成型することが必要であるのに対して BVPE と PPE のブレンド体では,BVPE が PPE の可塑剤として機能するため180℃程度の比較的低い温度での成型,硬化が可能である。PPE30wt%改質品の ε' は2.45,$\tan\delta$ は0.0015,ガラス転移温度は219℃,引張強度は75MPa,伸びは26%であり,多官能スチリル化合物の PPE 改質品が優れた誘電特性,熱特性,機械特性を有していることが確認される。多官能スチリル系基板の伝送特性の測定例を図8に示した。本図から明らかなように低誘電率,低誘電正接な多官能スチリル化合物を絶縁材料に適用することにより,従来のエポキシ系基板に比べて伝送特性が著しく改善されることが確認される。

1.4 おわりに

多官能スチリル化合物の実装材料への応用は開発途上であるが,低誘電率,低誘電正接な多官能スチリル化合物の絶縁材料への適用が高周波信号の伝送損失の低減に有効であることが確認されている。現在,多官能スチリル化合物を各種形態(基板,フィルム,封止剤,接着剤)の絶縁材料に展開すべく開発を推進中である。

文　献

1) 羽鳥光俊,電子情報通信学会誌,**82**,No.2,p.102(1999)
2) 高槻芳,NIKKEI COMMUNICATIONS,p.51(2000.6.5)
3) 篠原英之,電子情報通信学会,ソサイエティ大会"高速無線アクセスとポスト IMT2000"(2001.9.19)
4) 藤ノ木健一,Monthly Economic & Industrial Commentary,No.037(2002.12.20)
5) 井上博文,エレクトロニクス実装学会誌,**6**,No.4,p.282(2003)
6) 高木清,電子技術,No.6,p.3(2003)
7) 千石則夫,田代義昌,鈴木徹,電子材料,**41**,No.10,p.32(2002)
8) 蔵田和彦,エレクトロニクス実装学会誌,**6**,No.1,p.33(2003)
9) 伊藤幹雄,プラスチックス,**45**,No.9,p.38(1994)
10) 片桐照雄,「熱硬化性 PPE 樹脂」,"高周波用実装材料",p.79,シーエムシー出版(1999)
11) 茂木雅一,「BT レジン銅張積」,"高周波用実装材料",p.93,シーエムシー出版(1999)
12) 江草繁,「低誘電率・低誘電正接ハロゲンフリー多層材料の開発」,"21世紀の情報化時代を

担う実装材料", p. 41, ㈳エレクトロニクス実装学会3研究会合同公開研究会（東京, 2001.10.23）
13) A. Takahashi et al., *IEEE Transaction on CHMT*, **13**, No. 4, p. 1115 (1990)
14) 片桐純一ほか, サーキットテクノロジ, **6**, No. 2, p. 71 (1991)
15) 高橋昭雄ほか, 高分子論文集, **50**, No. 1, p. 57 (1993)
16) Satoru Amou et al., *J. of Appl. Polym. Sci.*, **92**, p. 1252 (2004)
17) Tokio Hagiwara et al., *Macromolecules*, **24**, p. 6856 (1991)
18) Z. K. Liao and C. S. Wang, *Polymer Bulletin*, **22**, p. 1 (1989)
19) 大谷和男ほか, 熱硬化性樹脂, **13**, p. 147 (1991)
20) Richard H. Wiley and Gerald L. Mayberry, *J. of Polym. Sci.：Part A*, **1**, p. 217 (1963)
21) W.-H. Li et al., *J. of Polym. Sci.：Part A：Polym. Chem.*, **32**, p. 2023 (1994)
22) Yukio Nagasaki et al., *Makromol. Chem.*, **187**, p. 23 (1986)
23) H. Hasegawa and T. Higashimura, *Macromolecules*, **13**, p. 1350 (1980)
24) 天羽悟ほか, 第52回高文子討論会高文子学会予稿集, **52**, No. 12, p. 3392 (2003)
25) 天羽悟ほか, 第52回ネットワークポリマー講演討論会講演要旨集, p. 215 (2002)

2 熱硬化型 PPE 樹脂

片寄照雄*

2.1 市場動向

高度情報化社会の進展とともに，情報処理の高速化および情報処理量の増加が顕著になりつつある。コンピュータの分野においては，パソコンなどの小型システムにも従来の大型機並の処理能力が要求されており，CPU（Central Processing Unit）クロック周波数は高速演算のために1GHzを越えて数GHz～10GHzに達しようとしている。信号の伝搬速度 V は式(1)で表されるので，誘電率が小さいほど高速演算に有利である。

$$V \propto C/\sqrt{\varepsilon} \; (\mathrm{cm}/\mathrm{nsec}) \tag{1}$$

ここで，C：光速(cm／nsec)，ε：誘電率

通信分野においては，携帯電話などの移動体通信機器の増大に伴い，使用する周波数は極超短波帯（300MHz～1GHz）から準マイクロ波帯（1～3GHz）に移行しつつあり，さらに高周波

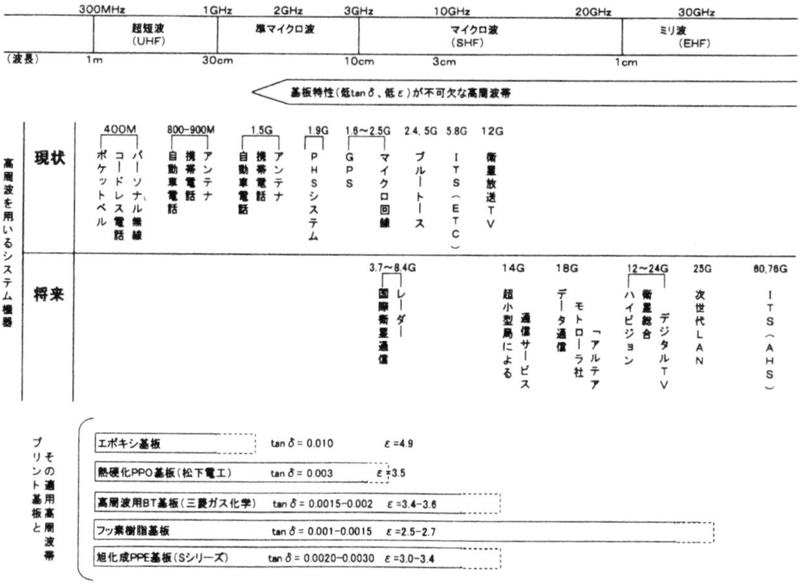

図1 高周波用プリント基板の周波数帯における位置付け

* Teruo Katayose 旭化成エレクトロニクス㈱ 電子材料事業部 技術部長

エレクトロニクス実装用高機能性基板材料

数化の傾向にある（図1）。絶縁材料における信号の伝送損失は式(2)で表される。

$$\alpha = \alpha 1 + \alpha 2 \,(\mathrm{dB/cm}) \tag{2}$$

ここで，α1は導体損失，α2は誘電損失であり，それぞれ式(3)および式(4)で表される。

$$\alpha 1 \propto R(f) \cdot \sqrt{\varepsilon} \,(\mathrm{dB/cm}) \tag{3}$$

ここで $R(f)$ は導体表皮抵抗，ε は誘電率を表す。

$$\alpha 2 \propto \sqrt{\varepsilon} \cdot \tan \delta \cdot f \,(\mathrm{dB/cm}) \tag{4}$$

ここで，$\tan \delta$ は誘電正接，f は周波数を表す。

式(2)～(4)から，低伝送損失の絶縁材料としては，低誘電特性が必要である。特に誘電正接が重要であることが理解される。

また，最近の電子機器の小型化，薄形化，軽量化の進展につれプリント配線板に高密度実装が要求されている。この高密度実装を達成するために半導体の実装形態は従来のQFPからBGA，CSP，ベアチップ実装に移行しつつある。表1には2010年までの基板材料特性に求められる特性値をSIA公表のロードマップに示した。

表1 実装材料技術ロードマップ

西暦（年）	1998	2005	2010
パッケージピン数	600～700	1,200～1,500	2,000～2,500
実装形態	BGA	BGA, CSP	CSP, ベアチップ
(1) T_g (TMA) (℃)	160～180	180～200	200～220
(2) α (ppm/℃)	14～15	8～10	6～8
(3) 誘電率 (1 MHz)	4.4～4.6	3.0～3.5	3.0>
(4) 誘電正接×10^{-4} (1 MHz)	200～250	100～300	50>
(5) 導体厚み (μm)	12, 18	9	5
(6) 絶縁層厚み (μm)	50～60	40～50	30～40
(7) ピール強度 (kN/m)	1.0～1.2	1.0～1.2	1.0～1.2
(8) ビア径 ($\phi\,\mu$m)	100～150	60～80	25～50
(9) レジスト解像度 (μm)	16～65	6～35	5～30
樹脂材料	BT樹脂		
	高性能（高 T_g，低 ε）エポキシ樹脂		
		高性能エンプラ系樹脂（液晶ポリマー，PPE系，ポリイミド，オレフィン系）	
関連材料技術	ポリマーアロイ；IPN；複合化		
	分子配向技術　分子設計技術　超分子化		
	高次構造解析技術		

第5章 高周波用材料

　一方,環境調和型材料は市場から強く求められ難燃剤はハロゲン系材料から非ハロゲン系材料へ移行しつつあり,ハンダについても鉛フリーハンダへ移行しつつある。特に鉛フリーハンダへの移行はハンダリフロー時の温度が従来の220～230℃から260℃に達するために使用する材料の高耐熱化は必須である。このような状況下にあって電子材料としての高分子は耐熱性のみならず低誘電特性も求められている。また,電子材料は携帯電話に代表されるように使用される環境が厳しいことが多いので吸水率が小さく,温度,湿度に対して誘電特性をはじめとして電気特性が安定していることも大きな要求項目である。

2.2 電子材料としての高分子
2.2.1 高分子の誘電特性

　図2に高分子材料のガラス転移温度(電子材料として使用するときの耐熱性の指標として最も重要)と誘電率を示した。この図から明らかなように耐熱性と低誘電率(1 MHz)を兼備する材料として熱硬化型 PPE [Poly (2,6-Dimethyl-1,4-Phenylene Ether)] (A-PPE) があげられる。高分子材料の誘電率は分子構造から次のように推算できる。樹脂の誘電率は下記の Clausius-Mossotti の式から推測出来る[1]。

　　$\varepsilon r = (1+2a)/(1-a)$

　　ここで $a = \Sigma P_i / \Sigma V_i$

　　P_i：各原子団のモル分極

　　V_i：各原子団のモル比容

モル分極とモル比容の実測値および,誘電率の計算値と実測値は良く一致する(表2～4)。

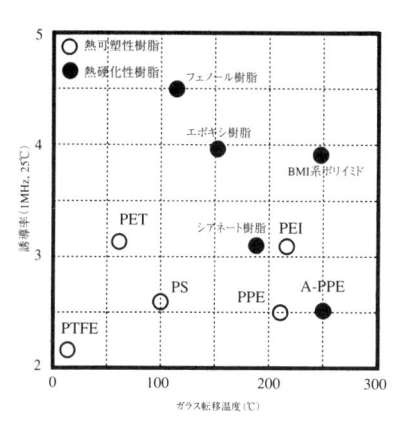

図2　各種樹脂の誘電率とガラス転移温度

表2 原子団のモル比容への寄与値 V_i〔(cm³/mol) 25 (℃)〕

原子団	低分子液 $(V_i)_l$ ( ) 内は平均	高分子[a)] $(V_i)_r$	$(V_i)_g$
$-CH_2-$	16.1～16.6 (16.30)	16.45	15.85
$-CH(CH_3)-$	32.2～33.5 (32.70)	32.65	33.35
$-C(CH_3)_2-$	47.6～49.8 (48.70)	50.35	52.40
$-CH=CH-$	24.3～26.5 (25.40)	27.75	△
$-CH=C(CH_3)-$	40.3～42.6 (41.45)	42.80	△
$-C_5H_4-$	58.6～61.8 (60.20)	61.40	65.50
$-CH(C_6H_5)-$	74.5～78.8 (76.65)	74.50	82.15
$-O-$	5.5～ 6.8 (6.15)	8.5	10.00
$-COO-$ (一般)	15.5～23.9 (19.70)	24.6	23.00
$-COO-$ (アクリリック)	－ (－)	×	18.25
$-S-$	10.8～15.5 (13.15)	15.0	17.80
$-CHF-$	16.3～18.5 (17.40)	19.85	20.35
$-CHCl-$	23.5～26.6 (25.05)	28.25	29.35
$-CO-$	13.25	×	13.40
$-O-COO-$	25.90	×	31.40
$-CH(OH)-$	19.45	×	24.90
$-CONH-$	－	×	28.95
$-CH(CN)-$	29.20	×	28.95
$-CH_3$	22.85	22.80	23.90
$-C_6H_5$	64.70	64.65	72.70
$-OH$	9.60	×	9.70
$-CN$	19.35	×	19.50
$-F$	10.00	10.00	10.90
$-Cl$	18.45	18.40	19.90
$-CH-$	9.85	9.85	9.45
$-C-$	4.45	4.75	△

表3 モル分極 $P_i\left(=\dfrac{\varepsilon-1}{\varepsilon+2}\dfrac{M}{\rho}\right)$ への原子団寄与

原子団	P_i
$-CH_3$	5.64
$-CH_2-$	4.65
$>CH-$	3.62
$>C<$	2.58
フェニル	25.5
フェニレン	25.0
$-O-$	5.2
$>C=O$	10.0
$>C-O-$ ‖ O	15.0
$-OH$ (アルコール)	6.0
$-CO\cdot NH-$	30.0
$-O-C-O-$ ‖ O	22.0
$-F$	1.8
$-Cl$	9.5
$-C\equiv N$	11.0
$-CF_2$	6.25
$-CCl_2$	17.70
$-CHCl-$	13.70
$-S-$	8.0
$-OH$ (フェノール)	～20.0

注a) $(V_i)_r$ はその T_g が室温以下にあるポリマーに,$(V_i)_g$ は同じく T_g が室温以上にあるポリマーに適用する。
△:ガラス状ポリマーには一般に欠如
×:ゴム状ポリマーには一般に欠如

樹脂の誘電正接は高周波用機器の特性決定に重要であるが現在のところ理論的に予測することは困難である。経験的には図3に示されるように誘電率が低ければ誘電正接も低いことが分かっている。

2.2.2 銅張積層板の誘電特性

(1) 銅張積層板とは

銅張積層板は図4に示されるように,銅箔と1～12枚のプリプレグを真空プレスにより圧縮成形され,一体化して製造される(図5参照)。圧縮成形は通常,温度170～230℃,圧力10～40

第5章 高周波用材料

表4 典型的ポリマーの誘電率

ポリマー種	ε（実測値） ε' a) 60 [cps]	ε（実測値） ε' a) 10^6 [cps]	ε（静）b)	ε（計算値）c) $\left(\dfrac{\Sigma P_i}{\Sigma V_i}=\dfrac{\varepsilon-1}{\varepsilon+2}\text{による}\right)$
ポリエチレン	—	2.20～2.30	2.20	2.20
ポリプロピレン	2.25～2.28	2.23～2.24	2.15	2.15
ポリスチレン	2.55	2.45	2.50	2.50
PTFE	2.10	2.10	2.00	2.00
PCTFE	2.65	2.30～2.37	2.30	2.34
ポリ塩化ビニル	—	2.80～3.00	3.05	3.05
ポリ塩化ビニリデン	2.80～3.20	—	2.85	2.90
POM	—	—	3.10	2.95
PMMA	3.20	3.10	3.15	2.94
ポリ酢酸ビニル	—	3.20	3.22	3.02
PET	—	3.15～3.20	3.10	3.40
PC	—	—	3.05	3.00
ナイロン6-6	4.5～5.3	3.6～3.8	4.00	4.14

注）PTFE：ポリテトラフルオロエチレン，PCTFE：ポリクロロトリフルオロエチレン，PMO：ポリメチレンオキシド，PMMA：ポリメタクリル酸メチル，PET：ポリエチレンテレフタレート，PC：ポリ2·2プロペン-ビス(4-フェニル)カーボネート

a) Hand Book of Materials Science, Vol.3 (CRC Press, 1975)
b) D. W. van Krevelen, Properties of Polymers (Elsevier, 1972)
c) $\underset{i}{\Sigma} P_i$（表2）及び$\underset{i}{\Sigma} V_i$（表3）を用い，上式から計算

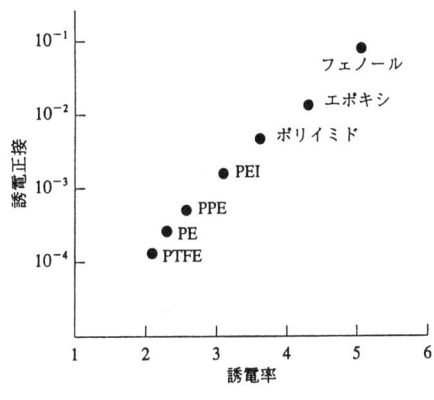

図3 樹脂の誘電率と誘電正接

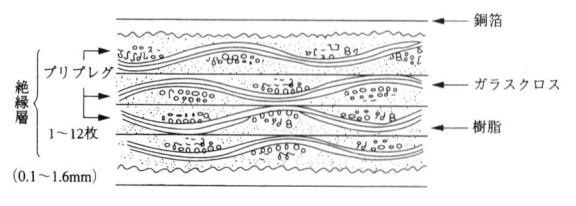

エレクトロニクス実装用高機能性基板材料

図4 銅張積層板断面図

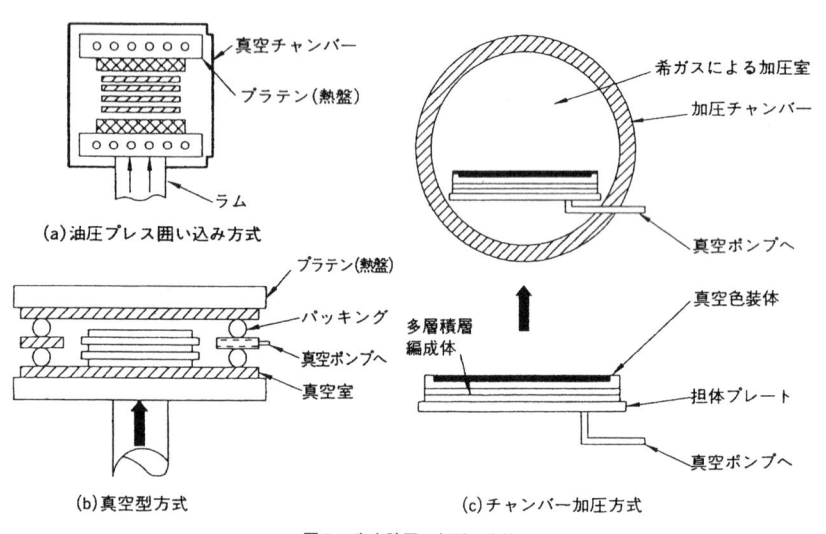

図5 真空積層の各種の方法

kgf/cm^2 の条件で行われる。プリプレグは樹脂と基材から構成されている。樹脂は，寸法安定性と耐薬品性の観点から，熱硬化性のエポキシ樹脂，フェノール樹脂が最も一般的に使用されている。耐熱性の樹脂としては，ビスマレイミド樹脂，ビスマレイミド/トリアジン樹脂，シアネートエステル樹脂が，また，低誘電率樹脂としては，四フッ化エチレン樹脂（PTFE）が実用化されている。

PTFE以外は熱硬化性樹脂であるので，圧縮成形時に硬化反応が進行する。反応様式としては，付加反応，開環反応などの副生物を発生しない反応が好ましい。

基材は，銅張積層板に強度と寸法安定性を付与する目的で使用される。基材として最も汎用的に使用されるのは，ガラスクロスと紙である。産業用としてはガラスクロス，その中でも電気用のEガラスが，誘電特性が悪いにも関わらず安価であるために一番多く使用されている。その他，

第5章　高周波用材料

アラミド繊維などの有機繊維も実用化されつつある(図6)。各種ガラス繊維の特性を表5に示す。プリプレグは，樹脂を溶剤に溶解し，ワニスとしてこの中に基材を含浸し，次いで乾燥することにより製造する（図7）。

(2) 銅張積層板の誘電率

銅張積層板は，胴体である銅箔とプリプレグから成る絶縁層とから構成されているので，絶縁

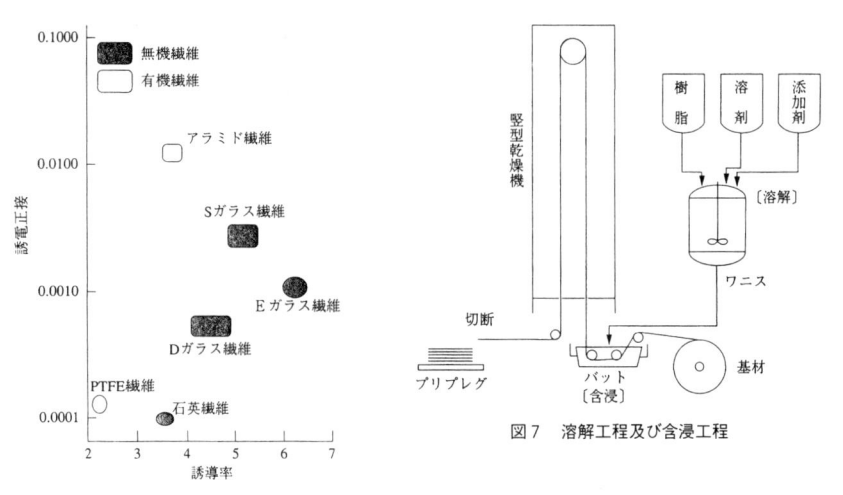

図6　基材の誘電特性（1MHz，25℃）

図7　溶解工程及び含浸工程

表5　各種ガラス繊維の特性

	組成・特性	Qガラス	Dガラス	Sガラス	Eガラス
組成	SiO_2	99.97	73.0	64.9	54.3
	Al_2O_3		1.0	24.4	15.0
	CaO				17.3
	MgO			10.4	4.7
	B_2O_3		3.5		8.0
	R_2O		21.0	0.2	0.6
	Fe_2O_3		0.1	0.1	0.2
	その他		1.4		0.4
特性	軟化温度（℃）	1,670	770	970	840
	比　重	2.20	2.16	2.49	2.54
	誘電率	3.4〜3.8	4〜4.7	4.8〜5.3	6.1〜6.7
	誘電正接	0.0002	0.0009	0.0019	0.0011
	線膨張率	0.5	3.15	2.4	5.0
	(mm/mm℃)	0.54×10^{-6}	3.15×10^{-6}	2.39×10^{-6}	4.52×10^{-6}

Model I

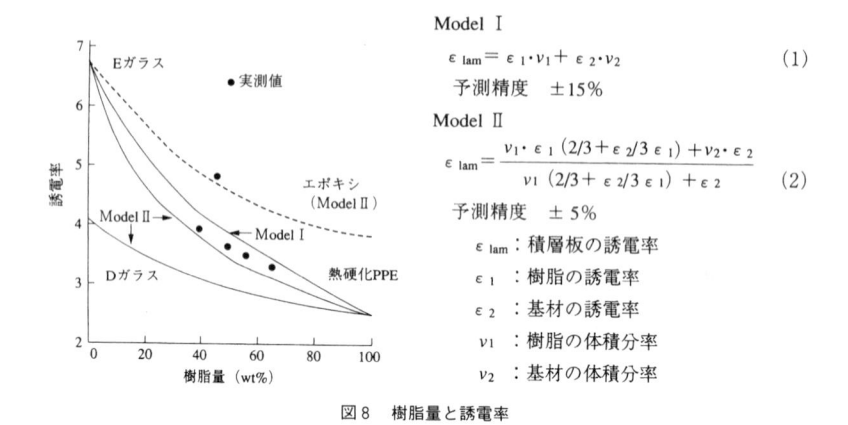

$$\varepsilon_{lam} = \varepsilon_1 \cdot v_1 + \varepsilon_2 \cdot v_2 \quad (1)$$

予測精度 ±15%

Model II

$$\varepsilon_{lam} = \frac{v_1 \cdot \varepsilon_1 (2/3 + \varepsilon_2/3\varepsilon_1) + v_2 \cdot \varepsilon_2}{v_1 (2/3 + \varepsilon_2/3\varepsilon_1) + \varepsilon_2} \quad (2)$$

予測精度 ±5%

ε_{lam}：積層板の誘電率
ε_1：樹脂の誘電率
ε_2：基材の誘電率
v_1：樹脂の体積分率
v_2：基材の体積分率

図8 樹脂量と誘電率

層であるプリプレグの誘電率が銅張積層板の誘電率である。

プリプレグは基材と樹脂から構成されるので，それぞれの誘電率が既知であれば，プリプレグの誘電率が予測できる。銅張積層板すなわちプリプレグの誘電率の予測については，下記のNewtonの経験式が一般的に使用されている[2]。

樹脂の例としてエポキシ樹脂，後述する熱硬化PPE，また，基材としてEガラスとDガラスを用いた積層板の誘電率を予測した結果を図8に示した。また，それぞれの実測データも示した。

この結果から，モデルIIのほうが実測値と一致することが理解される。そして積層板の誘電率を低くするためには，基材の低誘電率化の方が樹脂の低誘電率化よりも効果が大きいことも理解される。

実際に使用される複合系においてはガラスクロス基材と樹脂界面のカップリング処理剤，水分，樹脂に含まれる不純分等により変動するので注意が必要である。特に高周波領域において変動は顕著である。

2.2.3 高周波領域の誘電特性の評価方法

試料の誘電率は，被測定積層板により図9に示すトリプレートストリップライン共振器を構成し，共振周波数 f_0 と縁端効果を補正した実効的なストリップ長 L から式(5)を用いて求められる。

縁端効果の補正量は，相異なるストリップ長の2組の共振器の共振周波数 f_0 の比較から求めた。誘電正接は同じ共振器を用い，損失分離法に従って共振器の Q 値から求めた。寸法の異なる複数の共振器を用意し，それぞれについて各共振ピークの共振周波数 f_0，減衰率 α，共振の反復値 $\Delta f/f_0$ を測定すれば損失分離法により誘電正接を決定することができる。

$$\varepsilon_r = m^2 c^2 / 4L^2 f_0^2 \quad (5)$$

第5章　高周波用材料

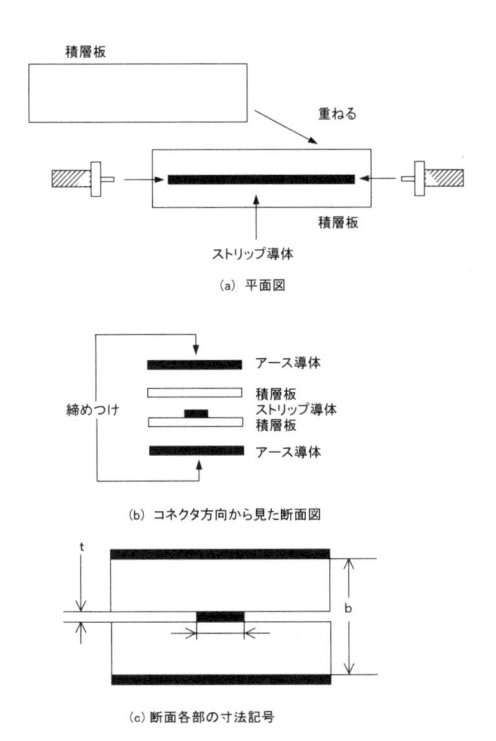

図9　高周波特性測定法
ストリップの両端解放；共振器；共振器→ε, tanδ
ストリップの両端接続；伝送路→伝送損失

c；真空中の高速　$3.0×10^8$m/s

m；共振次数　1, 2, 3, …

　伝送損失の測定は，トリプレート構造の特性インピーダンス50Ωの伝送路を作成ネットワークアナライザで直接に高周波信号の減衰量を調べることにより行った。試料単位長さ当たりの減衰率を決定するにあたっては，コネクタの結合損失の影響を除くために伝送路長として10cmおよび5cmの2種類の試料を用意し，式(6)に従って求めた。

　　　単位長さ当たりの減衰率＝(10cm 試料の損失－5cm 試料の損失)/(10cm － 5cm)　　　(6)

2.3　熱硬化型 PPE 樹脂
2.3.1　熱可塑性 PPE 樹脂
　低誘電率化する手法としては，

エレクトロニクス実装用高機能性基板材料

① 基材を低誘電率化する方法
② 樹脂を低誘電率化する方法

がある。

低誘電率基材を用いる例として，Dガラス/ビスマレイミド・トリアジン樹脂，Sガラス/マレイミド・スチリル樹脂，アラミド不織布/耐熱エポキシ樹脂が実用化されている。前の2つの例は低誘電率樹脂との組み合わせである。

一方，低誘電率樹脂を用いる例として，Eガラス/PTFE樹脂が広く知られている。また，エポキシ樹脂を低誘電率化するために，エポキシ樹脂自体を誘電率の低いアルキル基などで置換する方法，シアネートエステル樹脂，ポリフェニレンエーテル（PPE）樹脂などの誘電率の低い樹脂をブレンドする方法が提案されている。これらのエポキシ変成の例では，基材としてすべてEガラスが用いられている。

基材としては汎用的に使用されるEガラスを用い，樹脂の低誘電率化を目指した。

工業的に入手可能な低誘電率樹脂としてPPE〔Poly (2,6-Dimethyl-1,4-Phenylene Ether)の略称〕樹脂に注目した。

PPEは図10に示される化学構造を有し，耐熱性，低誘電特性，低吸水性に優れた熱可塑性樹脂である。また，他の樹脂と比べても，耐熱性と低誘電特性とを兼備するバランスのとれた樹脂である。PPE樹脂は通常，耐衝撃性ポリスチレンあるいはポリアミドなどとアロイ化されて射出形成材料としてOA機器のハウジング，自動車部品用材料などに年間10万トン使用されている。

PPE樹脂はハロゲン系あるいは芳香族溶媒に可溶であるため，電子材料への応用を考えると，その長所である低誘電特性，高耐熱性，低吸水率を損なうことなく，耐薬品性を向上させる必要がある。

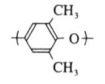

poly(2,6-dimethyl-1,4-phenylene ether)：PPE

ガラス転移温度	210℃
誘電率（1 MHz）	2.45
誘電正接（1 MHz）	0.0007
吸水率	0.05％以下
耐溶剤性	ハロゲン系 芳香族溶媒に可溶

図10 ポリフェニレンエーテルの構造と主な物性

第5章 高周波用材料

表6 各種樹脂の物性

項目	単位	PPE	熱硬化型PPE	BMI系ポリイミド	シアネート樹脂	PTFE
誘電特性						
誘電率	—	2.45	2.50	3.8	2.9〜3.1	2.1
誘電正接	—	0.7×10^{-3}	1×10^{-3}	8×10^{-3}	$3\times5\times10^{-3}$	$<1\times10^{-4}$
熱的性質						
ガラス転移温度	℃	210	250	250〜300	250	25
10%重量損失温度	℃	436	420	400	400	—
耐薬品性						
トリクロロエチレン	—	可溶	不溶	不溶	—	不溶
酸	—	不溶	不溶	不溶	—	不溶
アルカリ	—	不溶	不溶	可溶	—	不溶
機械的性質						
引張り強さ	kgf/cm²	730	700	—	—	140
引張り弾性率	kgf/cm²	240	240	—	—	41
吸水率	%	<0.05	<0.05	1.5〜2	—	—
銅箔とのピール強度	kgf/cm	1.7	1.7			

2.3.2 熱硬化性PPE樹脂

　PPE樹脂の長所を損なうことなく，耐薬品性を付与するために，旭化成エレクトロニクス独自の技術により，二重結合を含有する熱硬化型PPE樹脂（APPE^{TM}）を開発した。

　硬化後の熱硬化型PPE樹脂の特性は，PPE樹脂の特徴である低誘電特性，高耐熱性，低吸水性などを損なわずに，耐薬品性が大幅に向上している（表6）。そして，熱硬化型PPE樹脂は，ビスマレイミド系ポリイミドに匹敵する耐熱性と，PTFE並みの低誘電特性，低吸水性を兼備し，かつ，電子材料としては重要な銅箔との接着性に優れた材料であることが理解できる。熱硬化型PPE樹脂の硬化体の特徴をまとめると，以下のとおりである。

1) 誘電率2.5，誘電正接0.001…PTFEに次いで低い。
2) ガラス転移温度250℃…ビスマレイミドと同等である。
3) 吸水率0.05%以下…電気特性の変化が小さく高信頼性。
4) 耐薬品性に優れる…ハロゲン系溶剤，酸，アルカリに対して安定。
5) 銅箔との接着強度が1.7kg/cmと優れる…接着剤なしで銅箔と接着する。
6) 通常のエンジニアリングプラスチックと同レベルの機械的強度。
7) 比重が1.06と小さい…エポキシ樹脂は1.4，フッ素樹脂は2.2であるから，部品の軽量化に適する。

2.4 熱硬化型 PPE 樹脂銅張積層板

熱硬化型 PPE 樹脂をベースとして，各種銅張積層板用樹脂組成物である多層板用 S2100，両面板用 S4100の特性を紹介する。

2.4.1 プリプレグ

プリプレグの外観はなめらかなフィルム状であり，汎用品であるエポキシプリプレグに見られる樹脂粉末の発生はない。これは熱硬化型 PPE プリプレグを用いることにより，プリント配線板製造工程における銅箔表面の粉末による汚染が避けられることを示している。このプリプレグの保存安定性は23℃の室内で1年以上であり，極めて良好である。

プリプレグの溶融粘度の測定結果を図11に示す。熱硬化型 PPE プリプレグの溶融粘度は，汎用材料である FR-4（エポキシ樹脂）よりも1～2桁大きいので，銅張積層板としての板厚み精度制御は容易で10％未満であり，FR-4よりも優れている。特に両面板用 S4100は溶融粘度が高いので，プリプレグ間でのスリップを起こすことなく，1回のプレスで5mm程度の厚みの積層板が容易に作成できる。

このように積層板の厚み精度が良好であるので，インピーダンス制御が容易である。また，溶融粘度が高いためにローフロープリプレグとしても有望である。このような溶融粘度挙動は，熱硬化型 PPE 樹脂が高分子量の PPE 樹脂を原料としているために発現する本質的な特性である。エポキシ樹脂に代表される熱硬化性樹脂のように，低分子化合物を原料とし，次いでオリゴマー化する，いわゆる B ステージ化することにより溶融粘度も制御する方法よりも，熱硬化型 PPE 樹脂を用いるほうが安定した溶融粘度のプリプレグを得られると推測される。

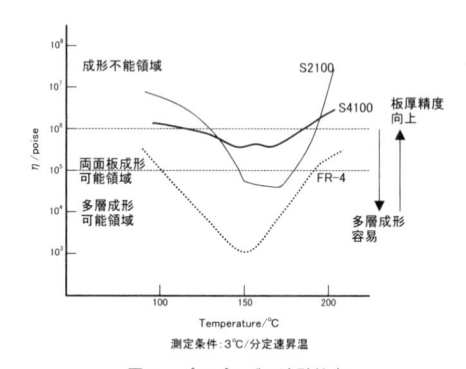

図11 プリプレグの溶融粘度
S4100プリプレグは溶融粘度が高い
→板厚精度を高くできる
→厚板を一括プレス成形できる

第5章 高周波用材料

一方,高溶融粘度に起因する多層配線板の内層回路の埋込み性が懸念されるので,導体厚さ105 μm,導体幅100μm,導体間隔200μm の回路パターンで回路の埋込み性を検討したが,埋込み不良は全く見いだされず,埋込み性は良好であった。

2.4.2 銅張積層板

(1) 基本特性

各種熱硬化型PPEプリプレグと銅箔を,真空プレスでエポキシ銅張積層板の条件である180℃で1 hr,積層圧力30kgf/cm^{2}で成形して銅張積層板を作成した。ポストキュアは特に必要とせずに目標とするガラス転移温度を達成できた。この特性を表7に示した。エポキシ樹脂基板と比較

表7 各種銅張積層板の特性

項 目	熱硬化型 PPE 樹脂			BMI系ポリイミド	シアネート樹脂	PTFE	エポキシ樹脂
	S2100	S3100	S4100				
ガラスクロス種類	E	E	E	E	E	E	E
誘電率(1MHz)	3.4~3.6	3.5~3.6	3.4~3.6	4.6~4.7	3.8	2.5~2.7	4.7~5.0
誘電正接(1MHz)	0.0025	0.0020	0.0017~0.0020	0.008~0.01	0.006	0.001~0.0015	0.015~0.019
ガラス転移温度(DMA)	200~220	230~250	200	230	247	25	160
Z方向線膨張率 (30~150℃)	80	65	90~100	40~60	–	240	145
難燃性(UL94)	V-0	V-0	V-0	V-1	V-0	V-0	V-0

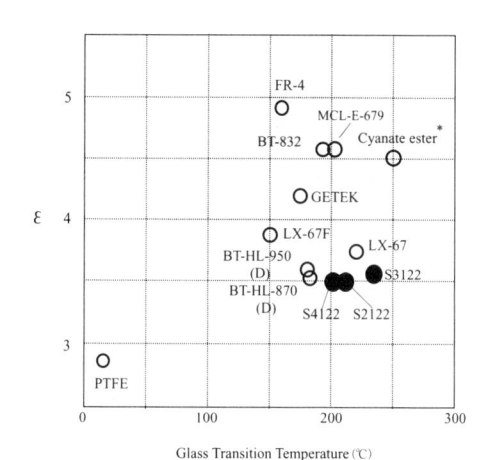

図12 Dielectric Constant and Glass Transition Temperature of Various Commercial CCL

*Cyanate ester (Arlon 63N); Resin content = 30% (av.)

エレクトロニクス実装用高機能性基板材料

すれば，熱硬化PPE基板は誘電特性と耐熱性において優れている。また，ビスマレイミド系ポリイミド基板よりも誘電特性が優れ，耐熱性は同等である。一方，PTFE基板は誘電特性は優れているものの，ガラス転移温度が25℃と低く，Z-方向線膨張率が大きい。図12にガラス転移温度と誘電率の関係を示した。

熱硬化型PPE基板Sシリーズの誘電率と誘電正接が，誘電率の高いEガラスを用いているにもかかわらず良好な値であることは，熱硬化型PPE樹脂が低誘電率樹脂として，世界のトップレベルであることを示している。

(2) 誘電特性

信号の伝播速度は式(1)で計算し，その結果を図13に示した。伝播速度はエポキシ基板よりも20～30%向上している。誘電率と誘電正接の高周波領域における周波数依存性（図14）は低くかなり安定している。高周波領域におけるストリップラインの伝送損失を測定した結果（図15）から1GHzを越える領域においては，エポキシ基板は伝送損失が大きいので使いにくいことを示している。例えば，1GHzを越えるデジタル携帯電話（1.5GHz），パーソナルハンディフォン（PHS；1.9GHz）では，従来からの携帯電話（800～900MHz）に使用されているエポキシ基板に代わって熱硬化型PPE基板S2100が採用された。

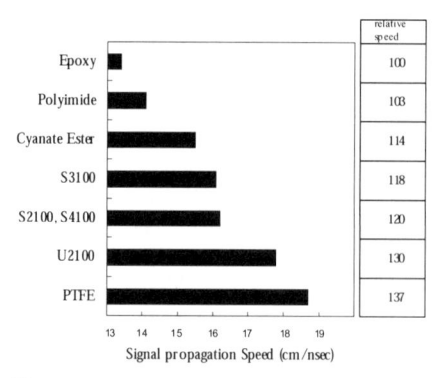

	relative speed
Epoxy	100
Polyimide	103
Cyanate Ester	114
S3100	118
S2100, S4100	120
U2100	130
PTFE	137

Signal propagation Speed (cm/nsec)

図13 Signal Propagation Speed in Various Copper Clad Laminates

This figure was obtained by the calculation according to the following equation

$$V = k \cdot \frac{c}{\sqrt{\varepsilon}}$$

V：Signal propagation speed
c ：Speed of light in vacuum
k ：Constant
 ：Dielectric constant

第5章 高周波用材料

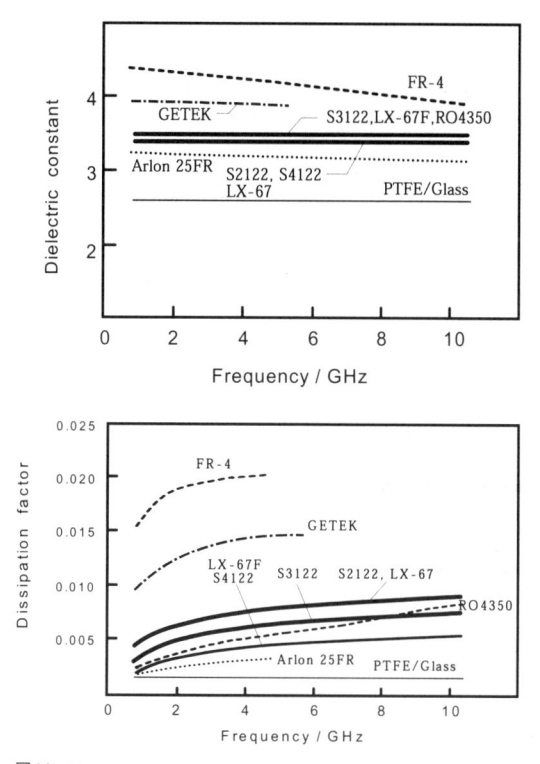

図14 Dielectric Constants and Dissipation Factors of CCL's in High Frequency Region

熱硬化型PPE基板S4100は1～12GHzの領域で，PTFE基板に迫る低伝送損失である。特に1～4GHzでは，ほぼPTFE基板と同等の低伝送損失であるので，PTFE代替基板としても使用できることを示している。

(3) 耐熱性

高ガラス転移温度に起因する実用物性として銅箔とのピール強度の温度依存性を図16に示した。約200℃まで，これらの物性の大幅な低下は認められないので，SMTやCOBを実装などの実装工程に適する耐熱性を有すると言える。また耐熱が高いので鉛フリーハンダを用いる実装方式には有利であることを示唆している。

(4) 耐湿性

両面銅張積層板の121℃，RH100%におけるプレッシャクッカー試験(PCT)結果を図17に示

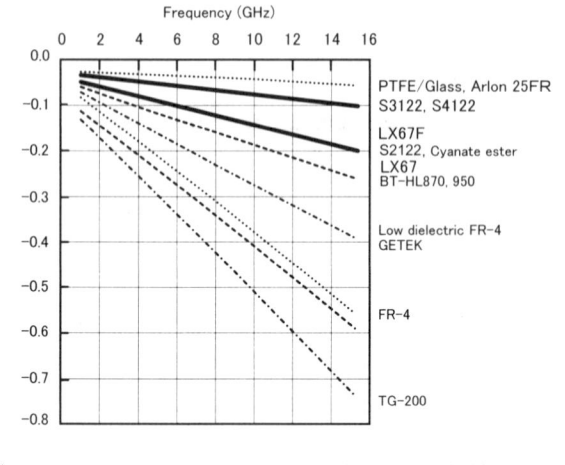

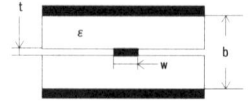

エレクトロニクス実装用高機能性基板材料

図15 Signal Transmission Loss for Striplines

Transmission loss was obtained for the stripline which has characteristic impedance of 50Ω. Dimensional parameters of strip-lines are listed below.

Cross section of stripline

	ε	b/mm	t/mm	w/mm
PTFE/Glass	2.60	1.635	0.035	1.00
S2122	3.30	1.635	0.035	0.88
S3122	3.40	1.635	0.035	0.86
S4122	3.30	1.635	0.035	0.88
FR-4	4.30	1.635	0.035	0.66

した。熱硬化型 PPE 基板 S シリーズは，1,000hr 後においても吸水率は0.3％と低く，ハンダ浸漬（260℃，2min）しても異常は認められない，一方，FR-4（エポキシ基板）やビスマレイミド系市販耐熱基板は，数時間で吸水率は0.4％を越え，ハンダ浸漬でブリスターが発生する。誘電率と誘電正接も S シリーズは安定でほとんど変化しないが，FR-4やビスマレイミド系市販耐熱基板は時間とともに大きく変化する。熱硬化型 PPE 基板 S シリーズがこのように安定であるのは，PPE の化学構造中に吸湿性の分子や官能基を含まないためである。これらの特性のために，

・ワークステーション，サーバー，大型コンピュータ，IC テスタなどの高速演算機器
・BGA，PGA，CSP などの耐熱性，耐湿性が要求される半導体実装分野

が考えられる。

第5章 高周波用材料

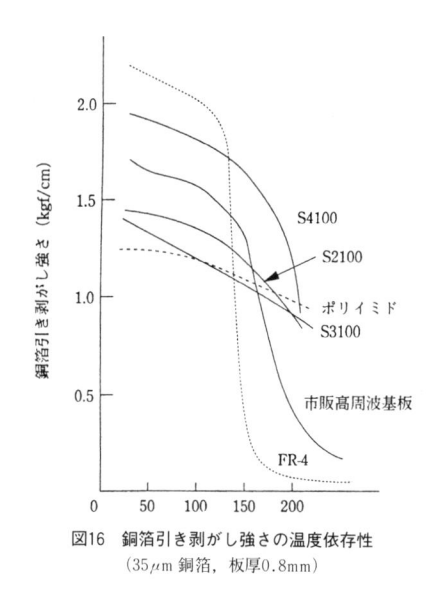

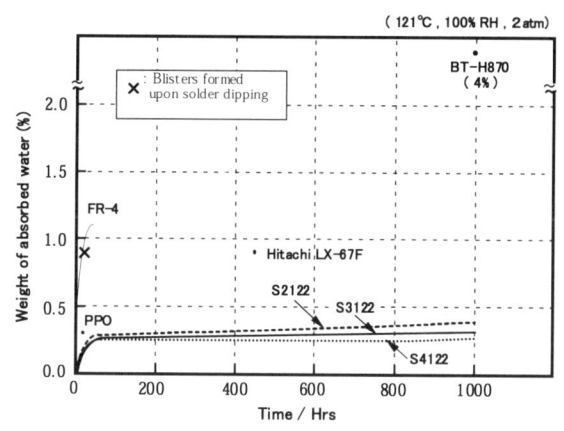

図16 銅箔引き剥がし強さの温度依存性
(35μm 銅箔, 板厚0.8mm)

図17 Pressure Vessel Test (High Frequency Application)

2.5 ビルドアップ用熱硬化型 PPE 樹脂
2.5.1 ビルドアップ法とは

　ビルドアップ法は，1987年に Siemens 社が，エキシマレーザーによりポリイミド樹脂付き銅箔にマイクロビアを形成する方法をメインフレーム用超多層板に採用したのが最初である[4]。1991

エレクトロニクス実装用高機能性基板材料

年には日本 IBM が絶縁材料として感光性エポキシ樹脂を塗布してフォトリソグラフィによりビアを形成するビルドアップ基板（SLC：Surface Laminar Circuit）を開発し，同社製のパソコンに搭載したのが感光性絶縁材料によるビルドアップ基板実用化の始まりである[5]。その後，幾つかのビルドアッププロセスが開発され，実用化されつつある。

ビルドアップ法は，マイクロビアの形成に最も特徴があり，大別すると

① レーザー法
② プラズマエッチング法
③ フォトリソグラフィ法

に分類される（表8）。

これらの方法に関係なく，ビルドアップ法の特徴は，ビア径が小さく，従来法によるドリル加工法に比べて穴面積が3〜10%であるので，有効に使用できる面積が大きくとれることが挙げられる。すなわち，電子部品や半導体の高密度実装が可能となる。また，同一性能であれば，プリント配線板の小型化，すなわち電子機器の小型化が可能となるのである。また，プリント基板において

表8　各種ビルドアップ法（Micro Via 形成法による分類）

1. フォトリソグラフィ法
 ・感光性絶縁材料（エポキシ系）
 ・日本 IBM (SLC)，イビデンなど
2. レーザー法
 ①炭酸ガスレーザー
 ・熱硬化性樹脂（エポキシ系）
 ・日本ビクター，松下（ALIVH）など
 ②エキシマレーザー
 ・ポリイミド樹脂
 ・シーメンス
 ③YAG レーザー（開発中）
3. その他
 ①プラズマエッチング
 ・熱硬化性樹脂（エポキシ系）
 ・Dyconex 社（＜Dycostrate＞）
 ②その他
 ・機械的にパンチング（HITAVIA）
 ・導電性ペーストバンプ
 　（東芝：＜B²it＞）

	スルーホール法	ビルドアップ法	利点
穴あけ	ドリル加工法 300μmφ 以上	穴面積比 100〜3〜10	レーザー加工法 50〜100μmφ	高密度化 小型化
誘電率	3.5 〔ガラスクロス入りのため大きくなる〕	2.8以下 〔ガラスクロスなし〕	高速化 軽量化

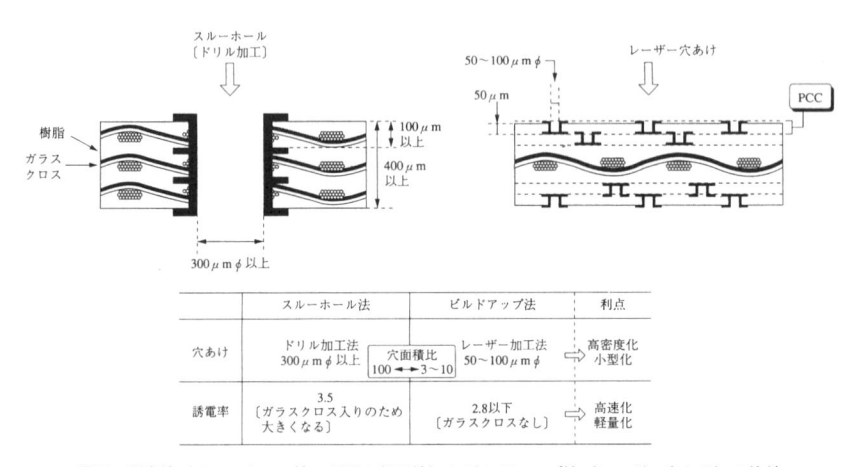

図18　従来法（スルーホール法；ドリル加工法）とビルドアップ法（レーザー穴あけ）の比較

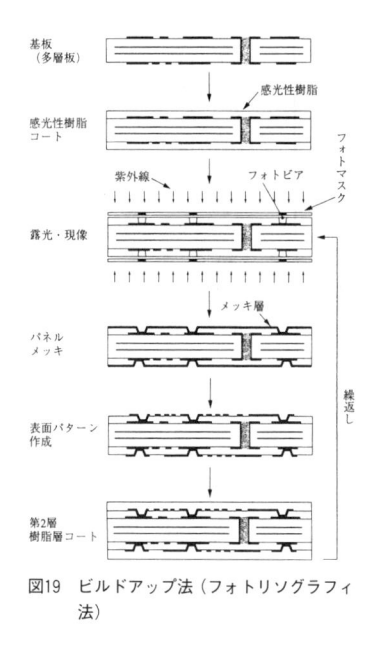

第5章 高周波用材料

図19 ビルドアップ法（フォトリソグラフィ法）

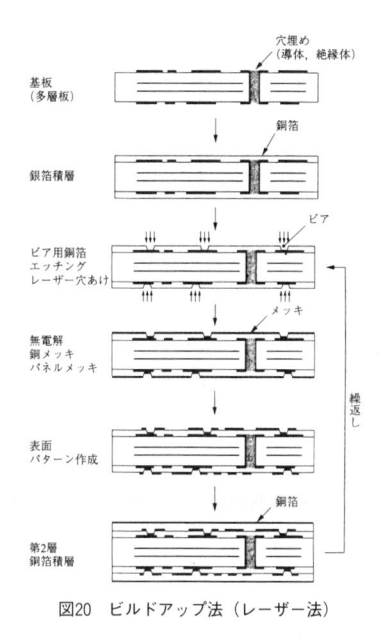

図20 ビルドアップ法（レーザー法）

は汎用的に使用されている強化材であるガラスクロスが使用されていないので，誘電率を低くできると同時に比重も小さくできる。プリント基板の低誘電率化は，プリント基板の高性能化に有利である（図18）。図19および図20にフォトリソグラフィ法とレーザー法による代表的なビルドアッププロセスを紹介する[6]。フォトリソグラフィ法においては，コア基板（内層配線板）に感光性樹脂をコーティングし，次いでパターンマスクを通して紫外線によりビアの穴を形成する。次いで，アディティブ法によりメッキし，上下の接続を取ると同時に回路形成を行う。一方，レーザー法においては，レーザー光により熱硬化性樹脂を分解してビア形成し，次いでメッキにより上下の接続を取る。パターン形成は積層時に使用される銅箔をエッチングして行う。プラズマ法もレーザー法と原理的には同じである。すなわち，ビア形成をプラズマにより行うだけであり，その他のプロセスはレーザー法と同一である。

近年は，レーザー加工性に優れた開繊ガラスクロスが開発され，そのプリプレグはレーザー加工性に優れ，ガラス基材を含むので優れた寸法安定性を示すので非常に注目されている。

2.5.2 APPE樹脂付き銅箔の特徴

この熱硬化型PPE樹脂をベースとしたAPPE樹脂付き銅箔は熱硬化型PPE樹脂の特性を示し，レーザー加工可能なビルドアップ用材料として注目されている。

137

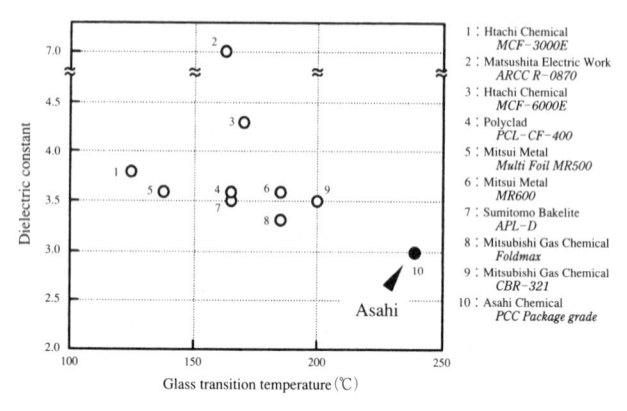

エレクトロニクス実装用高機能性基板材料

図21 Insulating Resins for Build-up Process

2.5.3 絶縁材料としての特性－電気特性／耐熱性／吸水率－

① 誘電率2.8～3.0（at 1MHz），誘電正接0.002～0.003（1MHz）は，従来の代表的なビルドアップ材料である感光性エポキシ系材料がそれぞれ約3.6～4.0，0.02であるので，格段に低く高速演算，高周波化対応に有利である。

② 耐熱性はガラス転移温度210～240℃でありエポキシ系材料の150℃と比べてBGAなどの表面実装に有利である。ビルドアップ配線板用各種絶縁材料のガラス転移温度と誘電率を比較した（図21）。

③ 吸水率0.34％（プレッシャークッカー試験121℃，RH100％，24hr）でありエポキシ系材料の0.9％と比べてかなり小さい。特に低吸収水率が求められる半導体実装の分野において好ましい特性である。また温度と湿度を変化させて高周波領域の伝送損失を測定した結果では伝送損失が小さいだけでなく温度，湿度による伝送損失の変動がほとんどなく安定していることが確認された。

2.5.4 加工特性

① ビルドアップ多層配線板は通常のFR-4多層配線板製造ラインで製造できる優れたプロセス性を有する。すなわち，

・通常の真空プレスでビルドアップできる。プレス条件は180～200℃，60～90分，20～50kg/cm^{2}で成形できる。

・下層回路の段差が積層時に毎回平坦化されるために高多層配線が可能である。

・通常の無電解めっき／電気めっきプロセスが適用できる。また，必要に応じてドリル加工も可能である。

第 5 章　高周波用材料

② マイクロ・ビアは各種レーザー加工法(炭酸ガス,エキシマー,YAG)およびプラズマエッチング法が適用できる。
③ 多層化時に,フォトリソグラフィー法のように有機溶媒を用いることはないので環境への負荷が低いプロセスである。
④ 樹脂層はしなやかで,割れにくいので樹脂粉末の粉落ちがない。プリント配線板収率の向上が期待される。
⑤ 室温で安定であるために長時間保存が可能である。

2.5.5　ビルドアップ多層配線板の信頼性
① 銅イオンマイグレーション試験
　ライン/スペイス=100/100ミクロンの櫛形状パターンの 6 層板を用いて試験を行った。試験条件は85℃,85% RH,30VDC および121℃,2 atm,100% RH の 2 条件で行った。それぞれ1,000時間後においても絶縁抵抗は 5×10^8 以上であり特に問題はなく,優れた耐マイグレーション性を示した。

② プレッシャクッカー試験 (PCT)
　コア層に APPE 積層板 S2100 を使用したビルドアップ層が片面 2 層で計 4 層のビルドアップ層を有する 6 層多層配線板を試作した。ビア径は炭酸ガスレーザーにより100ミクロンとした。試験条件は121℃,2atm,100% RH で1,000時間後の接続抵抗変化が 4 % 以内(通常の規格値は10%以内)であり極めて良好であった。

③ 冷熱衝撃試験
　上記②で用いた 6 層多層配線板を用いて冷熱衝撃試験を行った。試験条件は−65℃,30分,ついで125℃,30分を 1 サイクルとする試験法で1,000サイクル後の接続抵抗変化を測定した。変化は 3 % 以内(規格値は10%以内)で極めて良好であった。

2.6　今後の展望
　低誘電率積層板材料としては,移動体通信時代の本格的な幕開けに伴う応用製品の拡大,コンピュータのより一層の高速化,コンピュータ,通信システム及び AV 機器の複合化によるマルチメディア時代を創出する基幹材料の一つとして,大きな役割を果たすものと期待される。
　更に熱硬化型 PPE 樹脂の大きな魅力は,その基本特性に加えて,汎用エンジニアリング樹脂を原料にしていることである。すなわち,原料の PPE は現在,日本での生産長10万トンレベルであるので,生産量の少ない特殊な樹脂とは異なり,将来性の大きな材料と言える。ちなみに,汎用電子材料であるエポキシ樹脂は,日本で年間15万トン生産されている。
　熱硬化型 PPE 樹脂の銅張積層板以外の用途として,次世代ビルドアップ配線板用樹脂付き銅

箔としても開発され，その将来性が期待されている。

文　　献

1) 金丸競，"高分子電気物性"，共立出版（1981）
2) T. D. Newton, IPC-TP-587（1986）
3) 新井，片寄，"熱硬化型 PPE 樹脂積層板の高周波領域の誘電特性の安定性"，回路実装学会誌，Vol. **10**，113（1995）
4) H. Brosamle, B. Brabetz, "Technology for a Microwiring Substrate", Siemens Forsh. Entwickl. Ber., **17**[5], 249（1988）
5) 塚田，"表層プリント配線板（SLC）とフリップチップ実装技術"，表面実装技術，[1]，**28**，(1991)
6) 高木，"目覚ましいビルドアップ多層 PWB の開発動向"，表面実装技術，[1]，**2**，(1997)

3 高周波用の材料

藤原弘明*

3.1 はじめに

インターネットの爆発的な普及にみられるように近年の情報社会の発展は目を見張るものがあり，IT 産業は21世紀を代表する産業となることが期待されている。情報に対する人間の要求はとどまるところを知らず，近年では携帯電話でテレビ放送が見られる時代が到来した。その背景には MPU やメモリー等の記憶装置機器の飛躍的な進歩があり，高度情報化社会を支えるインフラには，情報の高速処理や大容量伝送が必要である。図1に IT 産業を支える主要な電子部品や電子機器の伝送速度の変遷をまとめたが，全ての伝送速度において，5年で10倍以上の速度になっており，非常に伝送速度の向上が速いことがわかる[1〜4]。

光伝送を支える光ファイバーの伝送速度についていえば，1波長当たりの伝送速度の向上に加えて波長の多重化により，近年では Tbps の伝送速度を実現している。携帯電話においても10年前のアナログ時代（第1世代）では，2.4kbps の通信速度で音声を扱うのがやっとであったが，第3世代では，グローバル統一規格で通信の自由度が増すと共に，2 Mbps の通信速度で動画等の情報伝達も可能になってきている。MPU のクロック周波数の変遷についても同様のことがいえる。7,8年前では，10MHz 程度のパソコンで文字情報のインターネットを楽しむのが精々で

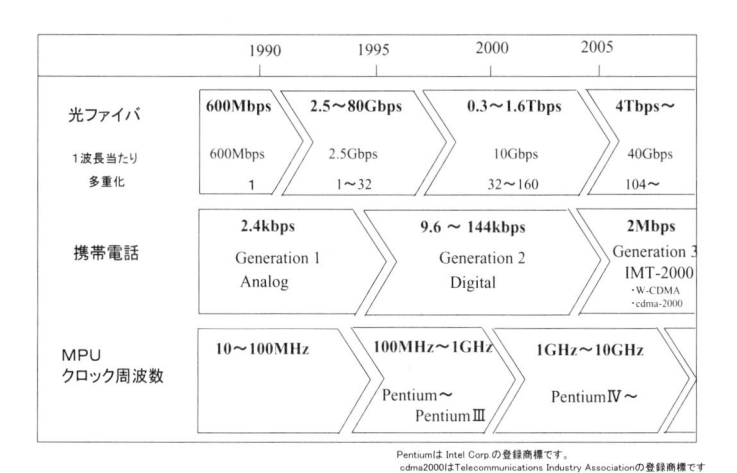

図1 電子部品，電子機器の伝送速度の変遷

---

* Hiroaki Fujiwara 松下電工㈱ 電子材料本部 電子材料 R&D センター 主査技師

あったが，今や1GHz 超える処理速度になり，静止画はもとより動画までもが自由自在に扱えるようになってきている。これには，もちろん通信インフラの進歩が大きく寄与するが，パソコンのデータ処理の進歩の寄与も欠かせないといえる。このように，伝送速度の高速大容量化により，さらに教育，医療，セキュリティ，金融，交通など，様々な場面で我々に利便性をもたらしてくれることが期待される。

3.2 高周波対応基板の開発コンセプトと材料選定

電子機器や電子部品の伝送速度の進歩に対して，プリント配線板材料を提供している筆者らの立場から材料の開発コンセプトについて説明する[5]。

開発コンセプトとして，主に次の2点が挙げられる。1)電気特性の向上　2)導通・絶縁信頼性の向上，の2点である。電気特性の向上として具体的には，①伝送損失の低減　②クロストークの低減，③伝送遅延の低減，④伝送遅延のバラツキ（JITTER）の低減，⑤ノイズの低減等が挙げられる。導通・絶縁信頼性の向上は，①耐熱性の向上，②耐熱衝撃性の向上，③耐CAF性の向上等である。

伝送損失，クロストーク，伝送遅延やJITTERを低減するための材料開発のポイントとして，①材料の低誘電率化（low-Dk 化），低誘電正接化（low-Df 化），②光信号の活用を考えている。現時点では，光信号の活用については研究着手段階であるので，今回は low-Dk, low-Df 化に限って報告する。

low-Dk，low-Df 化の為に，極性の小さい分子を樹脂設計に取り入れた。

Clausius-Mosotti の式（式(1)）より，分子構造から誘電率の算出が可能である。

$$\varepsilon = (1 + 2 \times (P_m/V_m))/(1-(P_m/V_m)) \tag{1}$$

P_m：モル分極，　V_m：モル比容

分極が小さく，モル容量の大きい分子構造が適していることがわかる。

具体的には，ポリエチレンやポリプロピレン等のオレフィン系熱可塑性樹脂が挙げられるが，積層板は寸法安定性やはんだ処理（260℃）等の耐熱性が必要であるため，これらの樹脂は適さない。また，フッ素系樹脂も多層成形性やめっき性など加工性が悪い。そこで，耐熱性の高い樹脂骨格を有し，且つ架橋密度も高くなるような樹脂設計を行った。図2で各種材料の誘電特性を比較したが，ポリフェニレンエーテル（PPE）樹脂系は，誘電特性，耐熱性，コストのバランスに優れていることがわかる。

導通・絶縁信頼性の向上取り組みにおいて，スルーホール接続信頼性に注目している。近年，情報量の増大に伴い基板が高多層化する傾向にあり，従来材料ではスルーホール導通信頼性が厳

第5章 高周波用材料

図2 各種材料の誘電特性の比較

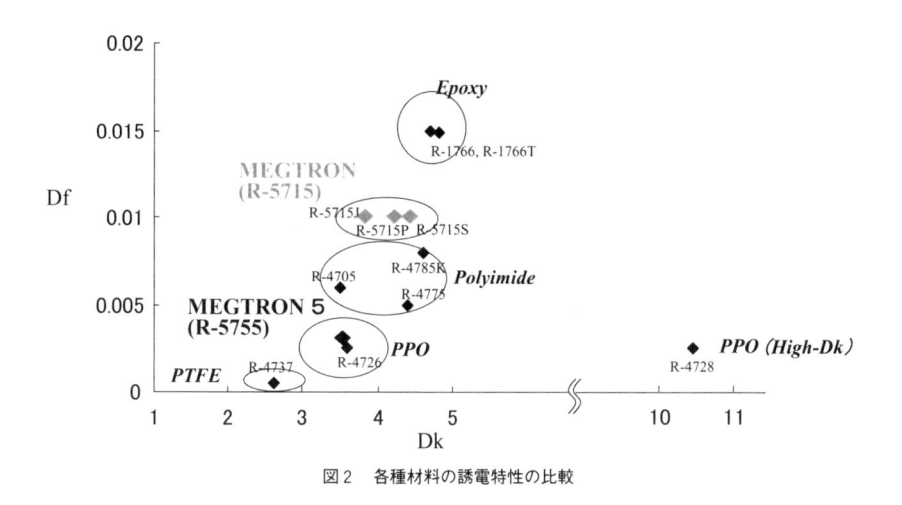

表1 MEGTRON 5とMEGTRON Jの一般性能比較

評価項目	測定条件	単位	処理条件	MEGTRON 5 R-5755	MEGTRONJ R5715-J
体積抵抗		$M\Omega \cdot m$	$C-96/20/65$	5×10^7	5×10^7
		$M\Omega \cdot m$	$+C-96/40/90$	1×10^7	1×10^7
表面抵抗		$M\Omega$	$C-96/20/65$	5×10^8	5×10^8
		$M\Omega$	$+C-96/40/90$	1×10^8	1×10^8
絶縁抵抗		$M\Omega$	$C-96/20/65$	1×10^8	1×10^8
		$M\Omega$	$+D-2/100$	1×10^8	1×10^7
はんだ耐熱性	260	sec	A	>120	>120
銅箔引剥し強度	$35\mu m$ 箔	kN/m	A	1.2	1.76
T_g	DMA法	℃	A	210	190
熱膨張係数 $\alpha 1$	TMA法	ppm/℃	A	60	65
難燃性	UL法	―	AおよびE-168/70	94V-0	94V-0

しくなってきている。具体的には低熱膨張化材料について報告する。

3.3 高周波対応基板の特性とその評価技術
3.3.1 低誘電率多層板材料（MEGTRON5（R-5755））[1,2,5]

(1) 材料特性

松下電工の従来材料とMEGTRON5の誘電率，誘電正接の比較を図2に示したが，MEGTRON5

はMEGTRONと比較して、誘電率（Dk）が約0.2低下、誘電正接（Df）は半分以下の特性になっていることがわかる。これは特性の点では、フッ素樹脂（PTFE）に近づいている。また、MEGTRON5はPPO系で課題であった①多層成型性（高溶融粘度）、②難燃性が解決されており、画期的な材料である。次に、一般特性をMEGTRONJ（R-5715J）と比較した結果を表1に示す。表1に示すように、ピール強度が少し低くなるが、その他の特性は同程度であることがわかる。

・Dk, Dfの温度特性、周波数特性および吸湿特性

電気特性として、温度・周波数・湿度の変動に対して変化が小さいことも重要である。そこで、Dk, Dfの温度依存性、周波数依存性、吸湿変化についてMEGTRON5とFR-4とを比較した。評価はIPC TM-650 2.5.5.5の方法に準じて2GHzで行った。その結果を図3～5に示す。図3から温度変化はFR-4よりも小さいことがわかる。これは、MEGTRON5がFR-4のように温度変化を受けやすい極性の強い分子鎖をあまり持たないからであると考えられる。図4から周波数変化

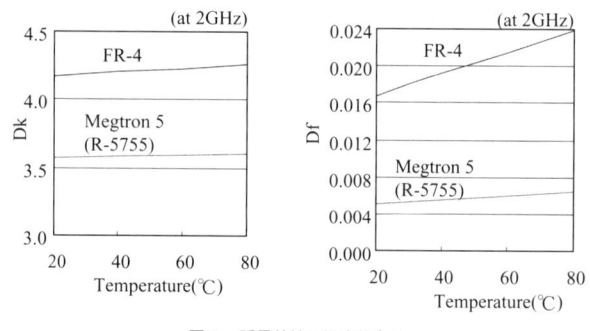

図3 誘電特性の温度依存性

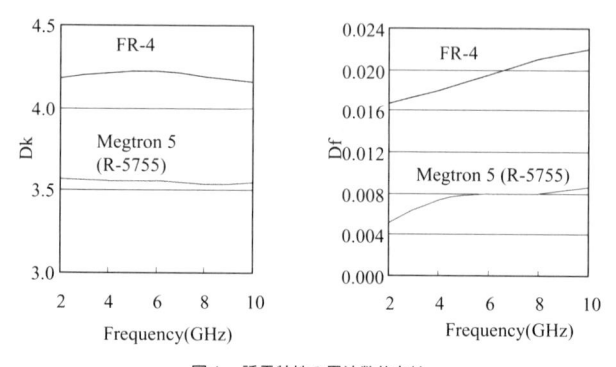

図4 誘電特性の周波数依存性

第5章 高周波用材料

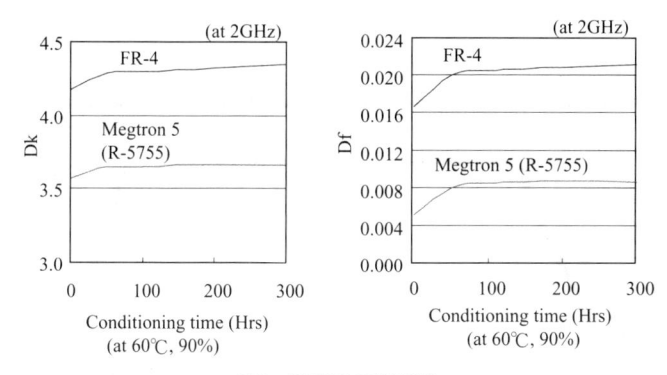

図5 誘電特性の吸湿変化

についても FR-4 より小さいことがわかる。これは、FR-4においては、配向分極をしている分子鎖がこれらの周波数帯域では、電位の変化に追随できずに遅れを生じるからであると考えられる。図5から吸湿による変化量は FR-4 と同程度であるが、絶対値は吸湿後も低いレベルであることがわかる。以上のことから MEGTRON5 は、電気特性的に従来材料に比べて極めて優位性の高い材料であることがわかる。

(2) 多層成型性

次にプリント回路板を作製するために必要な多層成型性について述べる。図6に示すように、成型温度は200℃、成型圧力は30kg/cm^2 と一般的なプレス条件で成型が可能である。真空は加温スタートから30分間とした。これは、MEGTRON5の樹脂に含まれる低分子量の反応性分子が反応前に揮発するのを防ぐためである。トータル厚みが3.2mmの22層プリント回路板 (PCB) を作製して、煮沸はんだ試験 (煮沸2時間後、はんだ260℃、20秒ディップ) を実施した。その断面観察結果を図7に示す。この図に示すように、膨れやボイドなどの外観不良は観察されず、MEGTRON5は多層成型性についても問題ないことがわかる。

(3) 信頼性

上記の結果から電気特性が従来材料よりも優れていることが確認されたが、次に PCB 材料としてのもう一つの重要な特性である信頼性について評価した結果を示す。

耐CAF性評価には、板厚0.8mmの両面板PCBを使用した。スルーホール壁間隔0.4mmの一対のスルーホールが25対並ぶ回路パターンを形成し、ガラスクロスの縦方向、横方向それぞれ $n=4$ で評価した。評価は槽内連続のHAST (110℃、85%、50V) 条件で実施した。その結果を図8に示す。HAST100Hr で THB (85℃、85%、50V) の1,000Hr レベルと言われているが、この材料は HAST300Hr でも絶縁劣化はなく耐CAF性の優れた材料であることがわかる。

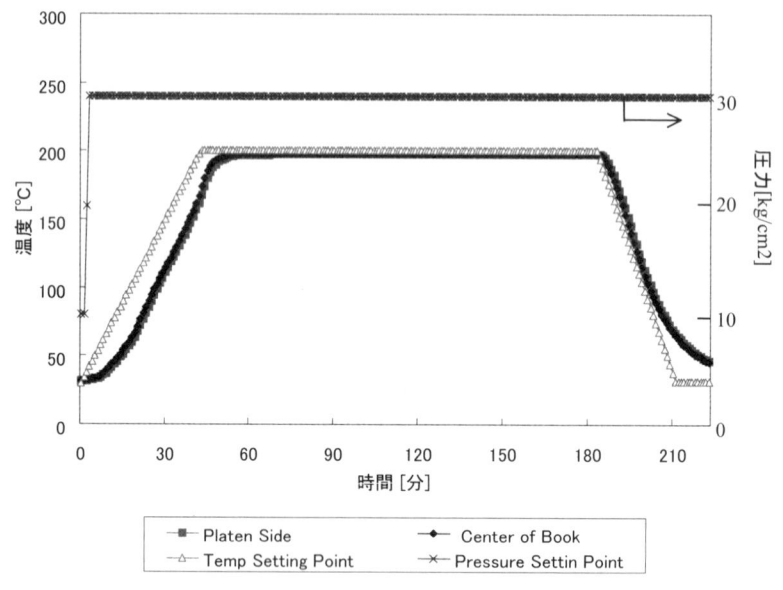

エレクトロニクス実装用高機能性基板材料

図6 成型設定条件および成型時の材料温度

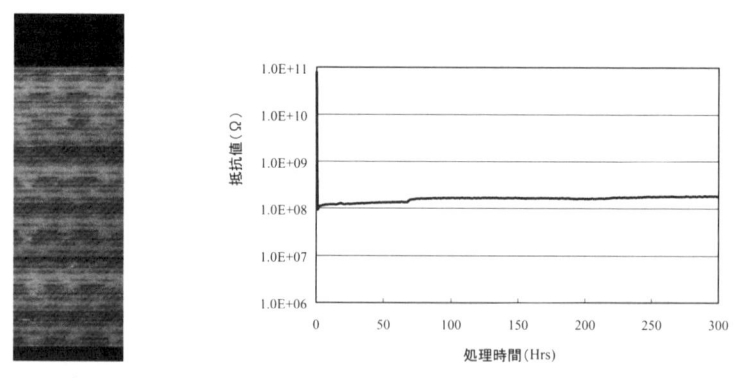

図7 煮沸はんだ耐熱評価後の断面写真　　図8 耐CAF性の評価結果（110℃/85%/50V）

T/C信頼性を評価するために3.0mm厚さのPCBを作製し、穴径0.6mmϕ、ピッチ2.54mmのスルーホール400穴のデイジーチェーンにより$n=18$で評価した。温度サイクル条件は、−65℃、30min⇔125℃、30minで行った。300サイクルまで抵抗率の変化はなく、T/C信頼性も高い材料であることがわかる。

第5章 高周波用材料

最近は，無鉛はんだが主流となり，従来の鉛はんだと比べてリフロー温度が高くなっている。高熱時の揮発ガス発生による導体のはく離やクラックの問題を防止するためには熱分解温度の高い材料が求められるため，熱分解温度の評価を行った。評価には，0.1mm厚さの全面Cu箔をエッチングした材料を用い，TGAにより5℃/minの昇温速度で重量減を測定した。図9に示すように，5％重量減の温度は378℃と一般FR-4の310℃と比較して，非常に高い材料であることがわかる。

(4) 伝送特性評価

まず，主要特性である伝送損失評価について説明する。評価には図10に示す3層板プリント配線板を用い，ネットワークアナライザで伝送損失を評価した。図11に各種材料の伝送損失を比較した図を示す。図に示すように，MEGTRON5（R-5755）の伝送損失は，フッ素樹脂（PTFE）基板には若干及ばないものの，松下電工のFR-4（R-1766）や低誘電率FR-4（Megtron（R-5715J）と比べて，かなり改善されていることがわかる。

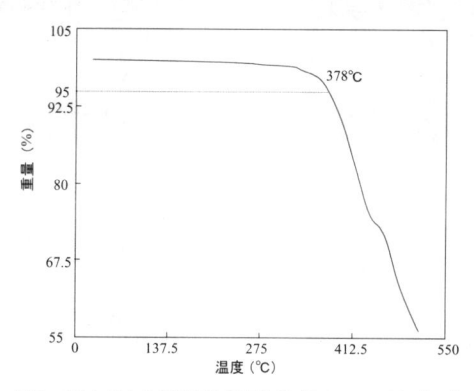

図9 TGAによる重量変化測定結果（0.1mmt，5℃/min）

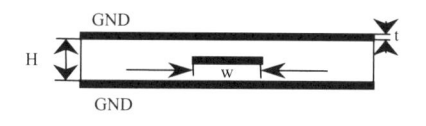

ライン長:1m
ライン幅:W=約100μm
Cu箔厚み:t=35μm
絶縁層厚み:H=0.30mm
インピーダンス:50Ω

図10 評価基板の構成

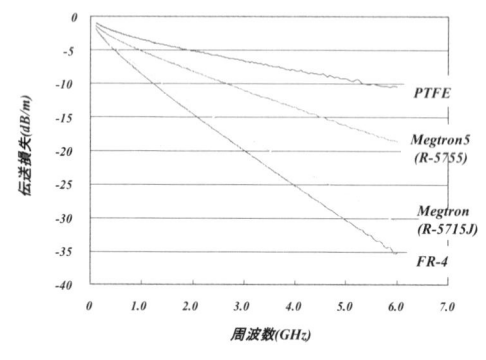

エレクトロニクス実装用高機能性基板材料

図11 伝送損失の評価結果

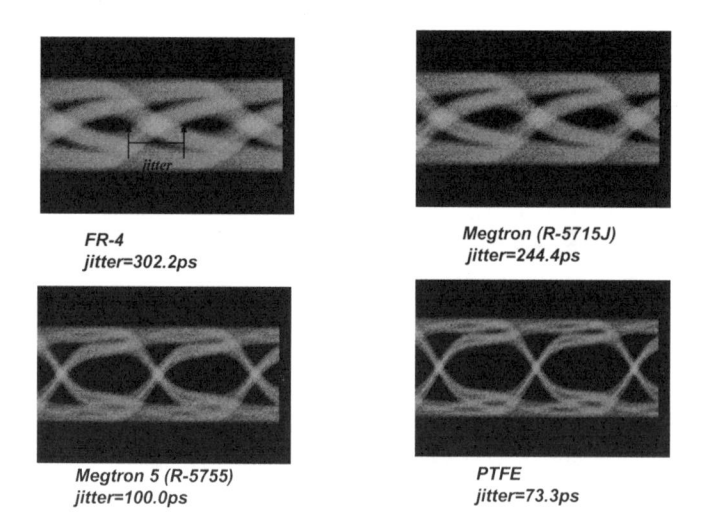

図12 アイパターンによる評価結果（at 2.5Gbps）

　例えば，伝送損失が－6 dB/m（信号が1/2まで減衰）となる周波数まで電子機器の使用が可能とすれば，FR-4（R-1766）やMEGTRONでは600MHzまでしか使用できないが，MEGTRON5では1.5GHzまで使用可能であることがわかる。
　次にアイパターン評価について説明する。パルスをランダムに発生させて評価する方法であるので，実際の使用場面に近い評価であり，お客様のデータと擦り併せをする上で重要な評価である。評価基板としては，伝送損失の評価と同じ図10に示す3層プリント配線板を用いる。パルス

第 5 章　高周波用材料

ジェネレータを用いてパルス波をランダムに発生させ，その信号を評価基板中に入力し，OUT 側の信号をオシロスコープでモニタリングする方法である。この評価の一例として，2.5Gbps (1.25GHz) のパルス波を用いて評価した結果を図12に示す。縦軸は OUT 側の信号電圧で，横軸が伝送時間である。伝送時間は 1 パルス (800ps) ごとに重ね合せて表示するようにした。図に見られるように，FR-4では，OUT 側の信号電圧の低下が大きく（目開き15％），JITTER も大きい (302ps) ことがわかる。これは，伝送ロスが大きいことと，信号の立ち上がりが周波数によってバラツクことによる。例えば，FR-4基板においても ON 信号が続く場合や OFF 信号が続く場合は，周波数の遅い信号が流れているのと同じであるので，伝送ロスが大きくなることや信号の立上がりや立下がりが遅くなることは少ない。しかし，ON-OFF が2.5Gbpsの周期で繰り返される場合には，伝送ロスも大きくなるし，信号の立上がり立下がりも遅くなるからである。一方，MEGTRON5 (R-5755) においては，ON-OFF が2.5Gbps の周期で繰り返される場合でも，伝送ロスも大きくないし，信号の立ち上がり立下がりも遅くなり難いので，伝送遅延のバラツキも FR-4 の約1/3 (100ps) と小さく，信号電圧の低下も小さいこと（目開き40％）がわかる。そのレベルは，フッ素樹脂基板に迫るものであることがわかる。

次に，ビット・エラーテストについて説明する。ビットエラーテストはビットエラーテスターを用いた評価である。IN 側からランダムにパルス波を入力し，OUT 側で誤った信号の発生率を評価する手法である。評価基板は，他と同様に図 1 に示す基板を用いた。評価結果を図13に示す。この図は，しきい値を60％としたときのエラー発生率を示したものである。この評価結果は，当然のことながら，アイパターンの評価結果と一致する。つまり，2.5Gbps のアイパターンの評価において，MEGTRON5基板の場合，目開きは電圧で30～70％の領域であったので，しきい値を60％とした場合では，殆どエラーは発生しない。一方，FR-4の場合では，目開きは電圧で42～58％であったので，しきい値を60％に設定するとエラーが発生しやすいことがわかる。

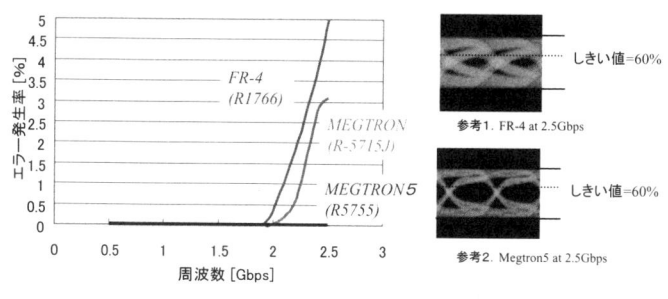

図13　ビットエラーテスト結果（しきい値＝60％ (2.0V/3.3V)）

エレクトロニクス実装用高機能性基板材料

3.3.2 低熱膨張タイプ低誘電率多層板材料[6]
(1) 基本特性

最初に銅張り積層板としての基本特性を既に上市済みの低誘電率材料「MEGTRON5」と比較した結果を表2に示す。表2に示すように，開発品はMEGTRON5に比べて，熱膨張係数は，約3/4になっていることがわかる。これは低熱膨張性無機フィラーを添加したことによる。また誘電正接(Df)も約1/2になっていることがわかる。これは，極性基の少ない材料の比率を高めたことによる。

それ以外の特性についても開発品はMEGTRON5同等以上であることがわかる。

表2 開発品と「MEGTRON 5」との一般性能比較

評価項目	測定条件	単位	処理条件	低熱膨張タイプ 開発品	MEGTRON 5 R-5755
体積抵抗		Ω・m	C −96/20/65	2.0×10^{16}	1.6×10^{16}
		Ω・m	+ C −96/40/90	1.0×10^{16}	4.7×10^{15}
表面抵抗		Ω	C −96/20/65	7.9×10^{13}	4.7×10^{13}
		Ω	+ C −96/40/90	8.9×10^{12}	8.2×10^{12}
絶縁抵抗		Ω	C −96/20/65	4.0×10^{14}	2.3×10^{14}
		Ω	+ D −2/100	3.1×10^{13}	2.9×10^{13}
Dk	1 GHz	−	A	3.65	3.60
Df	(IPC TM-650 2.5.5.9)	−	A	0.002	0.004
はんだ耐熱性	260	sec	A	>120	>120
銅箔引剥し強度	35μm 箔	kN/m	A	1.4	1.2
T_g	DMA法	℃	A	210	210
熱膨張係数 $\alpha 1$	TMA法	ppm/℃	A	47	60
吸水率		%	E −24/50+D −24/23	0.20	0.36
難燃性	UL法	−	AおよびE −168/70	94V −0	94V −0

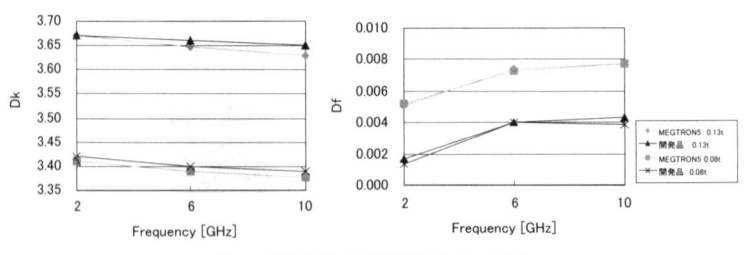

図14 誘電特性の周波数依存性 (at 20℃)

第5章　高周波用材料

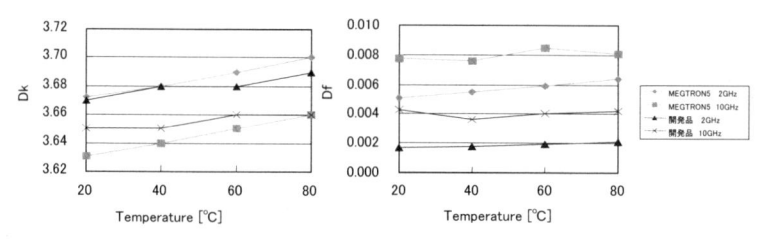

図15　誘電特性の温度依存性（0.13t）

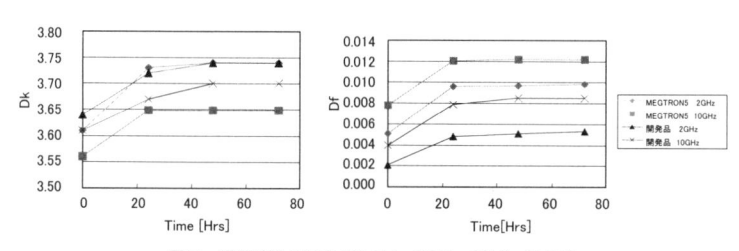

図16　誘電特性の湿度ドリフト（85℃, 85%）（0.13t）

(2) **誘電特性**

次に，主要特性である誘電特性について開発品とMEGTRON5とを比較した結果を図14～16に示す。図14に示すように，比誘電率(Dk)については，開発品の方がMEGTRON5より少し周波数に対して変化が小さい程度で，両者に大きな差異はない。しかしながら，Dfに関しては，各周波数とも開発品はMEGTRON5の約1/2と非常に良好な結果になっている。また図15に示すように，開発品はMEGTRON5に比較して温度依存性も小さいことがわかる。これらは，開発品の方が，極性基の量が少なくなっているからであると考えられる。図16に示すように，Dk，Dfの湿度ドリフトはMEGTRON5と同レベルであることがわかる。

(3) **信頼性評価**

・スルーホール信頼性評価

トータル厚みが2.0mmtの両面板を作製し，穴径0.3mmφのスルーホール160穴のデイジーチェーンを用いて評価した。−65℃30分⇔125℃30分の冷熱サイクル試験を実施した結果を図17に示す。図17に示すように，MEGTRON5が500サイクル付近から抵抗値が増加するのに対して，開発品では1,200サイクルでも変化がないことがわかり，熱膨張係数を低減させることは，スルーホール信頼性の向上に有用であることがわかる。

・耐CAF性評価

0.8mmtの両面板に0.25mmφ，壁間0.4mmのスルーホールが縦方向50穴，横方向50穴，計100

151

エレクトロニクス実装用高機能性基板材料

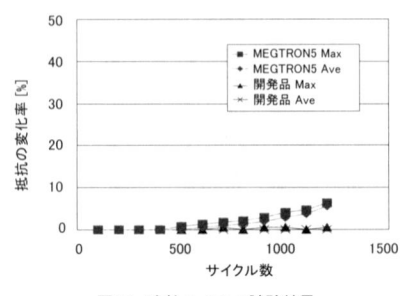

図17 冷熱サイクル試験結果

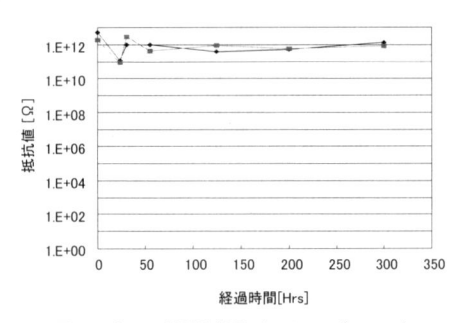

図18 耐CAF性試験結果（110℃, 85%, 50V）

穴並列に並ぶ評価パターンを用いて評価した。HAST（110℃, 85%, 50V）条件で300時間まで評価を行った結果を図18に示すが、抵抗劣化は発生せず耐CAF性の良い材料であることがわかる。

3.4 おわりに

筆者らは、高速伝送用の多層板材料を開発してきた。Dk, Df が従来の材料に比べて低く、伝送ロスやジッタが小さく、高速伝送用の電子機器のPCBに適する材料であることがわかる。プリント配線板として使用する場合、さらに信頼性や加工性も考慮して材料開発する必要がある。

今後、低誘電率化や軽薄短小、高多層化による信頼性向上、加工性の改善など更なる要求に応えていき、今後の情報化社会の発展に寄与していきたいと考えている。

第5章 高周波用材料

文　献

1) 古森清孝, 渡辺達也, 松下幸生：低誘電率多層板材料「MEGTRON5」, 松下電工技報　10月号, Vol. 52, p. 23-27 (2003)
2) 古森清孝, 渡辺達也, 松下幸生：高速伝送用プリント配線板材料の開発と品質評価技術, 電子材料, Vol. 41, No. 10, p. 2-5 (2002)
3) 菱沼千明：手にとるように通信のことがわかる本, かんき出版 (2001)
4) 松本輝恵：逆風下の光通信業界, 新市場「メトロ」にまっしぐら, 日経エレクトロニクス, No. 794, p. 61-68 (2001)
5) 古森清孝, 渡辺達也, 小泉健, 松下幸生：「最新ビルドアップ配線板技術と今後の方向」, p. 107-119 (2002)
6) 古森清孝, 渡辺達也, 橋本昌二, 井上博晴, 藤原弘明：低損失・低熱膨張多層プリント配線板材料, エレクトロニクス実装学会予稿集, p. 93-94 (2004)

第6章 低熱膨張性材料
一基板材料としての LCP フィルム

吉川淳夫*

1 はじめに

　熱可塑性液晶ポリマー（LCP）は，1984年の初上市以来，この20年間に高機能エンジニアリングプラスチックとして多様な分野に応用されてきた。表1に現在製品化されている液晶ポリマー成形品の適用分野とその製品例を示す。活用されているLCPの特長は，製品形態ごとに異なり，繊維では高強度・高弾性率など，射出成形品では高耐熱・高寸法安定性・高流動性などであるのに対して，フィルムに代表される2次元形態の製品では優れた高周波電気特性・低吸湿性・高寸法安定性などの特長も重要視されており，エレクトロニクス分野への応用展開が本格化している。
　その背景には，携帯電話，デジタルビデオカメラ，デジタルカメラ，PDA（Personal Digital

表1 液晶ポリマー成形品の形態による分類

形態分類		適用分野	製品例	主な活用特性
1次元	繊維	産業資材	ロープ，魚網，テンションメンバー	・高強度，高弾性率
		スポーツ用品	ラケット，シャフト，スキー板	・低吸湿性
2次元	不織布	エレクトロニクス	配線板，絶縁不織布	・高耐熱性
	ペーパー	エレクトロニクス	配線板，絶縁紙	・熱可塑性
		装置	クラッチ板，ハニカムコア	・低吸湿性
	フィルム	エレクトロニクス	配線板，センサ，絶縁フィルム	・高寸法安定性
		音響	スピーカコーン，平面スピーカ	・(高周波)電気特性
3次元	射出成形品	エレクトロニクス	ソケット，コネクタ	・高寸法安定性
		自動車	センサ部品	・高流動性
		OA・カメラ	コイルボビン	・高耐熱性
		音響	ピックアップ	・高強度，高弾性率
		光ファイバー	カプラ	・薬品耐性
		装置・医療	ポンプ部品，トレイ	・低反り性

---

*　Tadao Yoshikawa　㈱クラレ　機能材料事業部　電材事業推進部　材料開発グループ
　　グループリーダー

第6章　低熱膨張性材料－基板材料としてのLCPフィルム

表2　配線板および基板材料への要求特性

配線板 → 基板材料

- 高密度配線 → 高耐熱性（高温ソルダリング）
- 高接続信頼性 → 高寸法安定性（CTE整合性, 低吸湿性）
- 高伝送速度 → 高周波域での高電気特性（低ε, 低$\tan\delta$）
- 低伝送損失
- 高生産性 → ノンハロゲン
- 高環境適応性 → リサイクル性

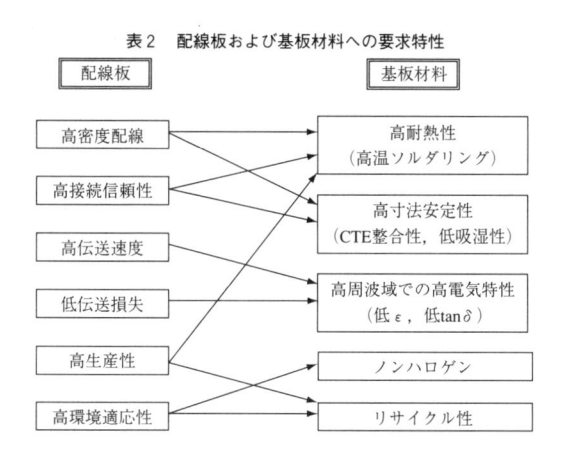

表3[1]　実装材料技術ロードマップーパッケージ用配線板基板材料特性

西暦（年）	1998	2005	2010
パッケージピン数	600～700	1,200～1,500	2,000～2,500
実装形態	BGA	BGA, CSP	CSP, ベアチップ
(1) T_g (TMA)（℃）	160～180	180～200	200～220
(2) α (ppm/℃)	14～15	8～10	6～8
(3) 誘電率（1MHz）	4.4～4.6	3.0～3.5	3.0>
(4) 誘電正接×10^{-4}（1MHz）	200～250	100～130	50>
(5) 導電厚み（μm）	12, 18	9	5
(6) 絶縁層厚み（μm）	50～60	40～50	30～40
(7) ピール強度（kN/m）	1.0～1.2	1.0～1.2	1.0～1.2
(8) ビア径（$\phi\mu$m）	100～150	60～80	25～50
(9) レジスト解像度（μm）	16～65	6～35	5～30
樹脂材料	BT樹脂		
	高性能（高T_g, 低ε）エポキシ樹脂		
	高性能エンプラ系樹脂（液晶ポリマー, PPE系, ポリイミド, オレフィン系）		
関連材料技術	ポリマーアロイ；IPN；複合化		
	分子配向技術　分子設計技術　超分子化		
	高次構造解析技術		

エレクトロニクス実装用高機能性基板材料

表4[1]　実装材料技術ロードマップ－表面実装用配線板基板材料特性

西暦（年）	1998	2005	2010
(1) T_g (TMA)（℃）	120～130	140～160	160～180
(2) α (ppm/℃)	14～15	12～13	10～12
(3)誘電率（1MHz）	4.4～4.6	3.5～4.0	3.5＞
(4)誘電正接×10^{-4}（1MHz）	200～250	130～150	100＞
(5)銅箔厚み（μm）	12, 18	12, 18	12, 18
(6)絶縁層厚み（μm）	60～100	60～100	40～60
(7)ピール強度（kN/m）	1.0～1.2	1.0～1.2	1.0～1.2
(8)ビア径（$\phi\mu$m）	150～250	100～150	80～100
(9)レジスト解像度（μm）	50～100	30～70	25～50
(10)難燃性	V-0	V-0	V-0
樹脂材料	エポキシ樹脂（FR-4）　→　高性能（高 T_g, 低 α）エポキシ樹脂／ハロゲンフリーエポキシ樹脂／BT樹脂, 付加型ポリイミド／熱可塑性樹脂		
難燃材	ブロム系エポキシ樹脂／リン系, N系難燃材／非ハロゲン, 非リン系難燃材		

Assistant：携帯情報端末）などのIT関連商品において，その小型・薄型・軽量化や環境への対応のみならず，取り扱う情報の大容量・高速化の要求が急速に進展している状況が潜んでいる。そして，これらIT関連商品への要求は取りも直さず，表2に示すように，商品に組み込まれる配線板とその基板材料に対する新たな要求課題となっている。

要求特性の具体例として，表3および表4に，パッケージ用配線板および表面実装用配線板ならびにそれらの基板材料が2010年までに求められる特性値のロードマップ[1]を示す。この中で基板材料に要求されている具体的特性（キーワード）は，「高耐熱性（高 T_g）」，「高寸法安定性（低熱膨張係数，熱膨張係数の整合性）」，「高電気特性（低誘電率，低誘電正接）」，「高環境適応性（ノンハロゲン，リサイクル性）」である。なかでも，樹脂材料としてのLCPは，既にその優れたポテンシャルを充分に認知されており，期待の大きさのほどを窺い知ることができる。

本稿では，これらのキーワードに焦点を当て，当社のLCPフィルム（商品名「ベクスター」）の特長を解説するとともに，配線基板材料としての代表的用途と性能について紹介する。

第6章 低熱膨張性材料－基板材料としてのLCPフィルム

2 ベクスターの製品ラインナップ

　優れた諸物性を有するLCPは，従来からフィルムやシートなど押出成形加工品としての用途に大きな期待が寄せられていたが，成形加工時の樹脂流れ方向（MD）に垂直な方向（TD）の強度が極端に低いなど，熱的性質や機械的性質の著しい異方性がその応用展開を阻害していた。これら異方性の発生は，剛直性の高い棒状分子からなるLCPが，溶融時に分子の絡み合いが少なく，わずかな剪断応力を受けるだけで容易に一方向に配向する特性に原因している。この異方性の解消に向けてさまざまなフィルム成形加工技術が検討されてきたが，実用レベルでの課題解決には

表5　ベクスターの基本特性

特 性 項 目	基 本 物 性
吸水率	0.04%
吸湿寸法変化率	4 ppm/%RH
ハンダ耐熱性	260 ～ 315 (335) ℃×60sec
熱可塑性	接着剤レス積層，（リサイクル性）
熱膨張係数	$-10～+20$ (+60) ppm/℃ で調整可能
高周波特性	$\varepsilon=2.9$，$\tan\delta=0.0022$ @25GHz
難燃性	難燃剤を含まずにUL94 VTM-0

表6　ベクスターのラインナップと代表特性

項 目	単 位	評価方法	ベクスター（厚み50μm）					
			FA	OC	OCL	CTS	CT	CTV
引張強度	Mpa	ASTM D882	382/294	323/215	313/225	245/147	294/176	284/176
破断伸度	%		16/14	24/26	34/32	20/20	40/37	30/29
引張弾性率	GPa		9/7	4/4	5/4	3/3	3/3	4/3
端裂強度	kgf	JIS C2318	4/4	8/16	9/12	9/7	15/13	18/16
熱膨張係数	ppm/℃	TMA法	$-8/-3$	7/9	$-6/-2$	17/17	17/17	17/18
融点	℃	DSC法	288	311	310	295	311	327
熱変形温度	℃	TMA法	275/270	295/301	299/300	293/290	297/297	325/323
ハンダ耐熱	℃	JIS C5013	260	315	315	300	315	335
加熱寸法変化率	%	150℃，30分	<0.05	<0.05	<0.05	<0.05	<0.05	<0.05
		200℃，30分	−	<0.05	<0.05	<0.05	<0.05	<0.05
難燃性	−	UL94	VTM-0					
熱伝導率	W/m℃	熱線プローブ法	0.7					

（CTV：開発品）

至っていなかった。当社では，精密インフレーション法によるフィルム化と精密熱処理に係わる要素技術を高度に融合することにより，実質的に等方性のLCPフィルム「ベクスター」を世界に先駆けて上市した。

ベクスターの基本特性を総括すると表5に示すとおりであり，ますます高度化・高機能化する配線板および基板材料への要求特性を広く満足するものであることが分かる。

ベクスターのラインナップには，表6に示すように，原料LCPの性質を保持したままフィルム化したタイプ [FA] と，熱処理技術により熱膨張係数と耐熱性（熱変形温度，ハンダ耐熱）とを独立に制御したタイプ [OC, OCL, CTS, CT] とがある。また，現在の厚み仕様は，それぞれのタイプについて25μm，50μm，100μmの3種類が設定されており，用途に応じた幅広い選択が可能である。

3　ベクスターの特長

3.1　高寸法安定性（低熱膨張係数，熱膨張係数の整合性）

ベクスターを構成するLCPは，図1に例示する分子コンフォメーションを有しており，非常に剛直で，直線性が高く，密に配向し易い。図2にTダイ成形したLCPフィルムおよびベクスターの表面を化学エッチングした後の電子顕微鏡（SEM）写真を示す。いずれのフィルムにも高度に配向した領域が縞状の微細構造として観察され，この縞の幅はLCP分子の長さである0.15μmにほぼ相当する。ここで，LCP分子がより高度に配向しやすいTダイフィルムでは，その微細構造の向きが比較的揃っており，縞が製膜方向に対してほぼ直角である（異方性である）のに対

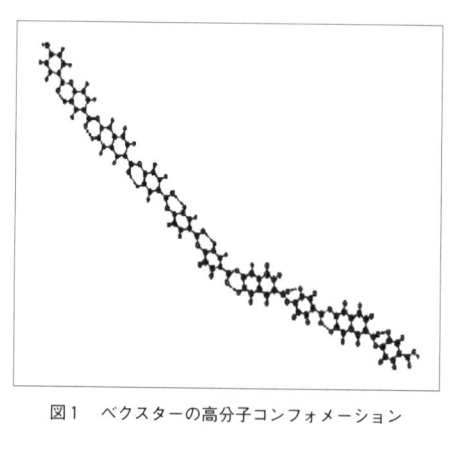

図1　ベクスターの高分子コンフォメーション

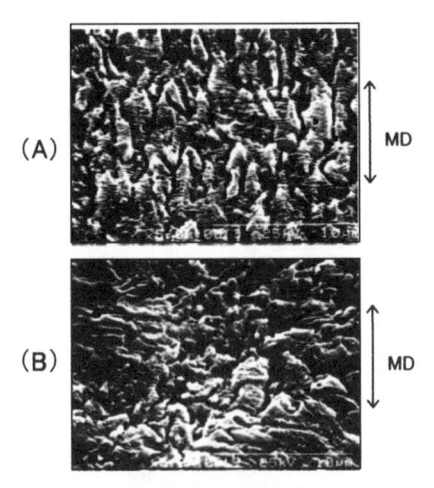

第6章　低熱膨張性材料－基板材料としての LCP フィルム

図2　LCP フィルム表面の SEM 写真（モノエチルアミン処理後）
(A) T ダイフィルム，(B)ベクスター

して，ベクスターでは微細構造の向きがランダムであることから，より等方性であることが分かる。

また，同様の電子顕微鏡解析の結果，ベクスターには，表7に示す模式図（表中の添え字 P，V は，それぞれ微細構造の分子配向方向とその垂直方向を示す）のように，エッチングの程度によって明瞭に3段階に区別される微細構造（スメクチック，ネマチック，ランダム）の存在が認められ，それぞれの微細構造に固有の熱膨張係数を有することが判明している[2]。有機系エレクトロニクス部材においては，低熱膨張係数を実現するために少なからず無機フィラーを含有することになるが，ベクスターの各タイプは，無機フィラーを一切含有することなく，適切な熱処理によってこれら微細構造の存在比率を制御することでフィルム全体の熱膨張係数（CTE）を決定しており，$-10 \sim +20$（条件によっては$+60$）ppm/℃の広範囲の CTE 設定が可能である。

具体的には，マイナスの CTE をもつ FA タイプは，エポキシ系接着剤など比較的大きなプラスの CTE をもつ材料との複合化により，見かけの CTE を低減する効果を有する。また，ベクスターの CTE は，適切な熱エネルギーを与えることにより，プラスに転じさせることができるので，金属などの被着体と積層する際には，その被着体の CTE とマッチングさせることにより積層体の寸法安定性を向上することができる。すなわち，図3に例示するように，FA タイプのベクスターと銅箔（CTE ＝18ppm/℃）とを，接着剤を介さずに，温度条件のみを変化させて熱圧着した銅張積層板（CCL）では，銅箔エッチングアウト後のベクスターの CTE が18ppm/℃のときに，

表7[2)] 微細構造

微細構造	模式図	熱膨張係数 (ppm／℃)
スメクティック (S)		$\beta_{SP} = -227$ $\beta_{SV} = +124$
ネマティック (N)		$\beta_{NP} = -48$ $\beta_{NV} = +25$
ランダム (R)		$\beta_R = +171$

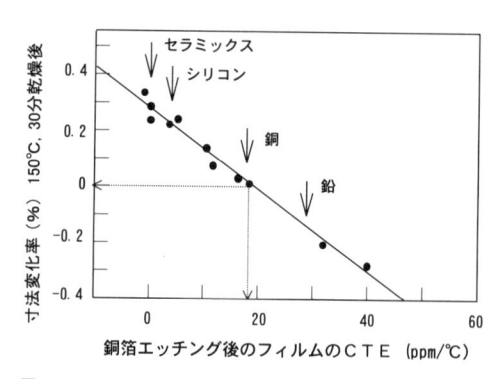

図3 ベクスターを用いたCCLの寸法変化率とフイルムのCTE

寸法変化率ゼロが実現できる。また，OCタイプおよびCTタイプのCTEは予めそれぞれシリコンおよび銅箔のCTE近傍に設定されているので，接着性のみを考慮した積層温度を設定すればよく，得られた積層体は寸法安定性に優れ，熱収縮による応力歪が発生し難いという特長を有する。

一方，厚さ方向の微細構造の一例として透過型電子顕微鏡（TEM）写真を図4に示す。平面(X-Y)方向のCTEが増加するにつれて，厚さ(Z)方向の微細構造は不明瞭になる様子が観察される。Z方向のCTEは，現在その詳細を評価中であるが，原料LCPの体積膨張係数が約90ppm/℃

第6章 低熱膨張性材料－基板材料としてのLCPフィルム

であることから，X-Y方向のCTEを増加させるとZ方向のCTEが減少し，逆にX-Y方向のCTEを減少させるとZ方向は増加するものと推察される。

また，以上に述べた低熱膨張係数や熱膨張係数の整合性に加えて，基板材料に求められる寸法安定性の評価項目として，回路加工工程ごとの寸法変化率を図5に例示する。ベクスターの寸法変化率は，いずれの工程においても，その中心（平均）値がほぼゼロ，バラツキ（±3σ）が±0.02％程度である。これらの値は，高密度配線グレードのポリイミドのバラツキより小さく良好であり，またガラスクロスで補強されたエポキシ系基板（FR-4）と同程度であることから，ベクスターが実用的に充分な高寸法安定性を有する基板材料であるといえる。

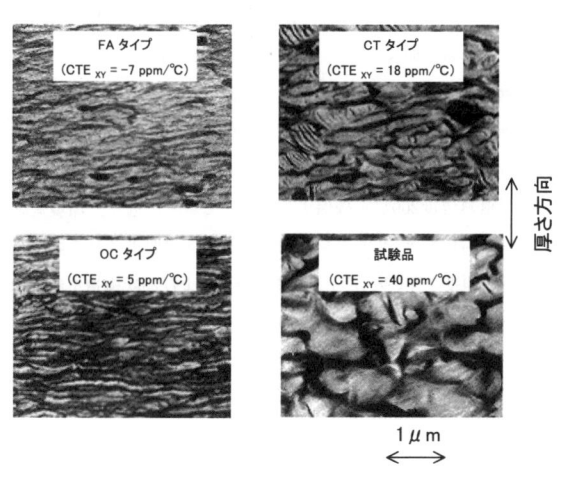

図4 ベクスター各種タイプの断面TEM写真

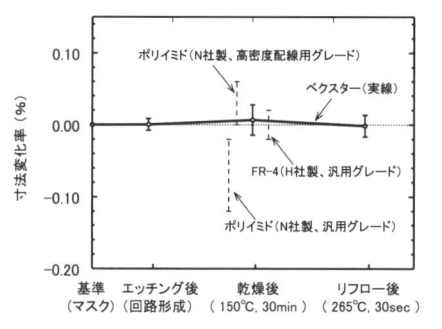

図5 ベクスターおよび他基板材料の工程寸法安定性

161

3.2 高耐熱性

熱可塑性樹脂であるLCPの耐熱性の指標としては，熱硬化性樹脂に用いられるガラス転移温度（T_g）よりも，熱変形温度や融点またはハンダ耐熱温度を用いる方が実用的である。LCPの熱変形温度（荷重たわみ温度）と分子構造による区分は，表8に示すように，I型（250～350℃），II型（180～250℃），III型（60～180℃）に大別されるが，最近ではその区分が不明瞭になりつつある。また，図6[3)]に熱変形温度と連続使用温度（UL746）を指標として，LCPの耐熱性を他種材料と比較して示す。

I型LCPの耐熱性はエレクトロニクス分野で実績のあるポリイミド（PI）に匹敵する。しかしこのことは，I型LCPのフィルム成形加工や二次加工プロセスにおいて350～400℃程度の高温が必要になることを意味しており，従来の一般的な成形加工機では対応できない場合がある。

一方，当社ベクスターの原料樹脂であるp-ヒドロキシ安息香酸（HBA）と6-ヒドロキシ-2-ナフトエ酸（HNA）の重縮合物が属するII型LCPの耐熱性は，ガラス繊維入り汎用エンジニアリングプラスチックと同等またはそれ以上である。したがって，多くのII型LCPの成形加工温度は300℃以下であり，比較的汎用の成形加工機で加工できると同時に，エレクトロニクス材料として最低限必要なハンダ耐熱温度260℃を確保することができる。近年，環境適応性を改善した高融点鉛フリーハンダへの対応など，300℃を越すハンダ耐熱が要求される場合もあるが，当社ベクスターには，分子鎖の伸長を伴いながらドメイン構造および高次構造を制御する高度な熱処理によってその耐熱性を高めた銘柄もラインナップされているので，二次加工プロセス温度についての自由度は大きい。

表8 LCPの型分類

分類	熱変形温度（目安）	分子構造例
I型	250～350℃	
II型	180～250℃	
III型	60～180℃	

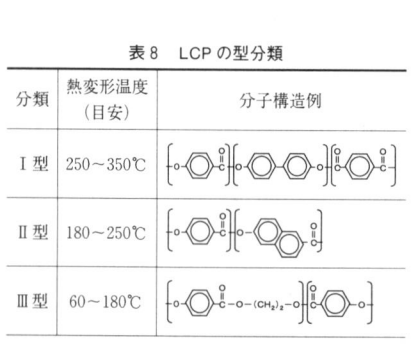

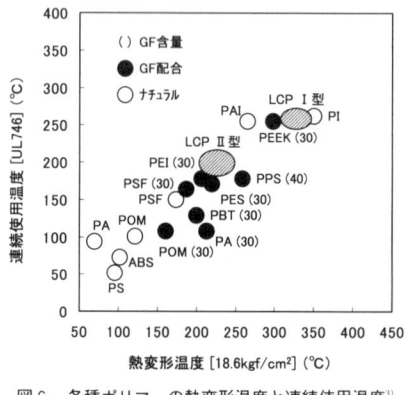

図6 各種ポリマーの熱変形温度と連続使用温度[3)]

第6章 低熱膨張性材料－基板材料としての LCP フィルム

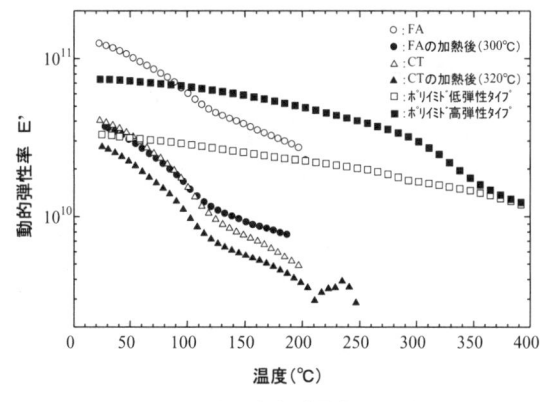

図7 動的弾性率（測定周波数110Hz）

3.3 力学特性

LCP 分子は，成形加工時に剛直な棒状分子鎖が樹脂の流れ方向や延伸方向に配向するため，いわゆる自己補強効果を発現して，高強度・高弾性率の優れた機械的性質を示す。物性の異方性を解消したベクスターにおいても，この特性は維持されており，ドメイン構造が緻密である FA タイプは引張強度および引張弾性率が最も高い。一方，熱膨張係数や耐熱性を調整した他のタイプでは，ドメイン構造の境界が不明瞭になり，引張強度および引張弾性率は低下するが，伸度および端裂強度は FA タイプよりも増大する。なお，ベクスターのラインナップは，一般的なポリイミドフィルムの引張強度および引張弾性率の領域をカバーするが，伸度および端裂強度は低い。

また，ベクスターは熱可塑性であるため力学特性の温度依存性が比較的大きく，室温付近ではポリイミドフィルムと同等であるが，100℃を超える温度領域で大きく低下する。一例として，図7に，接着剤なしで銅箔と熱圧着して作製したフレキシブルプリント配線板のフィルム（基板材料）について測定した動的粘弾性率の温度依存性を示す。熱圧着前に最も緻密なドメイン構造を有する FA タイプは，熱圧着後にドメイン構造の変化が生じて弾性率が低下するのに対して，CT タイプのドメイン構造は熱圧着前後でほとんど変化しないために弾性率の挙動もほぼ同等であるが，その絶対値は高くない。したがって，フリップチップ実装やワイヤーボンディング接続などの加工においては，加圧圧力を低めに設定するなど，熱硬化性の配線基板材料とは異なる条件設定が必要である。

3.4 高周波電気特性

図8に各種樹脂の測定周波数60Hz～1 GHz における誘電率および誘電正接を，また表9にベ

エレクトロニクス実装用高機能性基板材料

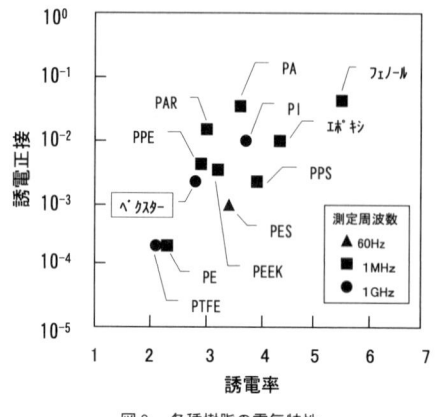

図 8 各種樹脂の電気特性

表 9 ベクスターの電気特性

特 性	単位	測定周波数	評価方法	特性値
誘電率	－	1 KHz	JIS C6481	3.45
		1 MHz		3.01
		1 GHz	トリプレート線路共振器法	2.85
		5 GHz		2.86
		25GHz		2.86
誘電正接	－	1 KHz	JIS C6481	0.0279
		1 MHz		0.0220
		1 GHz	トリプレート線路共振器法	0.0025
		5 GHz		0.0022
		25GHz		0.0022
表面抵抗	10^{13} Ω	－	JIS C6481	13.9
体積抵抗	10^{15} Ω m	－		7.7
絶縁破壊電圧	KV/mm	－	ASTM D149	167

クスターの電気特性を示す。配線基板材料としてのベクスター誘電特性は，特にギガヘルツ帯において，代表的な低誘電率材料であるテフロン（PTFE）に次いで良好であり，高速・大容量通信に適していることが分かる。この特に高周波電気特性に優れた特長は，ベクスターを構成するLCP分子の双極子性が小さいことに加えて，分子が剛直であるので，電場を加えても動きが鈍く，緩和時間が長いことに拠るものである。

第6章 低熱膨張性材料－基板材料としてのLCPフィルム

図9にベクスターの誘電特性の周波数依存性を示す。測定周波数の増大に伴い，双極子の大きさを示すパラメータである誘電率が単調に減少するのに対して，誘電正接には10K〜100KHz付近で大きな誘電緩和域が存在する。これは配向分極の双極子による分子軸まわりの回転運動に対応する緩和である。マイクロ波（3GHz以上）を越えるともはや分子の運動は電界の変化に追従しにくくなり，ミリ波領域（30GHz以上）に至るまで誘電特性の変化はほとんどなく良好な特性を示す。代表的な低誘電率材料であるフッ素樹脂（PTFE）に比較しても，10GHz以上の高周波領域ではほぼ匹敵する特性を持っている。さらにLCPは，ミリ波を越えて誘電緩和域が現れるのは赤外線領域（数万THz）であると考えられるので，この誘電特性は周波数がテラヘルツ付近までほとんど一定であると推定される。

図10に誘電特性の温度依存性を示す。高温になるほどLCP分子の軸方向の回転運動は激しく

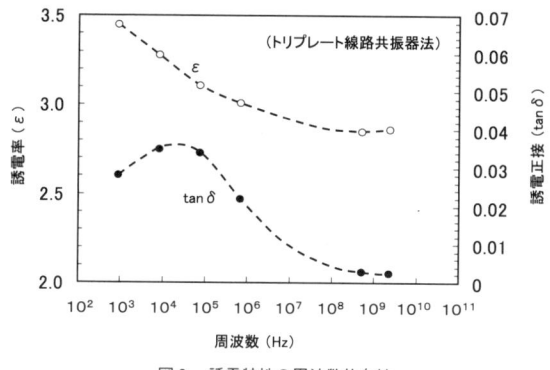

図9 誘電特性の周波数依存性

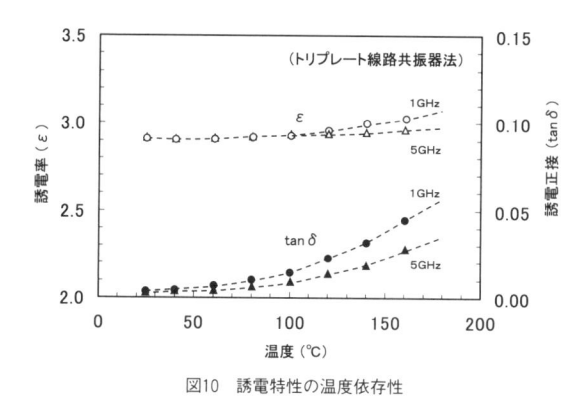

図10 誘電特性の温度依存性

なり，誘電正接の誘電緩和領域は高周波数側へシフトするが，25GHz 程度の高周波領域ではもはや LCP 分子の回転運動は追従せず，温度の影響を受けない。一方，誘電率は分子運動の激しさには無関係であり，温度変化の影響を受けにくく1GHz 以上の周波数に対して一定である。

3.5 低吸湿性・低吸水性・低吸湿寸法変化率

図11にベクスターの吸湿時および吸水時の重量変化を示す。ベクスターを構成する LCP は，そもそも親水性が低い化学構造であることに加えて，上述のとおり緻密なドメイン構造を有するため，吸湿性は0.02％以下と極めて低く，水分をほとんど透過しないことが特長である。また，ポリイミドフィルムの吸水率が一般に1～3％程度であるのに対して，ベクスターの吸水率は0.03％程度と非常に小さい。

これらの低吸湿性および低吸水率に由来する優れた特性の一つとして，図12に示すとおり，ベクスターは極めて優れた吸湿寸法安定性を有している。ベクスターの吸湿膨張率はポリイミドフィルムはもちろんのこと，ガラスクロスで強化された樹脂シートよりも小さく良好であることが分かる。

また同様の理由により，ベクスターの誘電率，誘電正接，表面抵抗率，体積抵抗率および絶縁破壊電圧のいずれの特性値も，加湿雰囲気下においてもほとんど増加することなく安定である。一例として，図13に誘電率および誘電正接の湿度依存性を示す。これらの特性はマイグレーション耐性にも有効であり，ベクスターおよびポリイミドフィルムに銀ペースト配線を形成し，プレッシャークッカーテスト（PCT）で加湿した後のマイグレーション試験において，ポリイミドでは電圧印加24時間後に激しいマイグレーションが観察されたのに対して，ベクスターは192時間後も変化は観察されない。

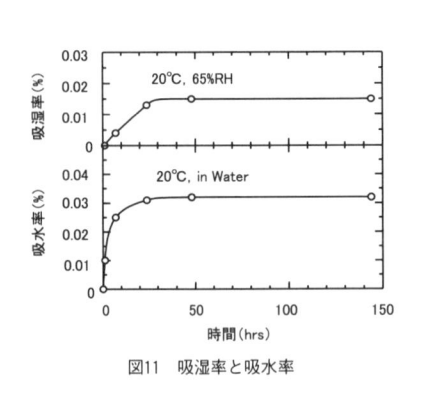

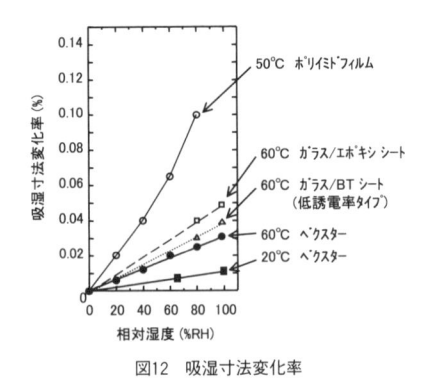

図11 吸湿率と吸水率

図12 吸湿寸法変化率

第6章 低熱膨張性材料－基板材料としてのLCPフィルム

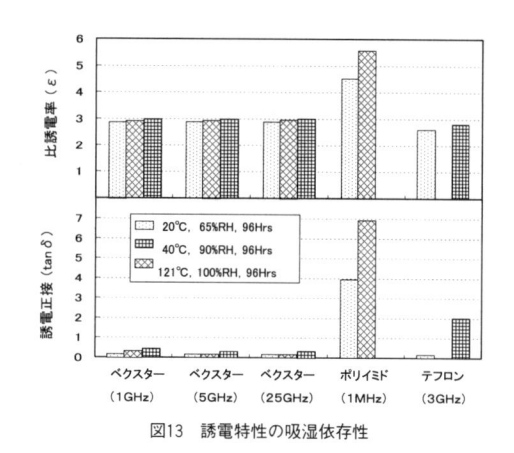

図13 誘電特性の吸湿依存性

表10 耐薬品性

化学薬品	評価方法	力学物性の保持率（％）		
		引張強度	破断伸度	引張弾性率
30％-H_2SO_4	室温浸漬 1ヶ月	88	91	94
10％-H_2SO_4		100	100	98
10％-HCL		100	100	100
10％-NaOH		95	100	97
10％-NH_4OH		84	80	96
トルエン		83	76	99
アセトン		89	92	95
DMF[1]	IPC-FC-231 2.3.2 Method B	100	85	100
IPA[2]		100	100	100
MEK[3]		100	100	100
塩素系溶剤[4]		100	100	100
Sequential Solvent[5]		100	100	100

1) Dimethyl Formamide, 2) iso-Propyl Alcohol, 3) Methyl Ethyl Ketone
4) Methylene Chloride - Trichloroethylene Mixture (50/50vol.%)
5) Methylene Chloride, 2N-NaOH, 2N-H_2SO_4

3.6 耐薬品性

ベクスターは，表10に示すように，ほとんどの化学薬品に対して十分な耐性を備えているので，加工時のプロセス環境や製品の使用環境に対する耐性が高い。ただし，高温のアルカリやグリコール，ハロゲン化芳香族化合物などの化学薬品には一部可溶であるので，目的に応じてフィルム表

エレクトロニクス実装用高機能性基板材料

面の粗化や改質を行うこともできる。

3.7 環境適合性（ノンハロゲン，リサイクル性）

ベクスターを構成する LCP 分子は全芳香族であり，原子間の結合エネルギーが大きい分子構造であるため，限界酸素指数（燃焼が継続する雰囲気中の最低酸素濃度）が高い。したがって，ハロゲン系やリン系の難燃剤を添加しなくても，UL94 VTM-0 の認定を得ている。

また，ベクスターは高耐熱性フィルムではあるが，あくまでも熱可塑性樹脂であるので，回路基板に搭載された電子部品の取り外しや樹脂のリサイクルが可能になるなど，環境適合性に優れた素材である。一例として，ベクスター（FA タイプ）を熱溶融し，再ペレット化を3回繰り返した場合の溶融粘度は原料 LCP の90%程度を保持しており，大幅な分子量低下は発生していないこと，またリサイクル後に樹脂の融点も変化しないことが確認されている。したがって，配線基板材料の全層がベクスターで構成され，他の熱硬化性樹脂などが併用されていない場合には，配線銅やハンダなどとの分離技術が完成できれば，再び配線板基板材料や射出成形品として再利用できる可能性がある。

3.8 高ガスバリア性

ベクスターのガスバリア性は，図14に示すとおり，数ある有機材料の中でも最高レベルである。酸素透過係数は，ガスバリア材として既に実績のあるエチレン－ビニルアルコール共重合体（EVOH，クラレ商品名「エバール」）と同等であるが，水蒸気透過係数は他の素材より明らかに

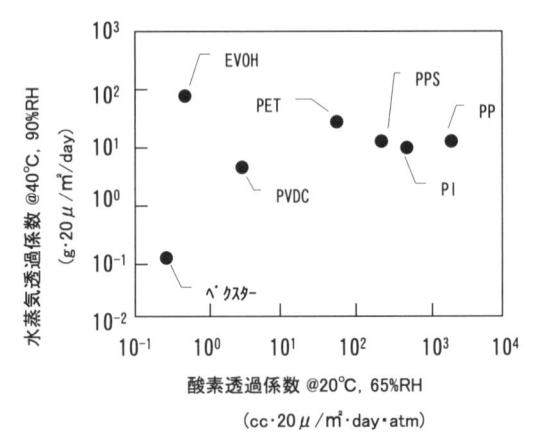

図14　各種樹脂フィルムのガスバリア性

第6章　低熱膨張性材料-基板材料としてのLCPフィルム

低い。これらの優れたガスバリア性を有するベクスターは，回路基板のみならず，封止材などの電子材料としても活用できる。

3.9 耐放射線性

全芳香族のLCP分子から成るベクスターは，耐放射線性にも優れた素材であり，原子力関連設備や航空・宇宙関連設備で用いられる基板材料としての応用も期待できる。表11に一例を示すように，電子線照射量50MGy（ポリイミドやPEEKの伸度が初期値の20％程度にまで劣化する照射量）においても，絶縁破壊電圧は初期値と同等である。

3.10 低アウトガス

表12に6×10^{-6}Torr以下の高真空下，125℃の温度雰囲気でベクスターから発生するアウトガス量を示す。発生ガス量は極微量であり，その大半はわずかに吸湿した水分である。この特長は，宇宙用電子素材として活用できるほか，腐食性ガスを嫌う用途，例えば密閉系で使用されるハードディスクドライブ周りにも適している。

表11　耐放射線性
（ $1\,\mathrm{MGy} = 10^6\mathrm{Gy}$,　$1\,\mathrm{Gy} = 10^2\mathrm{rad}$ ）

ベクスター	絶縁破壊電圧（kV）		
	放射線照射量 0 MGy（未照射）	放射線照射量 20MGy	放射線照射量 50MGy
FAタイプ	5.9	6.1	6.5
OCタイプ	7.0	7.1	7.5

表12　アウトガス量
（ASTM E595-93準拠）

ベクスター	TML（％）	CVCM（％）	WVR（％）
FAタイプ	0.044	0.014	0.030
OCLタイプ	0.044	0.002	0.037
CTタイプ	0.044	0.001	0.033

1. TML：Total Mass Loss（質量損失）
　CVCM：Collected Volatile Condensable Materials（再凝縮物質量比）
　WVR：Water Vapor Regained（再吸水量比）
2. NASA（アメリカ航空宇宙局）推奨値：TML ≦ 1％, CVCM ≦ 0.1％

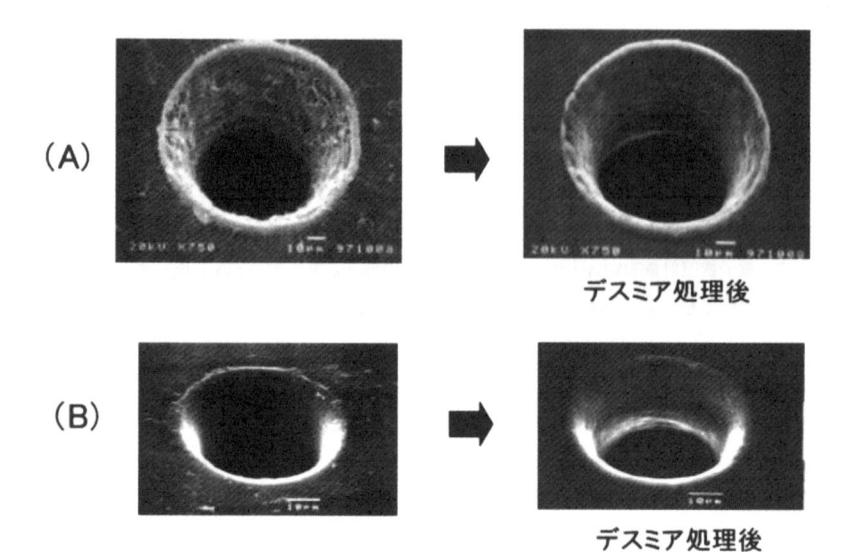

図15 レーザー穴あけ加工性
(A)炭酸ガスレーザー（穴径：100μm），(B) UV-YAG レーザー（穴径：50μm）

表13 耐折性

材料	曲率半径 (mm)			評価方法
	0.38	0.80	2.00	
フィルム	>7,000	>10,000	—	JIS C5016 準拠 (破断までの回数)
CCL (18μm 電解銅箔)	44	366	4,600	JIS C5016

3.11 穴あけ加工性とメッキ性

図15に炭酸ガスレーザーならびに UV-YAG レーザーで加工した小径ビア（穴径：100μm，50μm）の電子顕微鏡（SEM）写真を示す。ビアのリム部および内壁部にスミアの付着が見られるが，汎用の薬剤でデスミア処理できる。なお，スルーホールおよびブラインドビアへのメッキ加工は，ポリイミドとほぼ同条件で行える。

3.12 耐折性

フレキシブル性の指標として，ベクスターとこれを用いた銅張積層板（CCL）の耐折性を表13

第6章 低熱膨張性材料－基板材料としての LCP フィルム

表14[4] エスパネックス® L 両面銅張積層板の特性

特 性	単位	エスパネックス® L シリーズ	測 定 法
引張強度	MPa	200	IPC-TM-650-2.4.19
引張弾性率	MPa	4,000	
銅箔引き剥がし強さ	kN/m	1.2	JIS C-5016
エッチング後寸法変化率	%	−0.05	
加熱後寸法変化率	%	0.05	250℃, 30分
熱変形開始温度	℃	280	TMA 引張り法
吸湿率	%	0.04	
湿度膨張係数	ppm/% RH	1	
誘電率　1 GHz	−	2.85	トリプレート線路共振器法
誘電正接　1 GHz	−	0.0025	

に例示する。CCL としての耐折性は，ポリイミド基板とほぼ同等以上の結果が得られている。

4　ベクスターの具体的用途と性能

4.1　銅張積層板

　ベクスターは高耐熱性の熱可塑性樹脂フィルムであるので，接着剤を用いることなく短時間の加熱圧着により，銅張積層板を製造することができる。表14[4]に両面銅張積層板の特性を示す。この銅張積層板は，ベクスター本来の優れた高周波電気特性とエッチング後および加熱後の優れた寸法安定性を有していることから，携帯電話や携帯情報端末の液晶ドライバICをフリップチップ実装する COF 方式のフレキシブル配線板などへの応用展開が図られている。

4.2　多層フレキシブル配線板

　融点，熱変形温度などを指標とし，耐熱性の異なる複数枚のベクスターあるいは銅張積層板を加熱圧着することにより，デジタルカメラや携帯電話など携帯機器への需要が急増している多層フレキシブル配線板を製造することができる。図16[5]にベクスターを絶縁層として用いた4層配線板の断面写真を示す。レーザーやドリルによるビアホール・スルーホール加工性およびメッキ加工性に問題はなく，ホットオイル耐性や熱衝撃耐性などにも優れた，高信頼性のファインパターン配線板であることが確認されている。

　図17[5]に単層構造のコプレーナ線路（特性インピーダンス50Ω，線路長50mm）で測定した伝

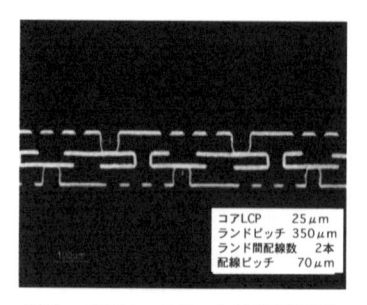

図16 ベクスターを用いた4層配線板例[5]

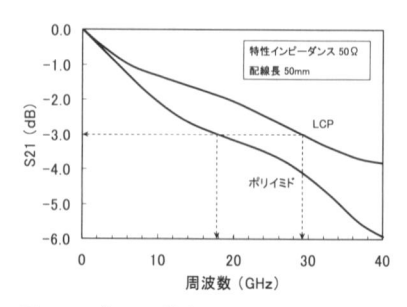

図17 コプレーナ線路によるSパラメータ測定結果[5]

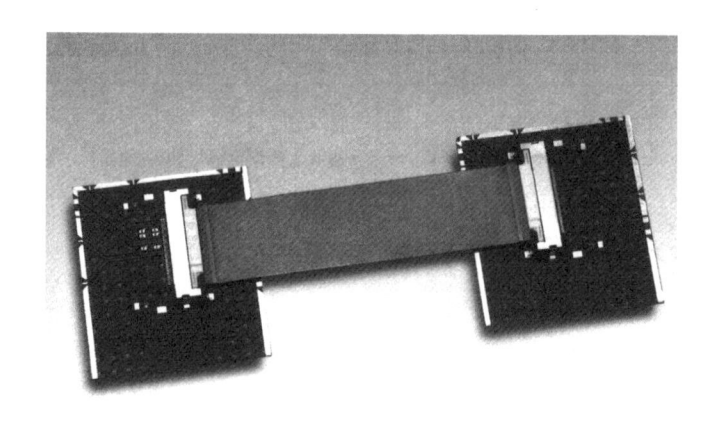

図18 ベクスターを用いた高速伝送用フレキシブルケーブル[6]

送損失（S21）を示す。ベクスターを用いた線路の損失はポリイミドのそれよりも小さく，3dB減衰時の周波数はポリイミドの18GHz対して28GHzであることから，ベクスターはより高周波伝送に適した配線基板材料であることが分かる。

4.3 高速伝送用フレキシブルケーブル

ベクスターの特長である熱可塑性，低吸湿性，高周波電気特性などを活用した別の製品例として，導電性バンプを層間接続材に用いて積層化したバンプ・ビルドアップ・プリント配線板がある。図18[6]にその一例を示すように，高周波帯域で安定したインピーダンス整合特性が得られるローノイズ高速伝送用フレキシブルケーブルや高周波対応インターポーザなど，幅広いFPCア

第6章　低熱膨張性材料-基板材料としてのLCPフィルム

プリケーションへの展開が進められている。

5 おわりに

　携帯電話やデジタルテレビなどのIT関連商品がより一層の高速化・大容量・高密度化を指向するなか，LCPフィルムはこれらの要求に応え得る新たな高性能基板材料として登場した。LCPフィルムは高耐熱性かつ熱可塑性という一見相反する特性の基板材料であるので，加工に係わる物性挙動の理解と新規な技術インフラの構築が多少なりとも必要であるが，既にその優れた特性は認知され，高機能IT関連商品への実搭載が盛んである。今後もLCPフィルムが時代の要求に応え得る電子材料として，さらに数多くの新たな技術や製品に応用展開されることを期待したい。

文　　献

1) 2010年のエレクトロニクス実装技術ロードマップ，㈳エレクトロニクス実装学会（1999）
2) 田中善喜ほか，エレクトロニクス実装学術学会誌，**2**，5，394（1999）
3) 大柳康，化学工業，**43**，No.1，57（1992）
4) 新日鐵化学㈱，エスパネックスL技術資料
5) 日本メクトロン㈱，LMFC技術資料
6) 山一電機㈱，YFLEX技術資料

第7章 高熱伝導性材料

竹澤由高*

1 はじめに

　パーソナルコンピュータ用CPUや各種情報機器，家電製品，また自動車機器等のパワーエレクトロニクスデバイスのみならず，発電機・電動機等の電力・電気機器分野でも，高性能化，コンパクト化が著しく進展し，大電流化に伴う内部から発生する熱は増大の一途をたどっている。このため，回路中から発生した熱をいかにして効率良く放散させるかということがエネルギー効率，機器設計の上からも重要な課題となっている。現在，熱を放散しやすい機器の構造，効率の良い冷却方法も各種検討されているが，電気絶縁部を担う熱硬化性樹脂の熱伝導率が金属やセラミックスに比べて2～3桁小さいことが，根本的に放熱性の妨げになっている。樹脂はその成形加工性の良さ，軽量，安価なことから，現在では構成材料として欠くことのできない存在である。従って，電気絶縁部の樹脂材料の熱伝導率を高めることが，次世代の機器の高性能化，コンパクト化の鍵を握っているといえる。

　電気絶縁部の熱硬化性樹脂材料の熱伝導性向上策としては，一般に樹脂よりも熱伝導率が2桁程度高いアルミナ（Al_2O_3）やシリカ（SiO_2），窒化ホウ素（BN）のような無機セラミックスのフィラ粉末を添加する手法が用いられている。これは熱伝導の問題を伝熱路（パーコレーション）の確保で解決する方法として最も重要で実用的な技術である。熱伝導性フィラの粒径や形状，分布等が様々に検討されており，加工性，価格，要求物性値のバランスを考慮して選定されている[1]。しかし，フィラの添加によって粘度が著しく増大して製造工程における作業性（注入性，混練性）が悪くなり，硬化後の材料の均一性，絶縁信頼性が低下することから無機フィラの添加量も制限され，十分な熱伝導特性が得られていなかった。また，フィラに熱伝導率のより高い素材のBN等を用いても樹脂の熱抵抗が大きく高熱伝導フィラの効果を十分に発揮することができなかった。樹脂自体の高熱伝導化が可能であれば，上記の課題を本質的に克服することができると考えられる。樹脂自体の熱伝導率を高める手法に関しては，これまでポリエチレン[2〜5]や光架橋型アクリレート[6]での検討が知られている。しかし，これらは分子鎖方向の熱伝導率が高いことを利

＊　Yoshitaka Takezawa　㈱日立製作所　日立研究所　電子材料研究部　主任研究員

第 7 章 高熱伝導性材料

用したものであり，延伸やラビング等の物理的処理を施した熱伝導の異方性を持つ樹脂に関するものである。等方的な樹脂に関する検討は現在のところ知られていない。

本章では，ナノレベルで高次構造を制御することで異方性を持たせずに熱硬化性液晶エポキシ樹脂の熱伝導率を高めた検討事例[7~11]とそのエポキシ樹脂材料設計の考え方，高熱伝導エポキシ樹脂を用いた積層板の試作検討結果[12]について説明する。

2 高熱伝導性付与の考え方

一般に熱伝導に有利な自由電子を持つ金属とは違い，自由電子を持たない絶縁材料では，熱伝導はフォノン（音子）による伝導が支配する[13]。その熱伝導率 λ は Debye の式(1)で表される。

$$\lambda = c_v \cdot \nu \cdot l \tag{1}$$

なお，c_v は単位体積あたりの熱容量，ν はフォノンの速度，l はフォノンの平均自由行程である。ここで，同じ絶縁体でありながら熱伝導率が2桁も異なるアルミナ（熱伝導率：約30W/m・K）とエポキシ樹脂（熱伝導率：約0.2W/m・K）の違いについて考える。この2つの材料は絶縁体であるため，前述のようにフォノンを媒体として熱が伝わる。これらの単位体積あたりの熱容量，フォノンの速度，および式(1)から算出したフォノンの平均自由行程を表1に示す。単位体積あたりの熱容量，フォノンの速度はそれほど変わらないが，フォノンの平均自由行程はアルミナの方が2桁も大きいことが分かる。一般的な絶縁体で比較しても，「単位体積あたりの熱容量」および「フォノンの速度」の値がオーダーで変わることはなく，「フォノンの平均自由行程」が絶縁体の熱伝導率の大小を決める最も大きな因子である。従って，熱伝導率を高めるにはこれを大きくする工夫が必要だと言える。フォノンの平均自由行程は，フォノンが散乱することにより短くなる。フォノンが起こす散乱には，フォノン同士の衝突による動的な散乱と，材料の幾何学構造による静的な散乱とがある。動的な散乱は分子および格子振動の非調和性，静的な散乱は材料中の欠陥，非晶部，結晶との境界などが原因で起きる。通常の樹脂は非晶で欠陥も多く，分子や格子振動の

表1 アルミナとエポキシ樹脂の熱伝導率に関与するパラメータ比較

特性値	アルミナ	エポキシ樹脂
熱容量 (J/m³・K)	3.1×10^{-6}	1.7×10^{-6}
フォノンの速度 (m/s)	$\sim 5 \times 10^3$	$\sim 2 \times 10^3$
平均自由行程 (m)	$\sim 2 \times 10^3$	$\sim 6 \times 10^1$

非調和性も大きいため,一般的に熱伝導率が低い。もし樹脂を単結晶化できれば熱伝導率は飛躍的に高められると考えられるが,現実的には難しい。

厳密には現象論と理論とを簡単な分子設計に結びつけることはできないが,これらのフォノンの散乱が樹脂の内部構造の不均一性に大きく関係していることに着目し,樹脂内部にフォノンの散乱を抑制できる秩序性を有するナノレベルの高次構造を界面制御して形成させることにより,配向や延伸等の物理的処理を施さずとも高熱伝導化できると考えた。

具体的な考え方としては,以下の通りである。

① マクロ的にはランダムに分子が並んだ等方性のアモルファス(非晶)構造であること
　　(電場,磁場,ラビング等による配向,熱延伸等の外部高次構造制御を行わない)
　　→熱伝導率(または機械的強度)に異方性がない特性が得られる
　　　成形性が損なわれない

② ミクロ的には周期的に分子が並んだ秩序性の高い結晶性構造であること
　　(分子が並びやすい構造を基本構造として導入する)
　　→熱伝導率が高い
　　　分子レベルでのパッキングがよくなり線膨張率,吸水率等の物理的特性が向上する

③ アモルファス構造と結晶性構造が明瞭に相分離しておらず,界面が存在しないこと
　　(結晶構造の核との間が化学結合で結ばれている)
　　→フォノン散乱を抑制できる

以上がナノ高次構造制御による高熱伝導化の基本となる考え方である。

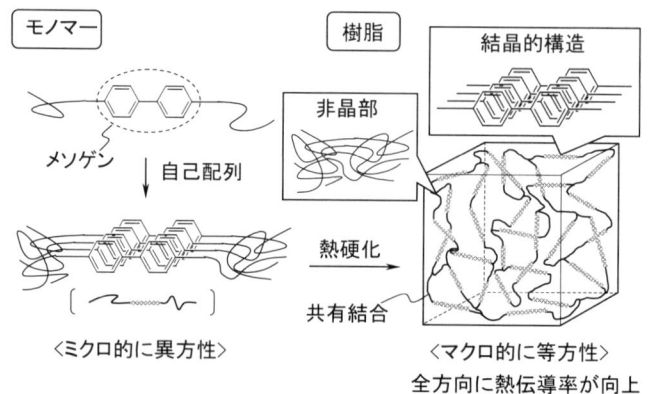

図1　ナノ高次構造制御による樹脂の高熱伝導化

第7章 高熱伝導性材料

このようなナノレベルの高次構造制御には，ビフェニル基のような自己配列しやすい構造であるメソゲン骨格を分子内に有するエポキシ樹脂等が効果的であり，図1に示すような高次構造を容易に形成させることができる。

図1ではメソゲンの自己配列によってミクロ的には異方性で秩序性の高い多数の結晶的構造を有し，その構造体をマクロ的にはランダムな状態のまま熱硬化反応させ固定安定化した状態を模式的に示してある。なお，結晶的構造のドメインはそれぞれ独立して存在するのでなく，互いに共有結合性の化学結合で結ばれているためにその界面がブレンドポリマーと異なり不明瞭となっている。この明瞭な界面を持たないということがフォノンの散乱を抑制して高熱伝導化するために極めて重要であり，結晶化度が高いブレンドポリマーと本質的に異なる点である。

3　モノメソゲン（ビフェニル基）型樹脂の諸特性

まず，条件によってはミクロに自己配列した高次構造が形成されることが知られているメソゲン骨格の中で最も簡単な構造のビフェニル基を有する各種エポキシ樹脂[4〜16]を用いて諸特性を評価した結果を説明する。

図2に示した構造のビフェニル基を有する5種のエポキシ樹脂と4種の芳香族ジアミンとを反応させた樹脂板を作製し，熱伝導率，線膨張係数，飽和吸水率，動的粘弾性特性をそれぞれ評価した。いずれも茶褐色の透明な樹脂板であり，マクロ的にはアモルファスであるといえるが，これを偏光顕微鏡観察すると直交ニコル下（2枚の偏光板を偏光軸を直角になるように重ねた状態；等方性物質が間に存在するならば光は全く透過しないので真っ暗になる）で図3に示すようなネマチック液晶的干渉像が見え，内部には微細な異方性構造が存在していることが確認できる。

図2　液晶エポキシ樹脂（ビフェニル型）の化学構造と硬化物外観

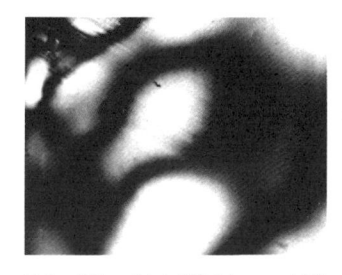

図3　液晶エポキシ樹脂(ビフェニル型)の偏光顕微鏡観察結果(直交ニコル下)

対照として汎用のビスフェノールA型エポキシ樹脂を偏光顕微鏡観察すると何も見ることはできない。

熱伝導率は定常比較法（ASTM-E1225）によりϕ50mm×5mmに加工した樹脂板の厚さ方向の値を測定した。なお，標準試料としてはパイレックスガラスを用い，試料の平均温度が約80℃となる条件で測定した。結果を図4に示す。ビフェニル基の分子内含有量が高くなるに従って熱伝導率は増大する傾向にあり，この系の樹脂の熱伝導率は最大で0.33W/m・K，汎用エポキシ樹脂の熱伝導率0.19W/m・Kの1.7倍を示した。ところが，ビフェニル含有量が50wt%以上の領域では，その熱伝導率はほぼ横ばいとなった。この一つの原因として，高次構造が形成するドメインの大きさが小さいことが考えられる。実際に，これらのエポキシ樹脂板は透明であり，樹脂内部に形成された高次構造のドメインは可視光の波長より小さい（400nm以下）と推測された。そこで，透過型電子顕微鏡（TEM）を用いて観察したところ，ビフェニル基を有するエポキシ樹脂板（ビフェニル含有量：41wt%）には，汎用エポキシ樹脂には見られない5～30nm程度の小さな結晶的構造のドメイン（メソゲン配列部）が見られた（図5）。分子長から計算すると，このドメイン中に存在するメソゲン数は計算上約1,900と推定された。比較として汎用のビスフェノールA型エポキシ樹脂も同様に観察したが前述のドメインは観察されな

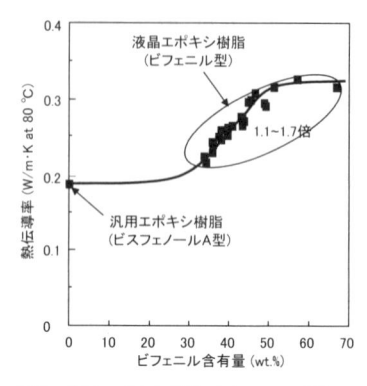

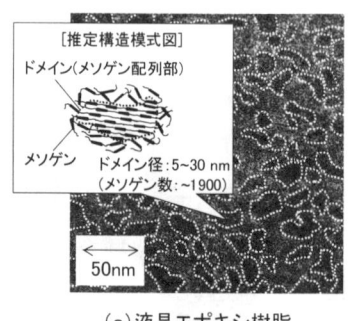

図4　液晶エポキシ樹脂（ビフェニル型）の熱伝導特性

図5　透過型電子顕微鏡（TEM）による液晶エポキシ樹脂（ビフェニル型）のナノ高次構造の観察
（a）液晶エポキシ樹脂（ビフェニル型）
（b）汎用エポキシ樹脂（ビスフェノールA型）

第7章 高熱伝導性材料

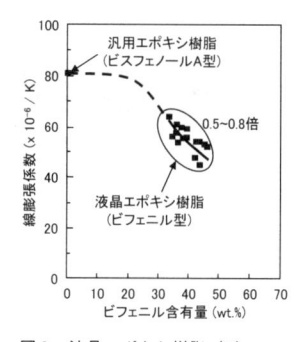

図6 液晶エポキシ樹脂（ビフェニル型）の線膨張係数

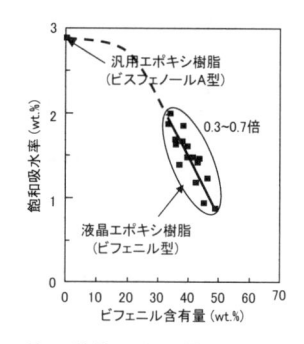

図7 液晶エポキシ樹脂（ビフェニル型）の飽和吸水率

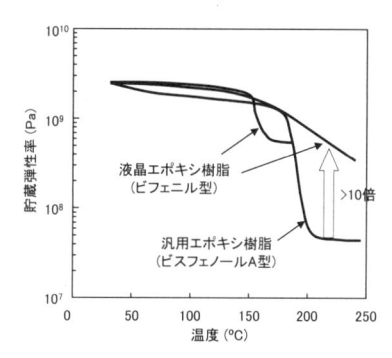

図8 液晶エポキシ樹脂（ビフェニル型）の動的粘弾性特性

かった。従って，メソゲンであるビフェニル基の自己配列による高次構造は形成しているものの，そのドメインの大きさは小さく，更なる高熱伝導化には高次構造のドメインを大きくする工夫が必要と考えられる。

また，図6～図8に線膨張係数，飽和吸水率，動的粘弾性特性の結果を示す。分子内に秩序性の高い多数の結晶的構造を有しているために，分子振動が抑制され，パッキング効果も起きるため，ビフェニル基の分子内含有量が高くなるに従って線膨張係数，飽和吸水率は小さく，また高温時の弾性率は高くなる傾向を示す。従って，エレクトロニクス材料，電力・電気機器材料として優れた特性を兼ね備えた絶縁材料といえる。

179

エレクトロニクス実装用高機能性基板材料

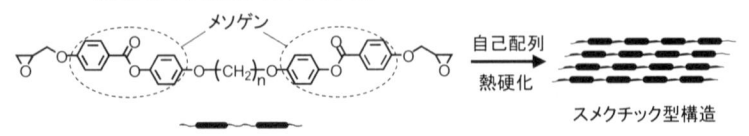

図9 液晶エポキシ樹脂（ツインメソゲン型）の構造

4 ツインメソゲン型樹脂の諸特性

前節の結果でビフェニル基の自己配列によって形成した高次構造では熱伝導率を最大でも1.7倍までしか高めることができず，ビフェニル基の含有量をこれ以上増やしても熱伝導率を向上できないことが判明した。さらに高い熱伝導率を達成するためには，より大きいドメインとなる秩序性をもった高次構造を形成させる必要があると考えられた。そこで，ビフェニル基より大きいメソゲンの1つとして知られているフェニルベンゾエート基を分子内に2つ配置し，その間を柔らかいアルキル鎖でつないだツインメソゲン型エポキシ樹脂モノマー（図9）を用いることにした。この中でn＝8のツインメソゲン型エポキシ樹脂モノマーを用いたエポキシ樹脂は，硬化剤の種類や硬化温度の条件によっては非常に高度な配列構造であるスメクチック液晶型構造を樹脂内部に形成できることが既に知られている[17]。スペーサ長さnを短くすることでより大きなドメインを形成できると考え，図9に示したツインメソゲン型エポキシ樹脂（TMEn：n＝4，6，8）を用いて，磁場，電圧印加，ラビング，延伸等の物理的処理を施さずにジアミノジフェニルメタンで等方的に硬化した樹脂シートを作製した。なお，用いた原料は未だ市販されていないため全て合成したものを使用した。得られたシートを10mm×5mm×0.2mmに加工して光交流法[18]により面内方向の熱伝導率を測定した。TME8，TME6，TME4の順に0.85W/m・K，0.89W/m・K，0.96W/m・Kと大きくなり，従来の汎用エポキシ樹脂0.19W/m・Kよりも最高で5倍の熱伝導率を示した。今までに知られている絶縁樹脂（等方性）で最も熱伝導率が高いのは，熱可塑性樹脂の高密度ポリエチレンで約0.6W/m・Kである。熱可塑性樹脂は熱伝導率の向上に有利な結晶化度を高められるので，一般に熱硬化性樹脂よりも熱伝導率が高くなる。架橋構造をとるため結晶性を高めることができず，熱伝導率の向上が難しいと言われていた熱硬化性樹脂で，これを超える世界最高の熱伝導率が達成できたことになる。

TMEnを原料としたエポキシ樹脂は硬化後いずれも乳白色で不透明となった。このことから前述のビフェニル基を有するエポキシ樹脂よりも大きな異方性ドメイン（秩序性を有する結晶的構造）が存在していることがわかる。この樹脂の内部に存在するナノレベルで制御された高次構造の存在をTEM（透過型電子顕微鏡）観察によって確認した結果，図10に示すような高次構造の

第7章 高熱伝導性材料

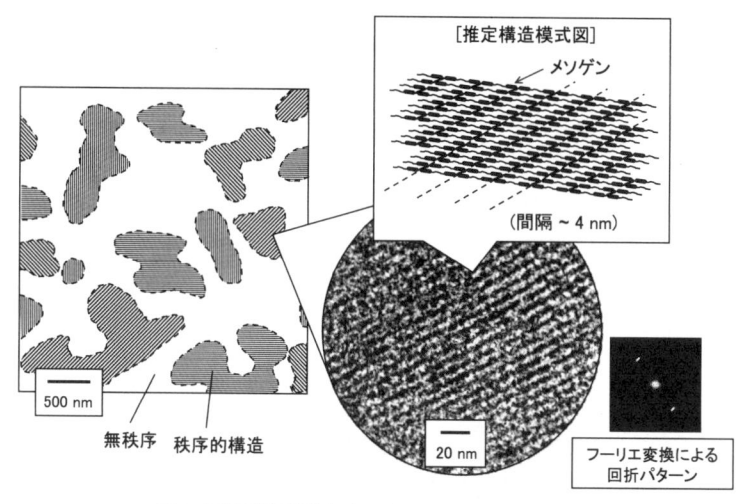

図10 透過型電子顕微鏡（TEM）による液晶エポキシ樹脂
（ツインメソゲン型）のナノ高次構造の観察

図11 液晶エポキシ樹脂（ツインメソゲン型）の偏光顕微鏡観
察結果（直交ニコル下）

違いによるドメイン部分が確認できた。そのドメインの大きさは短軸方向で100nm以上，長軸方向では1μmを超える非常に大きいものであった。さらに，ドメイン部分を拡大すると，高熱伝導性発現の証拠となる約4nm周期の規則的な結晶相の層構造が観察された。この間隔は，これまでに微小角X線回折によって見積もられているスメクチック液晶型構造の面間隔4.1nmと

181

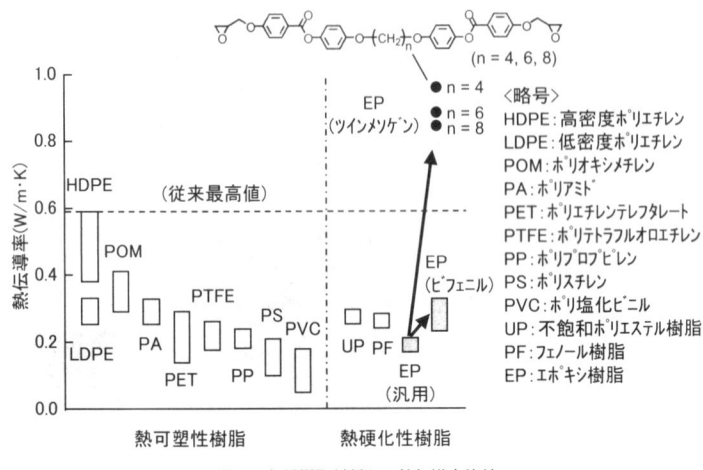

エレクトロニクス実装用高機能性基板材料

図12 各種樹脂材料との熱伝導率比較

ほぼ一致し[17]，ドメイン部分にはスメクチック液晶型構造が形成されているといえた．図11には直交ニコル下での偏光顕微鏡観察結果を示したが，これもスメクチック構造を裏付けている．さらに，電子線回折パターンを確認した結果，結晶的構造部と考えられる一方向性のパターンとアモルファス部と考えられるハローなパターンだけでなく，その間に中間的なパターンも観察された．これは結晶的構造とアモルファスの境界が不明瞭であるためと考えられ，境界付近には結晶／非晶の中間状態のような不明瞭部分が存在することも確認できている．

図12にはTMEnを用いた樹脂シートの熱伝導率と，その他，汎用の熱可塑性樹脂，熱硬化性樹脂の代表的な熱伝導率[19]をまとめて整理して表示した．

5　高熱伝導エポキシ樹脂を用いた積層板の試作検討[12]

ここでは，ネマチック液晶型高熱伝導エポキシ樹脂に無機フィラを分散させた樹脂材料を用いて，積層板の高熱伝導化を図った結果について述べる．

図13に高熱伝導エポキシ樹脂と各種フィラとの組み合わせで作製した厚さ0.8mmの積層板の厚さ方向の熱伝導率測定結果を示す．積層板の作製に関してはプレス成形法にてラボスケールで行った．このように，積層板にしても樹脂の熱伝導率特性は損なわれず，一般的なガラスエポキシ積層板（FR-4）の2.5倍，ガラスコンポジット積層板（CEM-3）の1.5倍という高い熱伝導率を示すことがわかった．また，図14に示すように，試作積層板の銅箔引き剥がし強さは目標値で

第7章 高熱伝導性材料

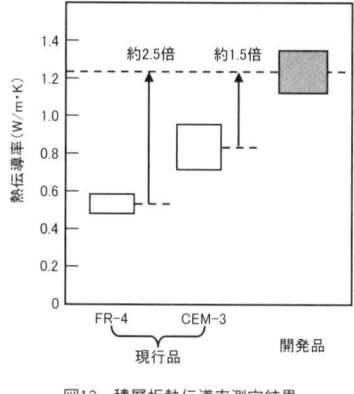

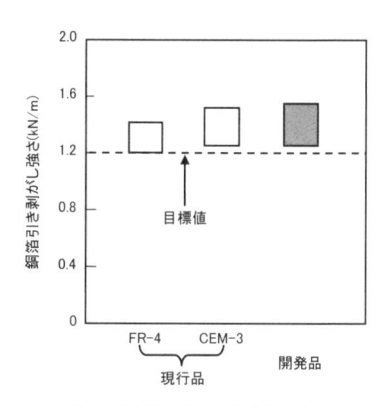

図13 積層板熱伝導率測定結果

図14 銅箔引き剥がし強さ測定結果

ある現行FR-4レベルの1.2kN/mを超え，接着強度にも問題はないことがわかった。平面方向の線膨張係数は現行品と同等レベルであり，厚み方向は大きく低減することができた。難燃性に関しても，難燃剤を適量添加することで，熱伝導率をほとんど低下させることなく難燃化（UL94 V-0）を達成することが可能である。これらの結果は，使用した樹脂が高熱伝導化を達成しながら基本的な樹脂特性を保持していることを示している。

このように高熱伝導エポキシ樹脂を使用することで，現行のガラスエポキシ積層板の1.5倍から2.5倍の高い熱伝導率を有する積層板を試作することが確認できた。

6 おわりに

最近ではモノメソゲン型でも大きなメソゲン構造を有するエポキシ樹脂を用いてスメクチック構造を形成させ，高熱伝導性を発現させた検討例[20]や，本稿の考え方とは逆に，10T（テスラ）の磁束密度磁場印加により強制的に液晶エポキシ樹脂に垂直方向の異方性を付与させ，厚さ方向に対して熱伝導性の向上を達成した報告もある[21]。後者の場合，配向方向と垂直の方向の熱伝導率は逆に低くなるが，これも一つの樹脂に対する熱伝導向上策といえよう。

このように液晶性を有する架橋型樹脂の高次構造を制御することで高熱伝導性を発現する手法が活発に開発されてきている。本稿で説明した高熱伝導エポキシ樹脂は，エレクトロニクス基板材料への応用には必須特性である低熱膨張性，低吸水性，高い高温弾性率特性も兼ね備えていることが特徴である。これら特性の他，接着性や長期絶縁信頼性に関しても従来の汎用エポキシ樹脂と同等以上の性能を示す。今後，エレクトロニクス分野，並びに電力・電機分野等，幅広く適

183

エレクトロニクス実装用高機能性基板材料

用されることが期待される。

文　　献

1) 技術情報協会編,「電子機器・部品用放熱材料の高熱伝導化および熱伝導性の測定・評価技術」(2003)
2) D. Hansen and G. A. Bernier, "Thermal conductivity of polyethylene : the effect of crystal size, density and orientation on the thermal conductivity", Polym. Eng. Sci., **12**, 204-208 (1972)
3) C. L. Choy, W. H. Luk, and F. C. Chen, "Thermal conductivity of high oriented polyethylene", POLYMER, **19**, 155-162(1978)
4) C. L. Choy and K. Young, "Thermal conductivity of semicrystalline polymers-a model", POLYMER, **18**, 769-776(1977)
5) C. L. Choy, S. P. Wong, and K. Young, "Model calculation of the thermal conductivity of polymer crystals", J. Polym. Sci. Polym. Phys. Ed., **23**, 1495-1504(1985)
6) K. Geibel, A. Hammerschmidt, and F. Strohmer, "*In situ* photopolymerized, oriented liquid-crystalline diacrylates with high thermal conductivities", Adv. Mater., **5**, 107-109 (1993)
7) C. Farren, M. Akatsuka, Y. Takezawa, Y. Itoh, "Thermal and mechanical properties of liquid crystalline epoxy resins as a function of mesogen concentration", Polymer, **42**, 1507-1514 (2001)
8) 赤塚, 竹澤, C. Farren, 伊藤, "液晶エポキシ樹脂の熱伝導特性", 平成13年電気学会全国大会, 611(2001)
9) Y. Takezawa, M. Akatsuka, C. Farren, "High Thermal Conductive Epoxy Resins with Controlled High Order Structure", Proceedings of the 7th International Conference on Properties and Applications of Dielectric Materials, 1146-1149(2003)
10) M. Akatsuka and Y. Takezawa, "High Thermal Conductive Epoxy Resins Containing Controlled High Order Structures", J. Appl. Polym. Sci., **89**(9), 2464-2467(2003)
11) 赤塚, 竹澤, C. Farren, "放熱性の優れた高次構造制御エポキシ樹脂の開発", 電気学会論文誌 A, **123**(7), 687-692(2003)
12) 伊藤, 野田, 米倉, 鎌田, 竹澤, "高熱伝導エポキシ樹脂を用いた積層板の試作検討", 平成15年電気学会基礎・材料・共通部門大会, 136(2003)
13) 宇野良清ら共訳, キッテル固体物理学入門 (上), 第6版, 丸善 (1988)
14) M. Ochi, K. Yamashita, M. Yoshizumi, and M. Shimbo, "Internal stress in epoxide resin networks containing biphenyl structure", J. Appl. Polym. Sci., **38**, 789-799(1989)
15) T. Shiraishi, H. Motobe, M. Ochi, Y. Nakanishi, and I. Konishi, "Effect of network structure on thermal and mechanical properties of cured epoxide resins", POLYMER, **33**, 2975-2980

第7章 高熱伝導性材料

(1992)
16) M. Ochi, N. Tsuyuno, K. Sakaga, Y. Nakanishi, and Y. Murata, "Effect of network structure on thermal and mechanical properties of biphenol-type epoxy resins cured with phenols", *J. Appl. Polym. Sci.*, **56**, 1161-1167(1995)
17) A. Shiota, C. K. Ober, "Synthesis and curing of novel LC twin epoxy monomers for liquid crystal thermosets", *J. Polym. Sci. Part A:Polym. Chem.*, **34**, 1291-1303(1996)
18) I. Hatta, "Thermal diffusivity measurement of thin films by means of an ac calorimetric method", *Rev. Sci. Instrum.*, **56**, 1643-1647(1985)
19) A. Dean, Lange's handbook of chemistry fifteen edition, 10, 22-10, 57, McGraw-Hill, New York (1999)
20) 徳重, 三原, 小出, "光重合による液晶性エポキシ樹脂の合成と熱特性", 高分子学会予稿集, **52**(3), 431(2003)
21) 青木, 石垣, 下山, 木村, 飛田, 山登, 木村, "磁場配向液晶高分子の異方特性", 高分子学会予稿集, **52**(3), 591(2003)

第8章 フレキシブル基板材料「エスパネックス」

平石克文*

1 フレキシブル基板

フレキシブル基板は，デジタル（ビデオ）カメラやカメラ付き携帯電話，液晶テレビ，PDP，DVD，ノートパソコン，ハードディスクドライブなどにその用途領域を広げつつあり，飛躍的な成長をみせている。近頃市場で著しく大きな伸びをみせている主要な用途先の多くが，薄型化，小型軽量化に強みをもつフレキシブル配線板に依存するところが大きく，それが飛躍的な需要拡大をもたらしている要因となっている。また，フレキシブル基板は，薄型・小型軽量化に有利なだけでなく，折り畳み構造をとることが可能であり，配線の自由度が高くなるなどの利点を有していることから，携帯機器の実装基板として欠かすことのできない存在となっている。

2 2層CCL「エスパネックス」

ポリイミドCCL（銅張積層板）には，エポキシまたはアクリル系樹脂を接着剤としてポリイミドフィルムと銅箔とを張り合わせた3層CCLと，ポリイミドと銅箔のみで構成された2層CCLがある[1]。2層CCLは構成材料に接着剤を含まないため，耐熱性，難燃性，電気特性，（誘電率，誘電正接，体積抵抗率），寸法安定性，耐薬品性，高温における接着性，レーザー加工性などに優れている。

新日鐵化学は，独自のポリイミドを開発，2層CCLに適用し，1990年初頭よりポリイミドCCL「エスパネックス」を製造販売している。「エスパネックス」は，他のCCLにはない優れた寸法安定性が得られることから，国内外の電子情報機器市場において高い評価を得，「エスパネックスSシリーズ」として幅広く適用されている。また，今後一層要求が高まると予想される微細化，高密度化，環境保全重視の流れに対応するために，Sシリーズの優れた特性を保持しながら，寸法安定性の向上，吸湿率の低下，CO_2レーザー加工性の向上，鉛フリーはんだ対応を達成したポリイミドCCL「エスパネックスMシリーズ」を2003年よりラインナップした。

これに加え，液晶ポリマー（LCP）フィルム「Vecstar」のみを使用したLCP-CCL「エスパネッ

---

* Katsufumi Hiraishi 新日鐵化学㈱ 電子・材料研究所 マネジャー

第8章 フレキシブル基板材料「エスパネックス」

クスLシリーズ」を，クラレと共同で開発してきた。今後要求が高まると予想される高周波電気特性など，いくつかの主要な特性でポリイミドCCLを凌駕していることより，今後急速に市場を獲得していくものと思われる。

また，いずれのエスパネックスシリーズともエポキシ系，アクリル系の接着剤は使用しておらず，ハロゲン元素を含有せずに十分な難燃性を有する環境調和型の材料である。

3 ポリイミドCCL

3.1 概要

2層CCLの製造法には，ポリイミド前駆体であるポリアミック酸ワニスを銅箔に直接塗布し，乾燥・硬化（イミド化）させるキャスティング法，ポリイミドフィルム上に銅を析出させるスパッタリング/めっき法などがある[2]。2層CCLの中でも特にキャスティング法は，ポリイミドフィルムと銅箔との密着性に優れる。スパッタリング/めっき法は銅箔の厚みを任意にコントロールすることができ，ファインパターンに適した極薄銅箔の形成が可能である[3]。

2層CCLであるエスパネックスはキャスティング法で製造されており[4]，製膜時フィルムに応力が全く加わらないため，残留応力が発生せず，面内で寸法変化率のばらつきがないという優れ

表1 エスパネックスSシリーズの銅箔およびポリイミド構成

	銅箔厚み（μm）		ポリイミド厚み（μm）
	電解品	圧延品	
片面銅張板（SC）	8, 12, 18, 35	18, 35	12, 25, 40
両面銅張板（SB）	8, 12, 18, 35	18, 35	12, 25, 50

表2 エスパネックスSシリーズ基本特性（銅箔は圧延品を使用）

特　性	単位	エスパネックス	試験方法
銅箔引き剥がし強さ 　　　熱処理後	kN/m	1.2 1.2	JISC-5016 7日間，150℃
MIT屈曲性	回	295	JISC-5016
IPC屈曲性	回	1.4×10^7	IPC-TM-650
エッチング後寸法変化率	%	-0.02	
加熱後寸法変化率	%	-0.04	250℃，30分
線間絶縁抵抗	Ω	2×10^{11}	IPC-TM-650
誘電率　1 MHz	－	3.5	IPC-TM-650
誘電正接　1 MHz	－	0.007	IPC-TM-650

た特徴をもつ。新日鐵化学は表1に示すような各種銅箔厚みおよびポリイミド厚みを取り揃え，顧客の多様な要請に応えている。

3.2 エスパネックスSシリーズ
3.2.1 特 徴
表2に，エスパネックスSシリーズの基本特性を示す。また，耐久性能に関わる性能として以下の諸特性を示す。

(1) 加熱後の銅箔引き剥がし強度
耐熱性の低い接着剤がないため，高温熱処理に対する耐久性が高い（図1）。

(2) 寸法安定性の温度依存性
キャスティング法で製造されているため，加熱による寸法変化がほとんどなく，また縦横方向の寸法変化率の差が非常に小さいため，パターンの配置について考慮する必要がない（図2）。

(3) 線間の絶縁信頼性
フィルムのガラス転移温度が非常に高く（360℃：DMA法），しかもハロゲンなどのイオン成分の含有率が極めて低いため，図3および図4に示すように，絶縁性能は非常に安定しており，高温や高湿度下でも大きな絶縁抵抗の劣化はない。

(4) MIT法による屈曲特性
接着剤がない分フィルム層が薄く，機械特性に大きな効果をもたらす（図5）。

以上のようにエスパネックスは，接着剤付きの3層CCLでは発現しにくい寸法安定性，耐熱性，電気特性などの点で高性能化が図れる。

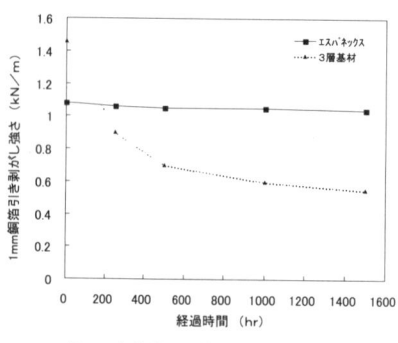

図1 加熱後の銅箔引き剥がし強さ

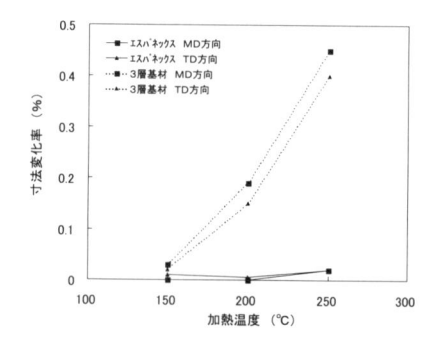

図2 寸法安定性の温度依存性

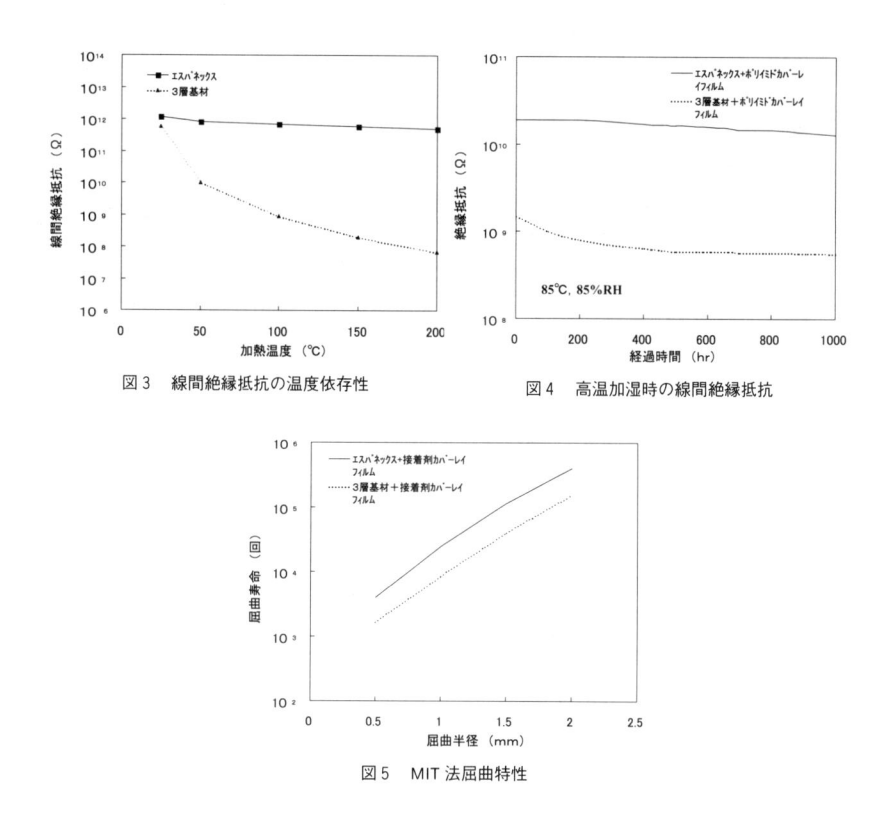

第8章 フレキシブル基板材料「エスパネックス」

図3 線間絶縁抵抗の温度依存性

図4 高温加湿時の線間絶縁抵抗

図5 MIT法屈曲特性

3.2.2 適用例：チップ・オン・エスパネックス（COE）

エスパネックスは，2層CCLとしての特徴を活かして，多岐にわたる用途に適用されている。多層フレキシブル基板およびリジッドフレックス基板，HDD周辺材料，半導体用パッケージなどが例にあげられる。全世界で爆発的な普及を遂げた携帯電話に使用されている液晶モジュール用のCOF（Chip on Film）も，エスパネックスの代表的な用途である。

液晶モジュールは，液晶表示部とドライバICおよび周辺回路を混載したドライバ回路とで構成されている。現在，携帯電話や携帯情報端末などの小型液晶回りのドライバIC実装方式として，折り曲げ実装性に優れる，周辺回路を含めた混載実装が可能であるなどの理由によりTAB方式に代わり2層基材を用いたCOF方式が採用されている。今後も，携帯電話の精細化，高速通信化に伴いCOFの需要は増加すると予想される。ここでは，エスパネックスのCOFへの適用例について紹介する。フレキシブル基板用チップ実装圧接ペーストには同じく新日鐵化学が販売しているNEX-151を適用した[7]。

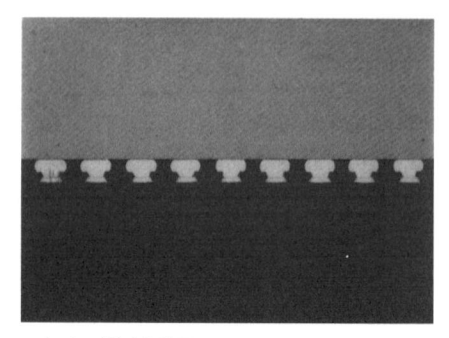

エレクトロニクス実装用高機能性基板材料

写真1　COFとバンプ接合部断面

表3　エスパネックスの240℃リフロー後PCTにおける接続信頼性

経過時間	121℃, 100% RH, 20時間			
	1サイクル目	2サイクル目	3サイクル目	4サイクル目
エスパネックス	○	○	○	○
3層基材	×			

試験法：PCT暴露後抵抗変化測定
評価：○抵抗変化なし，×抵抗変化あり

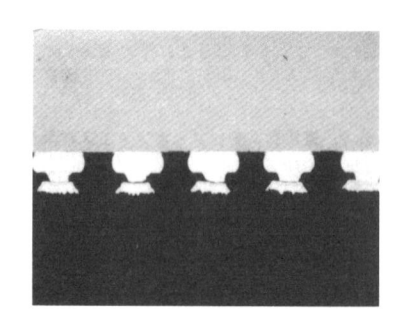

エスパネックス　　　　　　　　　　3層基材
写真2　接続信頼性評価後のバンプ接合部断面

　写真1に，エスパネックスを用いた評価用COFおよびそのバンプ接合部断面を示す。エスパネックスとNEXの組み合わせにおいて，高い位置精度で良好なバンプの接合状態が達成されている。当該COFのはんだリフロー後PCTにおける接続信頼性評価結果を表3，評価後のバンプ接合部断面を写真2に示す。エスパネックスはリフロー後のPCT処理4サイクル目においても

第8章 フレキシブル基板材料「エスパネックス」

基板の膨潤による剥離、回路抵抗の変化は認められない。この結果は、接着剤を使用しない2層CCLであるエスパネックスの耐熱性が高いことを実用面から示唆している。

新日鐵化学はCOE (Chip on Espanex) というコンセプトで、エスパネックスとチップ実装圧接ペーストNEXシリーズを適用したCOF実装システムを顧客に提案している。新日鐵化学電子材料研究所を顧客に開放するオープンラボとし、材料および工法の提案、更に依頼された試作も行っている[6]。

3.3 エスパネックスMシリーズ

新日鐵化学は、独自合成技術によって得られたポリイミドおよび新規製造プロセスの開発によって、諸性能を向上させたエスパネックスMシリーズを開発した。表4にMシリーズの代表的な特性を示す。Mシリーズは、Sシリーズの優れた特徴を保持しながら、以下の特長をもつ。

(1) 寸法安定性

回路の微細化の進展に伴い、環境の湿度の影響が小さい基板材料が求められている。ポリイミドの吸湿率が低く、吸湿による寸法変化が小さい（図6）。

(2) 鉛フリーはんだ耐熱性

環境保全問題を重視した設計、製造の動きが強まる中で、Pbフリーはんだ実装の実用化が広がっている。したがって実装温度が上昇し、基板にもより高いはんだ耐熱性が要求される。エスパネックスSシリーズは、はんだ実装において十分基板が乾燥されていれば、350℃のはんだ浴浸漬などにおいても問題はない。しかし、両面銅張積層板で両面の銅回路が対向した基板を、高湿度下に置いた後加熱すると、対向する銅回路間のポリイミドに吸湿された水は基板外に放出されにくいため、加熱温度によっては膨れが発生する。表5に加湿後リフロー耐性を示す。Mシリー

表4 エスパネックスMシリーズ基本特性（銅箔は圧延品を使用）

特　性	単位	エスパネックス	試験方法
銅箔引き剥がし強さ 熱処理後	kN／m	1.2 1.2	JISC-5016 7日間, 150℃
MIT屈曲性	回	180	JISC-5016
エッチング後収縮率	％	−0.02	
加熱後収縮率	％	−0.02	250℃, 30分
線間絶縁抵抗	Ω	2×10^{14}	IPC-TM-650
体積抵抗率	Ω・cm	5×10^{15}	IPC-TM-650
誘電率　1 MHz	−	3.1	IPC-TM-650
誘電正接　1 MHz	−	0.006	IPC-TM-650

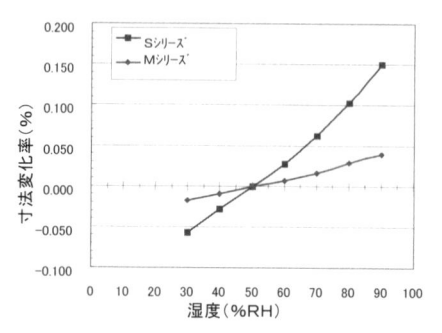

図6　ポリイミドフィルムの吸湿による寸法変化

表5　エスパネックスSシリーズ／Mシリーズの加湿後のリフロー耐性

経過時間	85℃, 60% RH, 168時間＋リフロー		
サイクル	1サイクル目	2サイクル目	3サイクル目
エスパネックスSシリーズ	260℃　○	260℃　× 250℃　○	240℃　× 230℃　○
エスパネックスMシリーズ	260℃　○	260℃　○	260℃　○

（評価）○：外観変化なし，×：膨れなどの外観変化あり

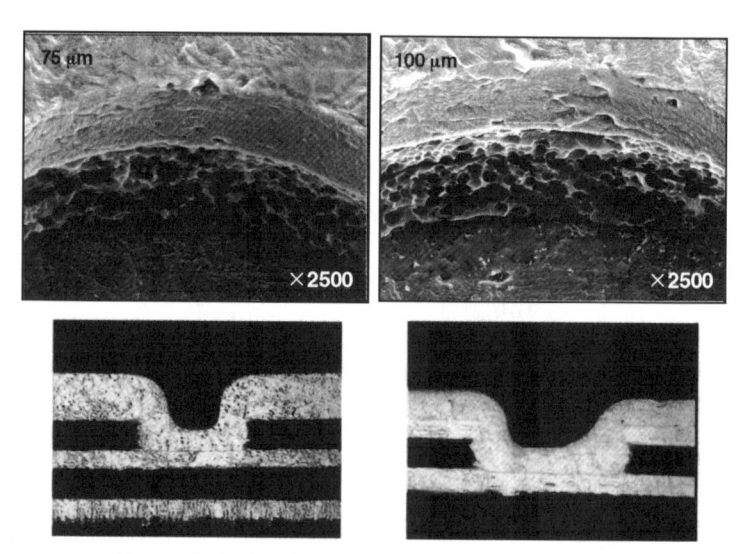

写真3　デスミア処理後ビア側面SEM写真およびめっき後断面写真

第8章 フレキシブル基板材料「エスパネックス」

ズでは，35℃，60％RH168時間の後，260℃リフローを3回繰り返したにもかかわらず，膨れなどの外観異常は発生しない。Mシリーズは，基板が前述のような加湿環境に曝されていても，Pbフリーはんだ実装温度においても膨れが発生しないことを示唆している。

(3) レーザー加工性

写真3にCO_2レーザー加工，めっきを行ったブラインドビアホールを示す。ビアホール内の銅とポリイミドの界面はクラックなどの欠陥の発生がないことがわかる。

4 LCP-CCL「エスパネックスLシリーズ」

液晶ポリマー（LCP）の優れた諸特性を電子回路基板用途に適したフィルムとして活用する要望が強まってきている。新日鐵化学では，LCPフィルム「Vecstar」を使用した2層CCLをクラレと共同開発し，エスパネックスLシリーズとして販売を開始した。今後，要求が高まると予想される高周波電気特性など，いくつかの主要な特性で既存の基板を凌駕していることにより，今後急速に市場を獲得していくものと思われる。

表6にエスパネックスLシリーズの基本特性を示す。LCPは，回路基板用途に活用する上で，以下の優れた特性を有している。

4.1 高周波電気特性

(1) 誘電特性

近年，コンピュータや情報通信機器が高性能・高機能化し，そのネットワーク化が進展するのに伴い，多様な情報伝達に基づいた高度情報化社会が進展している。これらの情報関連機器では，大量のデータを高速で処理するために扱う信号が高周波化する傾向にある。高周波回路を形成す

表6 エスパネックスLシリーズ基本特性

特　　性	単位	エスパネックス	試験方法
銅箔引き剥がし強さ	kN／m	1.0	JISC-5016
MIT屈曲性	回	300	JISC-5016
エッチング後寸法変化率	％	－0.03	
加熱後寸法変化率	％	－0.05	250℃，30分
線間絶縁抵抗	Ω	2×10^{14}	IPC-TM-650
体積抵抗率	Ω・cm	5×10^{15}	IPC-TM-650
誘電率　1GHz	－	2.85	トリプレート線路共振器法
誘電正接　1GHz	－	0.0025	

エレクトロニクス実装用高機能性基板材料

る配線板材料には，IC などの部品を単に搭載，接続するというだけでなく，システム全体の性能を設計通りに実現するために，信号の伝播遅延時間の短縮，伝送損失の低減が求められる。伝播遅延時間の短縮，伝送損失の低減のためには，低誘電率，低誘電正接の材料が必要である。

LCP の1GHz における誘電率は2.85，誘電正接は0.0025であり（表6），この誘電特性は50GHzまでほとんど変化しない。また，ポリイミドは，吸湿により誘電特性が変化するが，LCP はほとんど吸湿しないため，誘電特性は雰囲気の湿度の影響を受けない（図7）。

(2) 伝送特性評価

高周波回路では，表皮効果による導体損失と，基板を構成する誘電体による誘電損失により，信号が減衰する。信号の周波数が高くなるほど誘電損失は増加するため，低誘電正接材料が必要になる。

現在,フレキシブル基板に最も多く使われているポリイミドと比較し，LCP の誘電正接は低く，誘電損失の低減が期待できる（表7）。

LCP とポリイミドの評価用基板を作成し，S パラメータ（Scattering Parameter）を実測し，損失の比較を行った[7]。S パラメータは，配線の一方から交流信号を入力し，その入力側における反射係数（S11）と，他方に伝達される透過係数（S21）で示される。今回，LCP とポリイミドの伝送損失の差を S21 で比較した。評価基板の線路構成は，特性インピーダンス50Ω，線路長50mm のコプレーナ線路とした。

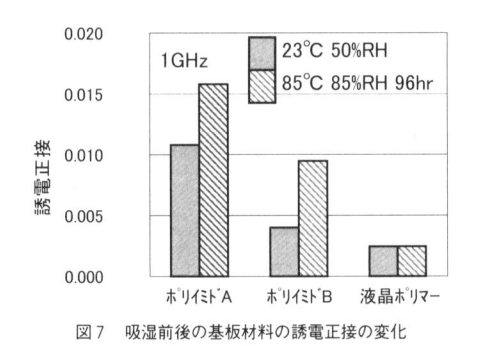

図7　吸湿前後の基板材料の誘電正接の変化

表7　基板材料の誘電特性（1 GHz）

特　　性	液晶ポリマー	ポリイミド
比誘電率	2.85	3.8
誘電正接	0.0025	0.009

第8章 フレキシブル基板材料「エスパネックス」

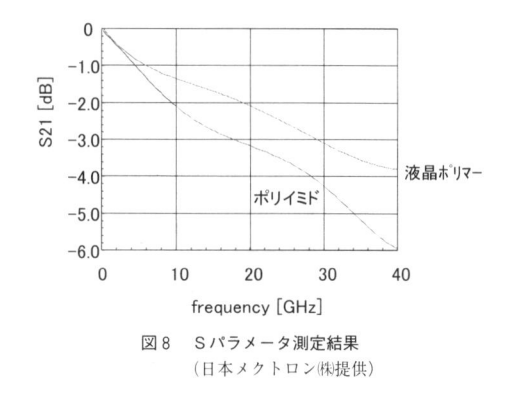

図8 Sパラメータ測定結果
(日本メクトロン㈱提供)

　Sパラメータ(S21)測定結果を図8に示す。LCPを用いた線路は，ポリイミドと比較し，伝送損失が低減していることを確認した。また，伝送損失が−3dBとなる周波数に着目すると，ポリイミドが18GHzであるのに対し，LCPでは28GHzであり，LCPはポリイミドと比較し，より高周波伝送に適していることがわかる。
　LCPは熱可塑性樹脂であるため，接着剤などの異種の材料を使用することなく多層回路を作成することが可能であり，ストリップ線路，マイクロストリップ線路などの線路に対しても，低損失な線路を構成することが可能である。

4.2　回路基板一般特性

　LCP-CCL「エスパネックスLシリーズ」の基本特性を表1に示す。「エスパネックスLシリーズ」は，高周波電気特性以外に以下の優れた特性を有している。

(1) 低吸湿性

　微細化，高密度化に伴い，フィルムの吸湿によるわずかな寸法変化が問題となってきている。LCPの吸水率はポリイミドの1/100程度であるため，①吸湿による寸法変化がない(図9)，②吸湿による誘電率の変化がなく回路設計が容易，③吸湿による耐熱性の低下がない，といった特長を持つ。

(2) 低粗度銅箔との高い接着力

　高周波回路では，導体損失と誘電損失により信号が減衰する。高周波領域では，表皮効果により電流は導体表面部分のみを流れるようになるため，粗度が大きい銅箔では伝送損失が大きくなる[8]。また，近年の回路微細化の進行に従い，粗度が大きい銅箔では，粗化面の凹凸に起因する回路加工後のエッチング残り，ラインのガタツキが問題となってきている。

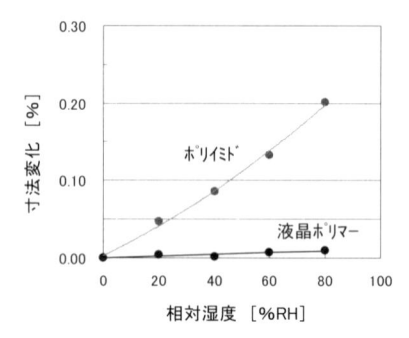

図9 湿度による基板材料の寸法変化

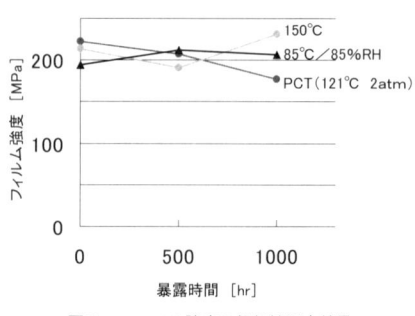

図10 フィルム強度の信頼性測定結果

　従来，LCPは銅箔との高い接着力を得ることは困難であり，実用上問題のない接着力を得るためには，高/中粗度の銅箔を適用する必要があるとされてきた。「エスパネックスLシリーズ」では，Rzが2μm以下の低粗度銅箔に対して，1.0kN/m以上のピール強度を有する。

(3) 鉛フリーはんだ耐熱性

　鉛フリーはんだリフローに要求される270℃以上の耐熱性を有し，また吸湿前後で耐熱性が変化しない。

(4) 放熱特性

　半導体部品の高速・高集積化や高密度実装技術の進展に伴い，電子部品の冷却問題が深刻化している。LCPの熱伝導率は，エポキシ樹脂，ポリイミド等の約2倍であり放熱特性に優れている。

(5) 回路基板信頼性

　LCPの150℃，85℃/85% RH，PCT (121℃/2atm) の各環境下でのフィルム強度の変化について測定した結果を図10に示す。PCT (121℃/2atm)，1,000時間後において，わずかに低下の傾向

第8章　フレキシブル基板材料「エスパネックス」

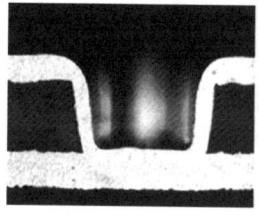

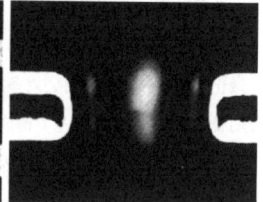

レーザーBVH（φ50μm）　　レーザーTH（φ50μm）　　パンチTH（φ150μm）

写真4　液晶ポリマー加工例
（日本メクトロン㈱提供）

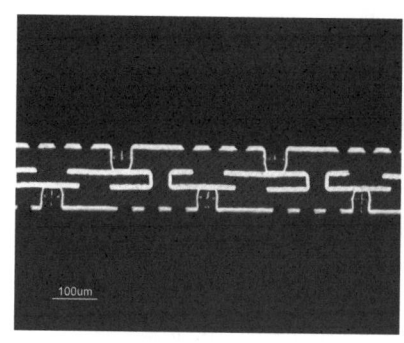

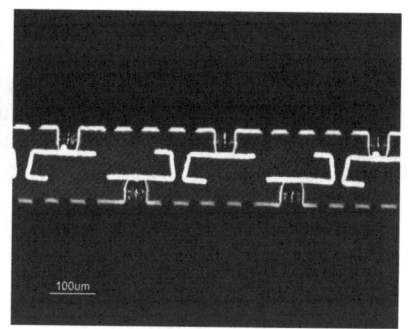

コア液晶ポリマー　25μm
ランドピッチ　350μm
ランド間配線数　2本

コア液晶ポリマー　50μm
ランドピッチ　350μm
ランド間配線数　3本

写真5　液晶ポリマー4層多層基板
（日本メクトロン㈱提供）

を示すのみであり，非常に高い信頼性を示す。ピール強度も同様に，1,000時間後まで，ほとんど低下はみられない。

(6)　ビアホール・スルーホール加工性

　レーザー加工性・ドリル加工性・パンチ加工性の評価を行い，各法において，ポリイミドとほぼ同様の条件で加工が可能であることを確認した。それぞれの断面写真を写真4に示す。
　さらに各加工法で作成したビアホール・スルーホールの信頼性評価を行った。各加工法に対し，熱衝撃試験（－65℃／30分⇔125℃／30分）・ホットオイル試験（260℃／30秒⇔常温15秒⇔20℃／20秒）・はんだ耐熱試験（260℃／10秒）を実施し，問題のないことを確認した。

(7) **多層基板への適用例**

　LCP は熱可塑性樹脂であり，接着剤を使用することなく多層基板を構成することができる。新日鐵化学では，LCP を用いた多層基板の開発を，クラレ，日本メクトロンと共同で行っている[7]。接着剤層を用いず LCP のみで構成した 4 層基板の作成例を写真 5 に示す。

　そのほかに，振動吸収特性が抜群に優れている[9]，立体回路加工が可能[10]などといった他のプラスチックフィルムにみられない LCP 固有の性質を生かした用途への適用も期待される。

文　　献

1) 住ベテクノリサーチ編，"躍進するポリイミド最新動向"，p.225（1997）
2) エレクトロニクス実装学会誌，Vol.1, No.10, p.40（1994）
3) エレクトロニクス実装学会誌，Vol.8, No.11, p.26（1992）
4) Electronic Packaging Technology, Vol.6, No.7, p.12（1990）
5) 電子材料，Vol.39, No.9, p.32（2000）
6) 電子材料，Vol.39, No.9, p.1（2000）
7) 電子技術，Vol.45, No.8, p.46（2003）
8) 電子技術，Vol.44, No.9, p.40（2002）
9) 末永純一，"成型・設計のための液晶ポリマー"，シグマ出版（1995），p.56
10) エレクトロニクス実装技術，Vol.16, No.2, p.25（2000）

第9章　ビルドアップ用材料

中道　聖*

1　はじめに

　多層プリント板は，主に産業用機器に使用されていたが次第にOA機器に広がり，その後パソコン，VTRカメラ等いわゆる民生用途へ拡大し，加えて近年の携帯電話やデジタルカメラに代表される携帯機器に使用されたことにより急激に増加している。他に比べ高価な多層板が使用される理由は，携帯するために製品の軽薄短小が必要であり，それに伴って基板自身も高密度化が求められているからである。

　つまり，電子機器の携帯化および高性能化は，半導体デバイスの高集積化＝多ピン化を誘い，結果的にそれらを電気的に接続するプリント回路板は配線密度の向上＝高密度化にならざるを得ず，平面方向の配線密度の向上と共に厚み方向の立体配線＝多層化となる構図になっている。

　平面方向の配線密度の指標となる配線ライン・間隙（L/S：Line/Space）は，通常，75μm/75μmがサブトラクティブ法の限界といわれており，これを越える配線密度を得る工法としては導体をめっきで形成するアディティブ法やセミアディティブ法が実用化されている。

　立体配線としては，両面板からの技術であるメカニカルドリルによる銅めっきスルーホールを基本技術として，それを組み合わせる事により高多層の基板に適用されてきた。その後，穴径の微小径化が進み，従来のメカニカルドリル加工による穴あけでの限界に対し，感光性樹脂による現像穴あけ（フォトビアホール）やレーザーによる穴あけ（レーザービアホール）等が提案・実用化されている。ここでいうビアホールとは電気的接続のみを目的とする穴のことで，部品挿入の意味を兼ねたスルーホールとは機能が異なるものである。

　絶縁層に使用される樹脂としてはエポキシ樹脂系が主流で，材料形態として液状・フィルム状・基材（ガラスクロス等）入り等があり各々の形態に合わせて種々の方法で積層される。基材を含まない材料の場合は，より薄層化と低誘電率化が可能となり，薄型化や高周波にも有利で一般的な多層プリント板の用途のみならず半導体パッケージへの適用も実用化されている。

　穴加工の生産性からみれば穴数にかかわらず一括加工可能なフォト法が優れるが，感光性の賦与や保存性の面で技術的に難易度が高く，現時点ではレーザー法が普及している。また，導体層

---

*　Sei Nakamichi　住友ベークライト㈱　回路材料研究所　研究部　主任研究員

エレクトロニクス実装用高機能性基板材料

表1　ビルドアップ基板の仕様[1]

		最小回路幅 (μm)	最小穴径 (μm)	絶縁層		
				構成	厚さ (μm)	工法
一般法 (サブトラクティブ)		75	150	FR-4 (ガラエポ)	40以上	熱プレス
ビルドアップ	レーザー法 (アディティブ)	30	30	樹脂 + フィラー	30以上	コーター印刷 ラミネート 熱プレス
	フォト法 (アディティブ)	30	100			

の形成方法としては、めっきにより形成するアディティブ方法のほか、(樹脂付き) 銅箔を熱プレスする方法によるサブトラクティブ法もある。

表1にこれらの仕様をまとめるが、導体層と絶縁層を1層毎に積み上げ、逐次層間を接続し配線板を作製する事から「ビルドアップ方式」と総称している。

ビルドアップ多層プリント配線板の作製には既存設備を使用できる事が多いので、その需要は携帯電話用途を中心に急伸している。そのプロセスには数多のタイプが提案されている。

2　ビルドアッププロセスの特徴

ビルドアップ多層プリント配線板のプロセスの特徴は、絶縁層と導体層を1層ごとに形成し、逐次積み上げることであり、コア基板の上にビルドアップ層を積み上げるシーケンシャル積層法と個別に作製したビルドアップ層を一括して積層する一括積層法に大別される (表2)。一括積層法は,言葉の意味から考えると厳密にはビルドアップ方式とは異なるが,プリント配線板になった場合は同じ用途になるので、便宜的に同じようなカテゴリーで論じられている。現状はシーケンシャル積層法が主流であり、導体層の形成／接続方法において、めっき法と非めっき法に分類できる。

導体層の形成／接続方法としてのめっき法は、絶縁層に用いる材料としてガラスクロスプリプレグ、樹脂付き銅箔、熱硬化性樹脂、感光性樹脂等がある。

絶縁層を形成するプロセスとしては、印刷・ロールラミネート・熱プレス等があり、形成された絶縁層を挟む上下の導体層同士を接続するビア形成方法がビルドアップ方式により開発された新規技術である (表3)。従来のメカニカルドリル加工法に代わって、フォト法又はレーザー法を用いることにより、多層配線板を立体的に接続する穴の微細化が格段に進歩し、数多くの微小径の穴をあけることができるようになった。さらに、ビルドアップ方式ではビアを層ごとに異な

第9章　ビルドアップ用材料

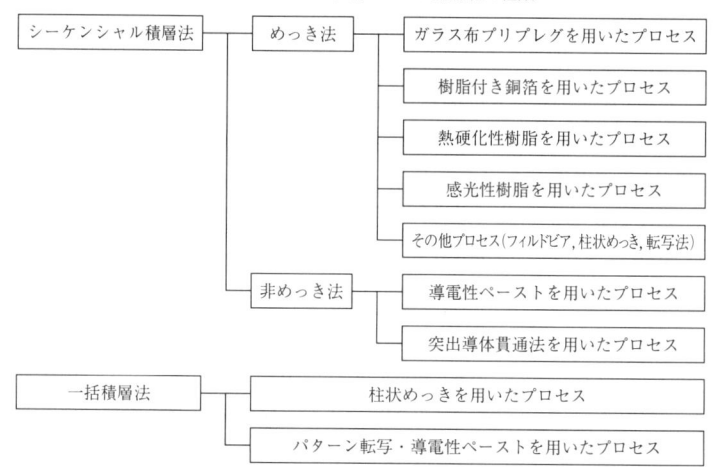

表2　ビルドアップ多層プリント配線板の種類[2]

- シーケンシャル積層法
  - めっき法
    - ガラス布プリプレグを用いたプロセス
    - 樹脂付き銅箔を用いたプロセス
    - 熱硬化性樹脂を用いたプロセス
    - 感光性樹脂を用いたプロセス
    - その他プロセス(フィルドビア,柱状めっき,転写法)
  - 非めっき法
    - 導電性ペーストを用いたプロセス
    - 突出導体貫通法を用いたプロセス
- 一括積層法
  - 柱状めっきを用いたプロセス
  - パターン転写・導電性ペーストを用いたプロセス

表3　ビルドアップ基板の種類と特徴[3]

ビア形成方法	フォト	レーザー			ALIVH	B²it
		液状樹脂	樹脂付銅箔	薄型プリプレグ		
	(液状樹脂またはフィルム状)	(Laser Via)				
特徴	一括ビア形成が可能であるが、メッキビールは銅箔積層方式のものに比べ弱い。	材料費として は低コスト。樹脂選択幅は広い。表面平滑化の為に高度な機械研磨等、専用ラインが必要。	一般的なプレス工法で汎用性大。ビルドアップ基板の主流となっている。液状タイプに比べ材料としてやや高。	樹脂付銅箔より高剛性、低熱膨張で強度がある。しかし、ビア形状が悪く、ビア加工効率が悪い。	アラミドを使用し小型軽量。オールIVHのため設計自由度が高い。しかしコスト高。ビア、ランドの小径化にも限界あり。	穴あけドリル加工なく設計自由度が高い。プレス前に予めペーストまたはメッキでバンプ作成を行う。

る位置にあけることができるので，立体的な接続穴を合理的に配置することができ，パターン設計上での利点となり，高密度配線による電子機器の小型化の実現に寄与している。

　熱硬化性樹脂を用いたレーザービア形成プロセスは，感光性樹脂を用いたフォトビア形成プロセスと比較してビア形成の効率に劣るが，ビア径の小径化やプロセス制御に効果があり適用が進

んだ。

熱硬化性樹脂としては,「樹脂付き銅箔」を用いたプロセスが開発され広く実用化されている。形態は,銅箔に半硬化(Bステージ)の熱硬化性樹脂をコートしたもので,取扱い/作業性の良さで普及し現状ではビルドアップ用材料の主流の一つになっている。使用する銅箔としては12～18μmが通常使われるが,ファインパターン形成が必要な場合は3～5μmの極薄銅箔を用いたり,ハーフエッチングやセミアディティブ等の方法により対応が取られている。

さらに,基板に高い剛性を要求するニーズがあり,この対応として従来プリプレグ(ガラスクロス入り)を用いるプロセスが適用されつつある。これは,従来プリプレグと銅箔を積層することで,樹脂付き銅箔の代替とするものである。この方法は,ビア加工速度やビア形状に劣る面もあるが,材料側としては,ガラスクロスの織り目をつめて均一化させた新規のガラスクロスを開発しており,レーザー加工機側からも技術進歩が進んでおりビア加工上の弱点も克服されつつある。プリント板の要求仕様とのバランスで適用されることになるが,現時点では主流の材料プロセスとなっている。

他方,導体層の接続/形成方法としての非めっき法が開発・実用化されている。これは,セラミック多層配線板で導電性ペーストを用いる技術を,ビルドアップ多層プリント配線板に応用したものであり,絶縁層のビアの穴に導電性ペーストを充填して,これを圧接して多層プリント配線板とする方法である(ALIVH法等)。また,突出導体貫通法プロセス(B^2it法等)では,導電ペースト等で形成した突起でプリプレグを貫通させて導通接続させる方法である。

また,一括積層法としては,柱状めっきによる一括積層法,パターン転写・導電性ペーストによる一括積層法等が提案されている。

2.1 めっき法プロセス

絶縁樹脂として感光性樹脂,熱硬化性樹脂,樹脂付き銅箔,及び銅箔+プリプレグを用いたビルドアップ方式のプロセス一覧を図1に示す。

出発材料は,コア材あるいはビルドアップ層を形成した基板である。コア材は従来製法により回路が形成された両面板/多層板で,貫通しているめっきスルーホール内に樹脂または導電性ペーストを充填したものを通常使用する。コア材またはビルドアップ層を形成した表面の導体回路は樹脂との密着を向上させるために黒化処理等の積層前処理を行い,このベース基板上にビルドアップして絶縁層と導体層を形成する。積層前処理までは以下に記す各プロセスともに共通である。

(1) 感光性樹脂プロセス

感光性樹脂プロセスは,IBM社により1991年に開発・実用化されビルドアップ方式として最

第9章 ビルドアップ用材料

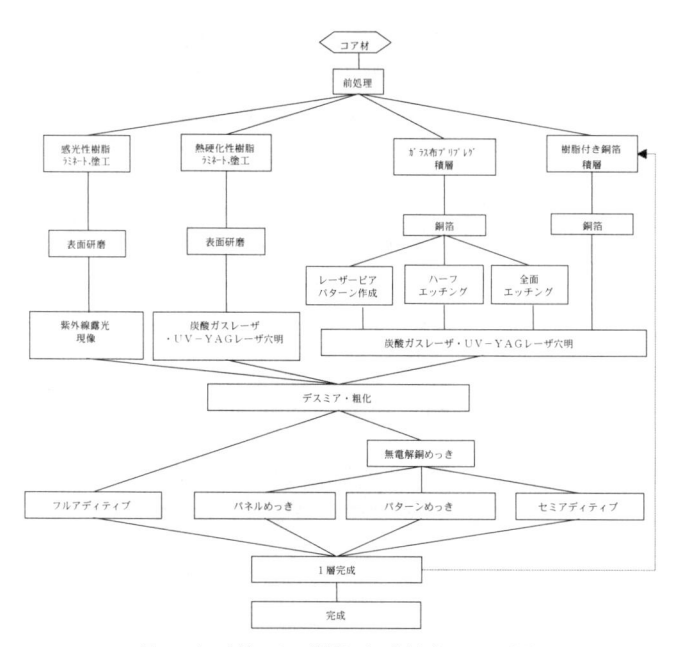

図1 めっき法による材料とビア作製プロセスの比較

初のプロセスである。

プロセスとしては，積層前処理後 液状の樹脂をコーティングするか，フィルム状のものをラミネートして絶縁層を形成する。その後フォトマスクを通して穴部を紫外線で露光・現像するフォト法によって，絶縁層にビアをあける。この方法によって形成されたビアをフォトビアと称している（図2）。

フォトビア法は，基板両面のビアを一括して形成することが可能である。

次いで無電解・電解めっきを行って表面パターンを形成するとともに，導体層同士の接続を行う。そのめっきには，セミアディティブ法とフルアディティブ法があるが，実用面ではセミアディティブ法を用いることが多い。

その工程は，無電解のパネル銅めっきをした後，表面にめっきレジストパターンを形成し，パターンめっき処理を行うのは従来技術と同じである。レジスト剥離後，薄い無電解銅めっきをエッチングして1導体層を形成させる。

感光性樹脂プロセスの弱点としては，感光性を持たせるために，樹脂選択幅が熱硬化性樹脂に比べ狭く，解像度の関係からフィラー等の副資材配合にも制約がある為に，強靱化・高T_g化な

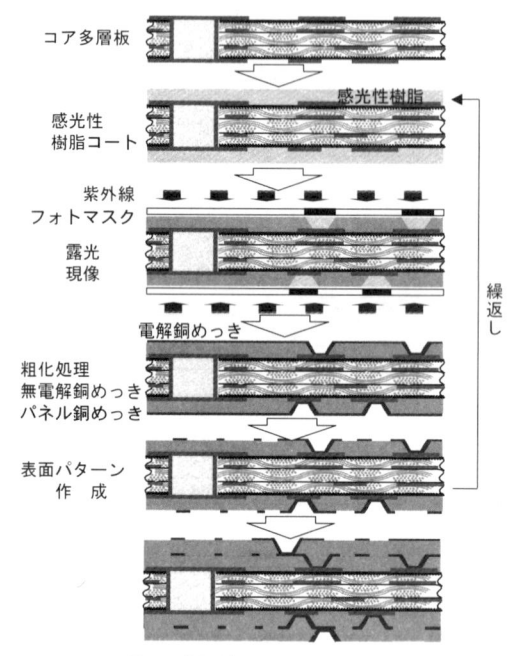

エレクトロニクス実装用高機能性基板材料

図2 感光性樹脂を用いたプロセス
(フォトビア／パネルめっき法)

ど種々の高機能化の実現が難しい事や，ピール強度が銅箔を積層する方式に比べ弱い傾向にある事等が挙げられる。

現在では，レーザー穴あけ技術の開発が進み，次に示す特性設計の自由度の高い熱硬化性樹脂を用いたプロセスへ主流が移行している。

(2) 熱硬化性樹脂プロセス

このプロセスでは，積層前処理後，液状樹脂をスクリーン印刷法やカーテンコータ等でコーティングする工法が最初に確立された。この工法では，液状樹脂が内層回路の凹凸に追従するために基板表面が平滑でないため，硬化後に精度の高い研磨機により平滑化する必要がある（図3）。

これに関して，液状樹脂の代わりにフィルム状態の材料とする事により問題をクリアしているところもある。

プロセスとしては，コア基板に絶縁層を形成後，レーザー（炭酸ガス，UV-YAG 等）でビアを形成する。$\phi(75\sim)100\mu m$ 以上のビアには炭酸ガスレーザーを用い，それ以下の小径ビアには UV-YAG レーザーが使用される（図4）。フォトビアとは違い基本的に一穴一穴あけるため

204

第9章　ビルドアップ用材料

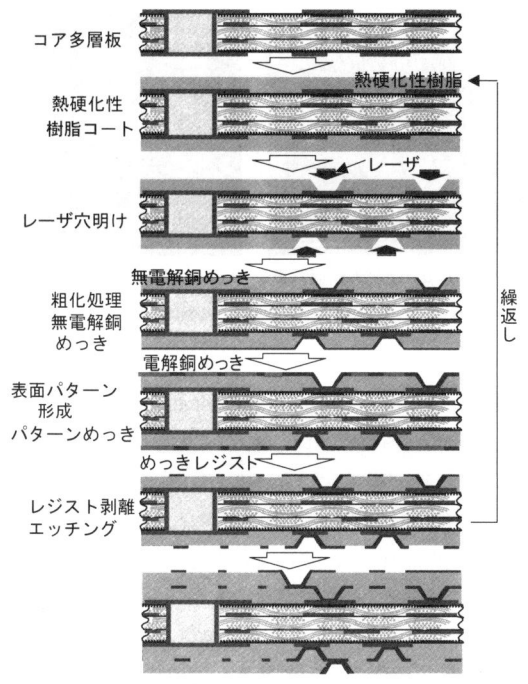

図3　熱硬化性樹脂を用いたプロセス
（レーザービア／セミアディティブ法）

コア多層板
熱硬化性樹脂コート
レーザ穴明け
粗化処理
無電解銅めっき
表面パターン形成
パターンめっき
レジスト剥離
エッチング

熱硬化性樹脂
レーザ
無電解銅めっき
電解銅めっき
めっきレジスト
繰返し

その加工速度が生産性の重要なポイントとなる。

　レーザー加工速度については，炭酸ガスレーザーで一軸あたり一分間に2万穴以上の加工が可能で，さらには複数軸加工も行えるようになっている。今後も高速化が進むと考えられ，フォトビア法とのコスト分岐穴数が増加し格差がなくなりつつある。

　炭酸ガスレーザーにてあけたビアの底部には極僅かな樹脂残差が残るが，通常はプリント板加工でデスミア液として一般的に使用されている過マンガン酸カリウムのアルカリ水溶液を用いて化学的に除去される。

　次いで無電解・電解めっきを行って表面パターンを形成するとともに，導体層同士の接続を行うが，めっき法は，前述の感光性絶縁樹脂と同じく，セミアディティブ法および無電解銅めっきで構成するフルアディティブ法が選択されている。

　感光性樹脂プロセスと比較して樹脂の選択範囲は広く，フィラー等の副資材配合もやり易い為，様々な高機能化の付与が比較的実現しやすくなっている。

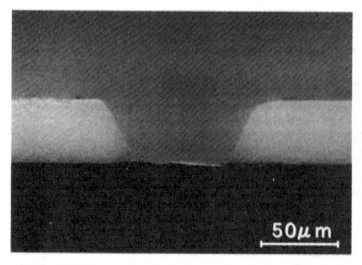

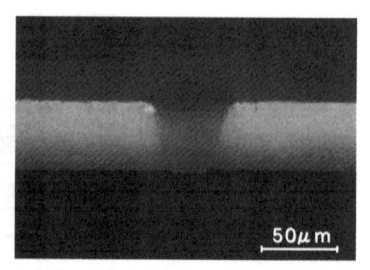

炭酸ガスレーザ 100μmビアの断面写真　　UV-YAGレーザ 50μmビアの断面写真

図4　レーザービアの断面

(3) 樹脂付き銅箔（RCCF：Resin Coated Copper Foil）プロセス

このプロセスは，1996年頃から開発された。熱プレス等でコア基板の上に加熱加圧により樹脂付き銅箔が接着される。従来の多層プリント配線板とほぼ同じ装置で製造できる点，取扱いが簡便で作業性がよく，絶縁層・導体層が同時に形成できる点，並びに，使用される樹脂は熱硬化性のもので樹脂の選択範囲が広い点から，現在，最も広範囲に採用されている方法である。

具体的には，従来工法で得られた内層コア基板に熱プレスにより熱圧積層後，ビアを形成したい場所にビア径よりも一回り大きく銅箔をエッチング除去（ウィンドウ法）し，レーザー穴あけを行う。一部では，3～5μmの極薄銅箔が開発され，それを用いてウィンドウを開けずにダイレクトにレーザービアを開ける工法や，銅箔を全面エッチングして樹脂層にダイレクトにレーザービアを開ける工法も検討されている。

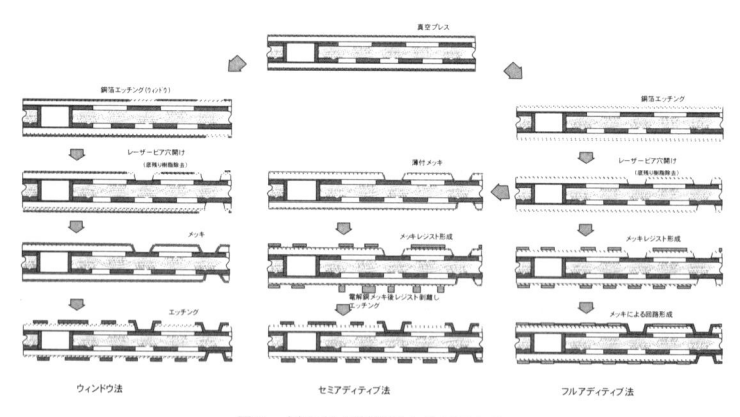

図5　樹脂付き銅箔によるプロセス

第9章　ビルドアップ用材料

導体層形成については，もともとの銅箔を使用したサブトラクティブ法が主流であるが，ファインピッチ回路に対応するために熱プレス積層後，銅箔を5μm程度にまで薄くなるようにハーフエッチングしたり，銅箔を一度全面エッチングで除去して，セミアディティブ法や銅箔全面除去後にめっきレジストを用いてめっきにて回路成形するフルアディティブ法などが行われている。以下にこれらの工法を模式化した図5を示す。

(4) プリプレグを用いたプロセス

(1)～(3)までの工法による絶縁層には，基材（ガラスクロス等）のない樹脂のみで形成されており，基板としての強度・剛性に劣り，この改善要求が潜在的に存在していた。この対策として，レーザー穴加工が可能なガラスクロス並びにガラス不織布等に樹脂を含浸したプリプレグを銅箔と共に積層したプロセスが開発されている。

絶縁層の強度・剛性が増すことで，部品実装時のリフローはんだ付け時等の基板のそり・ねじれが抑制され，大型の基板向けなどに実用化されている。このプロセスは樹脂付き銅箔と同様な構造となり，絶縁材料は従来の多層プリント配線板の材料とほぼ同じである。

課題は，レーザー加工性並びに穴品質である。炭酸ガスレーザーによる加工は，樹脂・ガラスクロスを同時に穴あけするので，ガラス切断に大きなエネルギーが必要となり，穴内部を安定に仕上げるために，加工条件の設定／管理が重要になっている。この点においては，レーザー加工機の進歩により改善が進んでいるが，100μm以下の小径については，困難な状況にある。

材料面からは，ガラスクロスの極薄化（50μm以下）並びにレーザービームが均一に当たるようにガラスクロスの織り目の均一化を狙った新規ガラスクロスが開発・実用化されている。

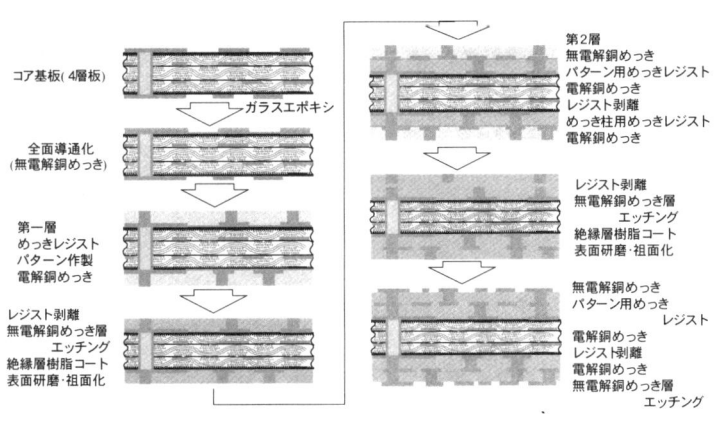

図6　柱状めっきビアによるプロセス

(5) その他プロセス

・フィルドビア，柱状めっきビアを用いたプロセス

　ビルドアップ多層プリント配線板の微小径ビア（マイクロビア）は，接続信頼性を向上するために，穴空間をめっきで充填するフィルドビアによるプロセスや柱状めっきビアによるプロセスが開発されている（図6）。

　柱状めっきビアによるプロセスは，レーザーなどの穴あけを必要としない方式であり，めっきで柱状めっきビアを形成し，熱硬化性樹脂をコートして柱状めっきを埋設することで絶縁層形成と層間接続を行うものである。

　表面パターンとビアとなる柱状めっきは，パターンめっき法あるいはセミアディティブ法の手法で形成する。配線パターンはファイン化が可能でありビアも細い柱状とすることができる。また，柱状めっきの代わりに，パネルめっきを行いエッチングにより，ビア柱を作製する方法も提

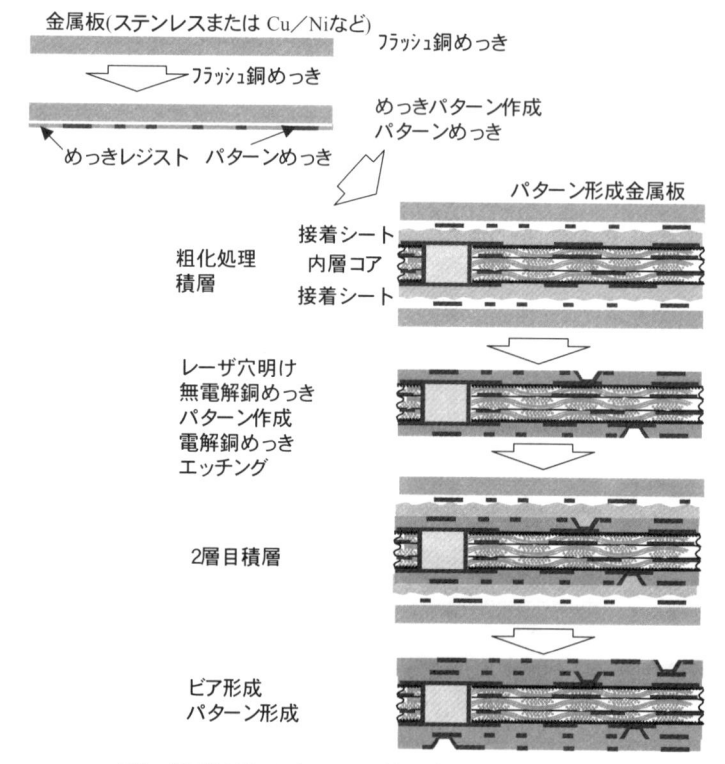

図7　転写法を用いたビルドアップ多層プリント配線板プロセス

第9章 ビルドアップ用材料

案されている。

・転写法を用いたプロセス

転写法を用いたプロセスは，ステンレス板，ニッケル板等の片面に薄い銅めっきを施し，ここにレジストパターンを写真法により形成，パターンめっきを行い，回路パターンを形成する。

この導体回路を，接着シートと共に熱プレス積層してコア基板に転写し，レーザーで穴あけ・めっきで層間接続するプロセスである。

パターンめっき法と積層を繰り返すことで，導体層を積み上げることができる。ファインパターンが樹脂に埋め込まれ，導体の三方向が接着され導体の表面が絶縁層と同じ高さとなるフラットな回路基板（フラッシュサーキット）を形成することができる。表面がフラットなので，次のビルドアップ用絶縁層を形成・積層し易くなる。また，最外層では導体パターン上にソルダーレジストを精度よく形成することも容易である（図7）。

他に，導電性ペーストを接続パッドに印刷し，積み上げる方法も開発されている。

2.2 非めっき法プロセスの概要

(1) 導電性ペーストを用いたプロセス

このプロセスは，従来のめっきスルーホール技術を用いず，導電性ペーストを充填した微小IVH（インタースティシャルビアホール）による任意の層間接続を可能とした全層IVH構造の樹脂多層配線板がALIVH法（Any Layer Interstitial Via Hole：図8）であり，これは，松下電器産業と松下電子部品により，1995年頃に開発・発表され翌年に携帯電話に実用化された。

製造工程は，アラミド不織布（最近では，ガラス織布を使用する工法も開発されている）にエポキシ樹脂を含浸させたプリプレグに炭酸ガスレーザーを用いて穴加工を行い，銅ペーストを充填する。このプリプレグの両面に銅箔を配置し，熱プレス機により加熱，加圧する。

ついで，この両面の銅箔をエッチングすることで両面プリント配線板を得，その両側に再度，銅ペーストを充填したプリプレグと銅箔を位置合わせして熱プレスすることで多層化する。この工程を繰り返し行い多層板を作製できる。

特長としては小型軽量・高密度化，アラミド不織布採用による低熱膨張，低比誘電率化，配線設計自由度が増加しCAD自動配線率を向上させるなどが挙げられるが，半面，ビア径の小径化が難しい，めっき工法に比べビア接続抵抗が大きい，工法が特殊でコスト高であるなどの課題がある。

(2) 突出導体貫通法を用いたプロセス

このプロセスは，東芝により1996年に開発・発表されたB^{2}it法（Buried Bump Interconnection Technology：図9）で1998年には携帯電話に実用化された。

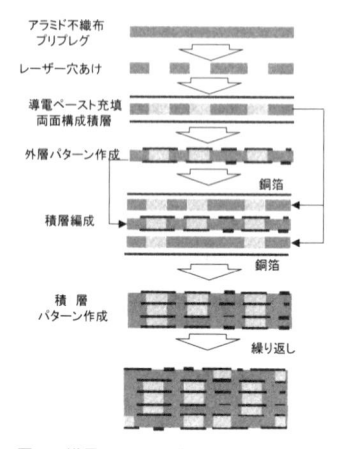

エレクトロニクス実装用高機能性基板材料

図8 導電ペースト（ALIVH法）を用いたプロセス

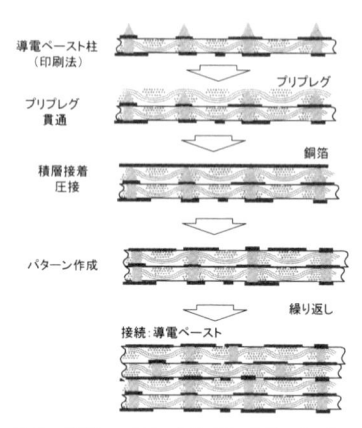

図9 導電ペースト（B²it法）を用いたプロセス

まず銅箔上に印刷法にて銀ペーストを印刷・乾燥し先端の尖った円錐形状にコントロールされた導電性バンプを形成する。次に形成したバンプをガラスクロス入りプリプレグに貫通させる。この時，プリプレグの樹脂が軟化するがフローしない且つ硬化しない条件に加熱される。バンプ貫通後，バンプとの良好な接続を得るために通常よりも高い圧力で熱プレスする。

熱プレスの後，銅箔をパターニングすることにより両面プリント配線板を得て，その両側に再度，導電性バンプ付き銅箔を位置合わせして熱プレスすることで多層化する。この工程を繰り返し行うことで多層板を作製できる。

特長としては穴あけドリル加工工程，スルーホールめっき工程が不要，パッドオンビア可能で高密度実装が可能，ランダムビア配置が可能で設計の自由度が高いなどが挙げられるが，半面，ビア径の小径化が難しい，加工工程で特殊なノウハウが必要であるなどの課題がある。

2.3 一括積層法プロセスの概要[4]

ビルドアップ方式のプロセスの新しい形態として，一括積層法を用いたプロセスが1999年頃より提案されるようになった。これらは，スタート用のベース基板を用いず，異なるパターンを持つ層を一括して積層するプロセスで数種類が提案されている。

・シート状の片面銅張積層板を用い，樹脂側よりレーザーで穴をあけ，そこに柱状のめっきを行う。銅箔はフォトエッチングによりパターンを形成する。このようなものを必要枚数用意し，めっきの先端に導電ペーストを塗布，さらに接着剤を塗布したものを重ねて一括して積層接着

第9章　ビルドアップ用材料

する方法。
・プリプレグにレーザーで穴をあけ，これに導電ペーストを充填したシートに，別に接着フィルムをキャリアにした銅箔を用意し，これをフォトエッチングにより導体パターンを作製して転写，シートに埋め込みを行う。このようなものを必要枚数用意し，一括積層する方法。
等が紹介されている。

3　ビルドアップ基板の技術動向[5]

　ビルドアップ基板はビア径がϕ100～150μmであったこれまでのものより，一層ファインピッチ化に対応し，高信頼性の実現を求められるようになってきた。
　また，部品の多ピン化と更なる小型化に伴いビルドアップ層は1層から2層（両面で2層から4層）以上となり構造的にもビア上にビアを配したりIVH（Interstitial Via Hole：導体層間を部分的に接続）上にビアを配したりされている（図10）。
　このような動向に伴いビルドアップ基板材料も従来特性に加え，高T_g，低熱膨張率，低誘電率化および低誘電正接化，絶縁層厚の均一性，チップ実装時の剛性が必要となる。また，環境に配慮した製品が求められており，その第一に鉛フリー化はんだ実装が急速に拡大しつつある。鉛フリーはんだは，従来の有鉛はんだに比べ溶融温度が高くなる傾向にあり，基板材料としては従来よりも高い耐熱性が要求されている。又，同時にハロゲンフリー化対応も，当然のことながら要求され，一部で実用化され始めている。

3.1　次世代ビルドアップ材料への対応

　ビルドアップ材料を高耐熱，低熱膨張率化する方法としては，樹脂そのものに耐熱性を持たせ，且つ無機フィラーの充填などにより熱膨張率を抑える手法が有効である。しかしながら，従来は

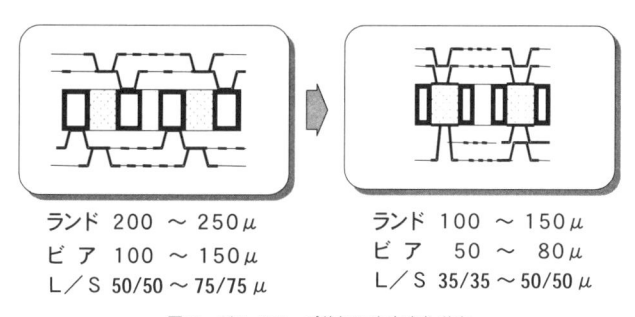

```
ランド　200　～　250μ        ランド　100　～　150μ
ビ ア　100　～　150μ        ビ ア　 50　～　 80μ
L／S　50/50 ～ 75/75μ        L／S　35/35 ～ 50/50μ
```

図10　ビルドアップ基板の高密度化動向

エレクトロニクス実装用高機能性基板材料

一般的に高 T_g 化すると硬くて脆い樹脂硬化物になりがちであった．一方，特に携帯電話をはじめとするモバイル製品には落下を想定しメカニカルストレスに強いものでなければならず，樹脂骨格にまで遡って開発が進められている．

一例を示すと，フリップチップ（FC）が搭載されるFCBGAやMCM基板などには，金スタッドバンプによる固相-固相拡散接合が採用されるため，高温，高圧下で半導体チップが実装される．この実装時には，ビルドアップ材料の弾性率が高いことが好ましい．図11では，温度120〜280℃，荷重120gf/1秒/バンプのツールボンディングを想定し，パッド部の凹み量を断面観察したものである．汎用RCCFや従来の高 T_g 耐熱タイプRCCFでは，パッド表面凹みが観察されたが，樹脂骨格まで遡って開発された次世代RCCFはパッド凹みが確認されなかった．

3.2 環境対応ビルドアップ材料

地球的規模での環境対策意識の高まりから，ISO-14000シリーズに代表されるように環境問題は企業の義務と位置づけられ，プリント配線板業界およびその材料を供給している銅張積層板業界もその渦中に置かれている．

具体的には，プリント配線板を廃棄処分するにあたって，焼却処分の場合，積層板に含まれるハロゲン系難燃剤がダイオキシンなどの有害物質の発生要因として可能性を指摘されたことや，埋立処分の場合に，プリント配線板からの鉛・アンチモンなどの有害金属化合物や化学物資が溶

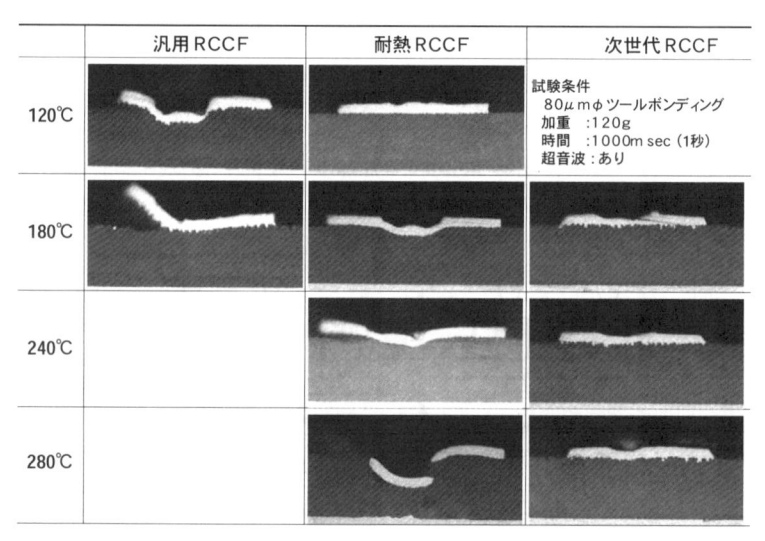

図11　断面写真：80μmφ ツールボンダ後の樹脂凹み

試験条件
　80μmφツールボンディング
　加重　：120g
　時間　：1000m sec（1秒）
　超音波：あり

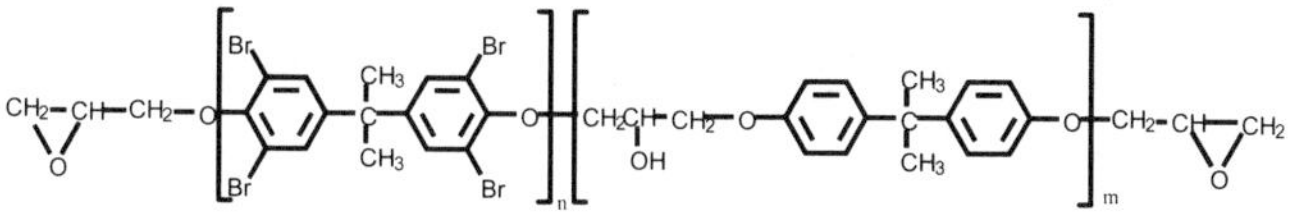

第9章 ビルドアップ用材料

図12 臭素化エポキシ樹脂の構造

出し土壌を汚染することが問題視されている。

この傾向はとりわけ欧州で強く且つ先行して高まっており，特にハロゲン系難燃剤およびアンチモン化合物の使用については法的規制の動きがある。また，2006年には，EU指令のWEEE (Waste Electrical and Electronic Equipment)／RoHS (Restriction on Hazardous Substances) により電気・電子機器において，鉛等の有害6物質の使用が禁止されるに至っている。このような市場要求に対して，ビルドアップ材料についても，鉛フリー対応並びにハロゲンフリー化対応が進められている。

プラスチックに使用される難燃剤としては，一般にラジカルトラップ効果のあるハロゲン系難燃剤，炭化促進効果のあるリン系難燃剤，不活性ガスを発生させる窒素系難燃剤，結晶水放出によって燃焼場の温度を低下させる無機フィラーがあり，単独もしくは組み合わせにより難燃化を達成している。従来のビルドアップ材料は，臭素化エポキシ樹脂（図12）を主に使用して難燃化を達成している。

現在開発されている，ハロゲンフリー基板材料の多くはリン化合物を使用することにより難燃性付与を行っているが，リン化合物の使用は樹脂のブリード，吸湿特性の低下，耐薬品性の低下等が懸念されることから，リン系化合物を使用せず樹脂自体が燃えないか，非常に燃えにくい骨格を持ったものの対応や，新規難燃剤による対応等，今後も新規ビルドアップ材料の開発が期待されている。

3.3 低誘電対応ビルドアップ材料

ITという言葉をどこでもよく聞くようになったように，現在の情報化社会は勢い良く発展を続けており，我々の生活は非常に便利に快適になってきている。これからもより身近なところで情報の送受信が行われ，その情報量は益々大きくなるものと考えられる。

例えば，レンタルショップに行かずに好きな映画を家庭のテレビに送信されるようになるだろう。チャンネルを変える感覚で無限に近いソフトが受信できるのである。受信体としては，家庭用テレビのみならず，ポータブルなモバイル機器で受信することも考えられ，数秒で映画1本をダウンロードできるようになるかも知れない。

このように大容量の情報を短時間で処理するプロセッサーや，その周辺部品は非常に処理速度

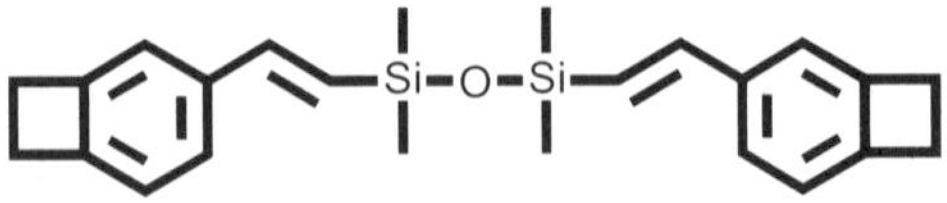

エレクトロニクス実装用高機能性基板材料

図13 BCB (The Dow Chemical Company)

が速く，基板としては高周波対応を迫られてくる。その際，材料特性としては，低誘電・低誘電損失材が求められ，特に誘電損失は小さければ小さいほど良い。

そこで，現在はこの低誘電，低誘電損失に加え，高耐熱，環境対応までも同時に付与すべき材料開発が，活発に進められている。一例として，BCB（ベンゾシクロブテン）樹脂（図13）をベース樹脂として開発されている材料は，誘電率が1 MHz～10 GHzまで安定して約2.8であり，誘電正接も約0.0025で安定している（誘電正接は一般的なエポキシ系樹脂に比べ一桁小さい）。更に，BCB樹脂は T_g が350℃を超える耐熱性と，吸水率が非常に低い（従来のビルドアップ材料に比べて5分の1程度）。硬化反応がやや遅いなど多少の課題は残るものの次世代ビルドアップ材料としてポテンシャルの高いものである[6]。

4 おわりに

以上の様に材料の開発経過並びに次世代材料について述べてきたが，ビルドアップ多層配線板は，従来プリント板加工で培われてきた加工技術を基に，材料特性を向上させて進歩してきた。これまでの流れを踏襲すると，細線配線・層間厚薄化・高密度接合が引続き追求されていくと考えられるが，今後は，構造的変化を伴ったパラダイム・シフトが起こることも予想される。

例えば，ほとんどが配線の機能しか持たなかったビルドアップ基板に他の機能を持たせたりするなどして，これまでの材料・基板・部品実装といった流れの垂直型の分業が成り立たなくなるかもしれない。

いずれにしても，今後の技術は，環境対応を意識しながら軽量小型高速化をキーワードとして進歩していくと考えられ，仕様とコストのバランスでプロセスや材料が選択されていくであろう。

文献

1) 東　圭二他, 科学と工業, 71(2), 57～65 (1997)

第 9 章　ビルドアップ用材料

2)　独立行政法人工業所有権総合情報館，ビルドアップ多層プリント配線板（2002）
3)　財団法人化学技術戦略推進機構，Q&A　エレクトロニクスと高分子（2001）
4)　高木　清，ビルドアップ多層プリント配線板技術，日刊工業新聞社（2000）
5)　小宮谷寿朗，高密度実装フォーラム予稿集，ビルドアップ基板材料の高密度実装化対応技術（1999）
6)　小野塚偉師他，誘電特性に優れたビルドアップ材料の開発，第15回エレクトロニクス実装学術講演大会講演論文集，p. 269（2001）

第3編 受動素子内蔵基板

第10章　受動素子内蔵基板

1　総論－電子部品内蔵基板－

本多　進*

1.1　従来の高密度実装の動き

　携帯用電子機器や大量情報を高速送受信するデジタル機器の急増に伴って，高密度実装技術はますます重要性を増してきている。その主な役割は，複雑化する電子機器の小型，軽量，薄形化と高機能，高性能化にある。これらに応えるために，電子部品類の超小型化や超薄型化等が進み，配線板のファインパターン化や薄形多層化が進んできた。

　受動チップ部品は，最近では0603（0.6mm ×0.3mm），0402と微小化が急速に進み，次は0201かとの声も聞かれるが，すでに部品メーカーもユーザーも実用限界に近いところまできている。また，ICチップはベアチップのほか，CSPやウェハレベルCSPが出現し，さらにチップをスタック実装した3次元実装パッケージが出現してきている。

　一方，これらを搭載する基板は，ビルドアップ構造でレーザによる$50\mu m \phi$を切る微小ビアホールや，全層IVH，スタックドビアホール構造なども導入されて，最先端では$20\mu m$前後のファインパターンと組み合わせて高密度・薄形多層配線板の製作が可能になってきた。

　これらの配線板に電子部品を実装するには，従来は部品類を配線板表面に2次元状に配置するSMT実装方式により高密度化が図られてきた。ところが最近の高速，高性能電子機器の急増により，高密度化とともに高周波，高速対応が必要になってきた。これには高速の大容量信号を寄生素子やノイズに影響されずにいかに忠実に伝送するかが重要課題になってきて，従来のSMT実装方式にも種々の問題が出てきた。

1.2　電子部品内蔵基板の位置付け

　ICチップは，これまで素子やパターンを微細化，高集積化して高速，高性能化をはかってきたが，クロック周波数がGHz帯に入ってくると，配線板へのIC実装がICチップの性能を低下させる問題が顕著になってきた（図1：ASET）。配線板の導体パターンが微細化し，相互に接近してくると，配線の複雑な引き回しは寄生の抵抗や静電容量，インダクタンス増につながる。GHz帯などの高速信号領域ではこれらによる信号遅延や発熱，さらにパターン配置によっては

---

*　Susumu Honda　基板・実装技術NPO法人　サーキットネットワーク　理事

エレクトロニクス実装用高機能性基板材料

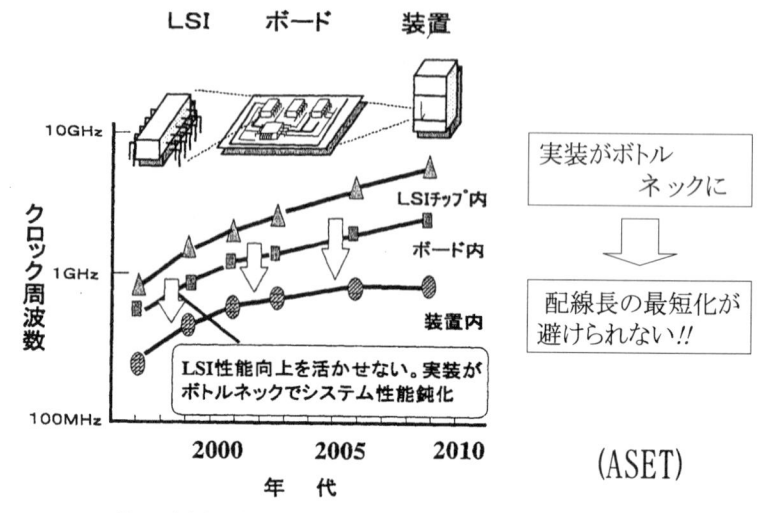

図1 高速化，高性能化する半導体ICの性能を生かす実装技術が重要に

不要輻射やクロストークノイズなどの発生原因にもなる。

これらを避けるには，低誘電率，低損失絶縁層による導体パターンの"適正な"引き回しが必要になる。同軸配線やストリップライン等の検討も進んでいるが，配線板構造が複雑になって超小型化やコスト面で難しくなってくる。そこで部品間接続の引き回しを極力削減する努力が必要になる。すなわち最短距離配線化へのチャレンジである。これには電子部品類の電極引き出し構造や配置が重要となり，従来の配線板上でのSMT方式による2次元実装（図2(a)）からポストSMTともいえる3次元実装構造（図2(b)）への転換の必要性も出てくる。これをさらに徹底追及していくと，配線板と電子部品とを個別に造って組み合わせる従来の実装方式では，部品間の最短距離配線の確保が不十分で，配線板の製造段階で基板内部に電子部品を配置して結線する実装が必要になってくる。究極の3次元構造による電子部品と配線の一体化（図2(d)）であり，この構造によれば，理想に近い配線の短縮化も可能になってくる。図2の(b)と(d)の間に，配線板に内蔵困難な部品類を表面に実装する中間的な実装方式（図2(c)）が存在する。図3に示すICチップへのデカップリングコンデンサの最短距離実装はまさにその例である。この図2(c)，(d)の構造が本章で述べる電子部品内蔵基板[注1)]にほかならない。

このように配線板の表面ないし内部に電子部品類を3次元実装する構造は，単にICチップの性能を生かす目的ばかりでなく，電子部品の実装面積効率を高めて超小型実装を実現するにも役立つ。特に図2(b)の配線板表面にICチップを3次元実装する方式は，すでに異種メモリーチッ

第10章　受動素子内蔵基板

(a) 配線板上2次元実装方式

(b) 配線板上3次元実装方式

(c) 受動部品内蔵基板方式

(d) 受動・能動部品内蔵基板方式

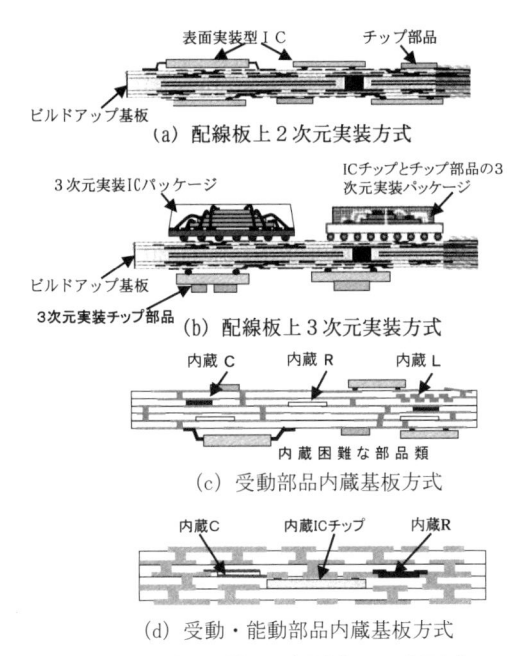

図2　電子部品実装は配線板上2次元実装から3次元実装へ，さらに3次元の電子部品内蔵基板方式へ

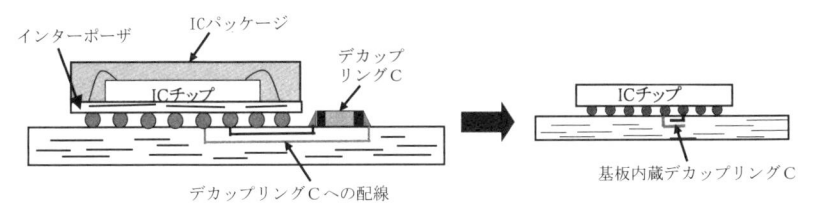

図3　ICチップへのデカップリングCの実装には最短距離接続が望ましい，最上層にCを内蔵した基板へのICチップの実装がこれを可能にする

プの3次元実装パッケージとして，特性改善というよりは機器の超小型化を目的として，各種の携帯用電子機器に大量導入が始まっている。

　註1）　この構造はもはや配線板とはいえないので基板とした。以下同様。

1.3 電子部品内蔵基板の特徴と分類

なぜ配線板への表面実装から電子部品内蔵基板への転換が必要なのか。この回答は上記の電子部品相互間の配線長の短縮による機器の性能向上と，実装面積効率を改善して機器の超小型化を図る点にあるが，さらに詳細な特徴を列記すると次のようになる。

① 部品間の相互配線長を短縮して高周波特性やノイズなどの電気特性の改善
② 部品集積度の向上による電子機器の小型，薄型，軽量化
③ 基板表面の受動部品削減によるIC搭載効率の向上
④ はんだ接続部の低減による実装信頼性の向上
⑤ 小型化や実装容易性などの面から，コストダウンの期待大

中でも①の電気特性の改善に対する期待が大きい。

こうした基板への電子部品内蔵化の動きは，まずは図2(c)のように内蔵可能な部品類から入れていくことで，受動部品の内蔵から動き始めている。しかし特性改善のための部品間配線の短縮化を徹底追求していくと，後述のように受動部品だけでなく能動部品（IC，Tr等）の内蔵も必要となってきて，受動・能動部品内蔵基板方式（図2(d)）に必然的に移行せざるを得なくなってくる。すでにこうした動きも一部で見られる。

さて，配線板は古くからセラミック系と樹脂系とに大別されてきたが，電子部品内蔵基板についても同様のことがいえる（図4(a)，(b)）。セラミック系は我が国の電子部品メーカーが先行し，

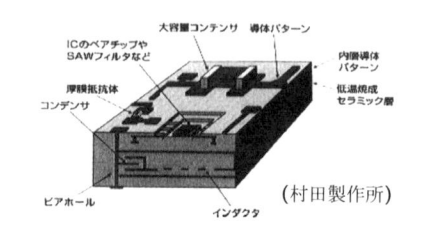

(a) セラミック基板への受動部品内蔵

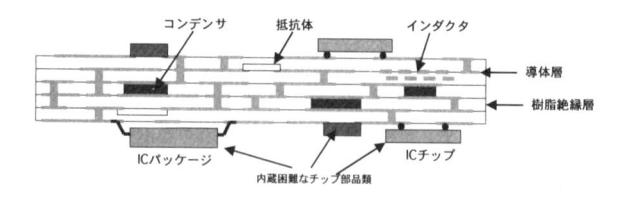

(b) 樹脂基板への受動部品内蔵

図4 電子部品内蔵基板はセラミック系と樹脂系に分類

第10章　受動素子内蔵基板

受動部品内蔵のセラミック多層基板モジュールが1990年代半ばから実用に供され，目下大幅拡大傾向にある。一方，樹脂系については全般的に材料開発が遅れており，目下国内外で開発競争が激化してきている。実用化については，後述のように米国が一歩先行している感がある。

1.4　セラミック系はモジュール・パッケージで応用拡大が進む

　セラミック系の受動チップ部品は単一部品の実装効率の悪さから，複数個の同種ないし異種の受動部品を2次元ないし3次元状に組み合わせた複合部品が開発され，実用化されてきた。異種複合部品は誘電体や磁性体のグリーンシートを仮積層，一括同時焼成する技術が我が国電子部品メーカーの努力によって開発され，1980年代後半から実用化が開始された。これらセラミック系複合部品は，チタン酸バリウムやフェライト等のシートが適用できるので，得られる部品定数範囲が広い。これがC，R，Lを含む3次元複合チップ部品の製造を可能にし，さらにそれら受動複合部品の上にICチップを搭載して小型モジュール化したものが出現した[1]。これは受動部品内蔵基板型モジュールにほかならない。これらは通常1,000℃を超す高温焼成が必要となるが，1970年代に開発された1,000℃を切る低温焼成ガラスセラミック基板では内層に導電性のよいAu，Ag，Cu導体が使用でき，厚膜C，R，Lも形成できるので，受動部品内蔵基板に適している（図5）。これらを基板やインターポーザに用いたモジュール（図6(a)）やICパッケージ（図6(b)）が携帯電話のRFモジュールその他に採用されて伸びてきた。これらは今後とも超小型化を必要とするブルートゥースなどのモジュールに幅広く採用されていく方向にある。

　内蔵可能な部品定数値が広く，内蔵素子も安定で，熱伝導性も良いので，高周波モジュールだけでなく幅広い回路への展開が可能になる。しかしセラミック基板は脆いため大型薄基板には適さず，今後とも小型のモジュール基板やパッケージ用インターポーザ等を中心とした応用展開がなされていくであろう。また，焼成段階で10数%

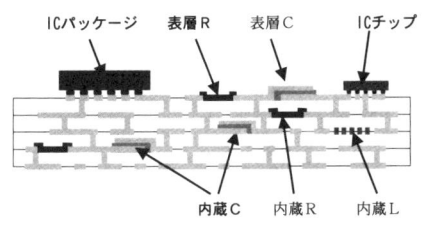

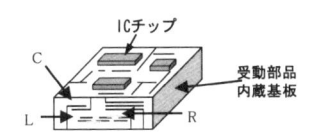

(a)　受動部品内蔵基板を使用したモジュール

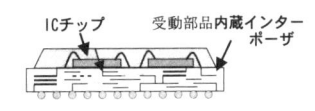

(b)　インターポーザへの受動部品内蔵パッケージ

図6　セラミック系受動部品内蔵基板はモジュール，ICパッケージが主体

図5　C，R，L内蔵ガラスセラミック基板を使用したモジュール構造

の収縮が生じ，しかも焼成後でないと抵抗値測定ができないため，内蔵抵抗体のトリミングが困難で，高精度（±1％以内など）の抵抗値確保が難しい。さらに，高温焼成であるためICチップの内蔵が困難な問題点もある。これらは次項の樹脂系に譲らざるを得ない。

1.5 樹脂系は受動・能動部品内蔵基板による究極の3次元実装構造へ

1.5.1 受動部品内蔵基板

樹脂系基板へ受動部品を内蔵する方法には，微小チップ部品を基板内に"埋め込む"方法（図7(A)）と，配線パターンの形成時に基板内に部品を"造り込む"方法（図7(b), (c)）とがある。

樹脂系はセラミック系と異なり，200℃前後の硬化温度で処理できるため，前者のチップ部品内蔵タイプは樹脂系の独壇場で，すでに一部でモジュール基板やパッケージ用インターポーザ（図8(a), (b)）を中心に製品化が進んでいる。これらは各層の必要箇所の電極部にチップ部品をはんだや導電性接着剤で接続した後に積層して部品内蔵基板とする。こうしたチップ部品を基板に内蔵する方法の是非は議論の分かれるところであるが，基板表面にICチップの十分な実装領域を確保して小型化が図れる点では有効といえる。ただしチップ部品は後述のICチップの薄片化と

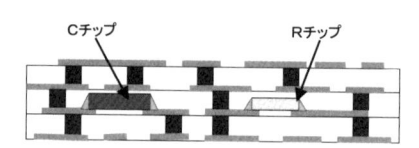

(a) 受動部品埋め込み基板
（チップ部品内蔵タイプ）

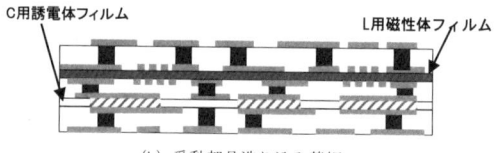

(b) 受動部品造り込み基板
（フィルム・タイプ）

(c) 受動部品造り込み基板
（印刷タイプ）

図7　樹脂系受動部品内蔵基板の構造例

第10章 受動素子内蔵基板

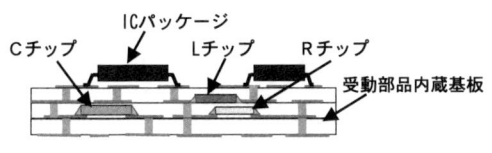

(a) 受動部品埋め込み基板型
　　モジュール

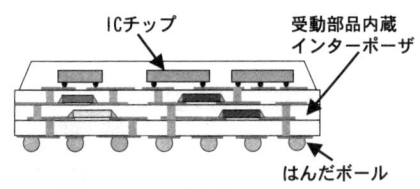

(b) 受動部品埋め込み基板型
　　ICパッケージ

図8　樹脂系基板ではチップ部品を埋め込んだモジュール・パッケージの製品化が進む

同様に、埋め込みに適した薄チップを使用しないと基板が厚くなって内蔵効果が半減してしまう。この点では薄片化の難しいセラミックチップコンデンサに替わる薄膜チップコンデンサの開発が重要になってくる。

こうした点で特筆すべきは、最近、受動部品集積 Si チップが登場してきたことである。これは Si チップ表面の絶縁膜上に半導体プロセスで C, R, L 等を形成した Si チップ（IPD：Integrated Passive Device）で、半導体 IC に内蔵困難な受動部品類を Si チップに高集積化したものである。図9(a)～(c)に最近の発表例（ST マイクロエレクトロニクス[2]、富士通研究所[3]、Amp Core Technologies[4]）を示す。(a)では、R は拡散ないし薄膜抵抗（1Ω～100KΩ）、C は強誘電体薄膜（5～500pF）、L はスパイラル導体で形成され、1チップに30個を超す受動部品の集積が可能で、必要ならば Tr 程度の能動部品の内蔵も可能としている。(b)では、BST 薄膜で7.0×8.2mm Si チップ上に0.035μF（1MHz；耐圧＞10V）のデカップリング C が12個形成可能としている。(c)では、R は10Ω～470KΩ、C は0.1～1,000pF、L は0.5～20nH が形成可能としている。

この IPD はフリップチップ構造で受動複合部品として基板表面に実装するほか、IC チップにダイレクト実装（図10(a), (b)）して接続長を短縮し、特性改善を図る狙いが大きい。しかしこれらを後述の IC チップの薄片化技術と組み合わせれば20μm 厚前後までの超薄型 IPD が得られ、これらを基板に内蔵すれば、埋め込み構造でも極めて効果的な受動部品内蔵基板が得られる（図10(c)）。また、あらかじめデカップリング C などの IPD を IC チップにダイレクト実装したもの

225

エレクトロニクス実装用高機能性基板材料

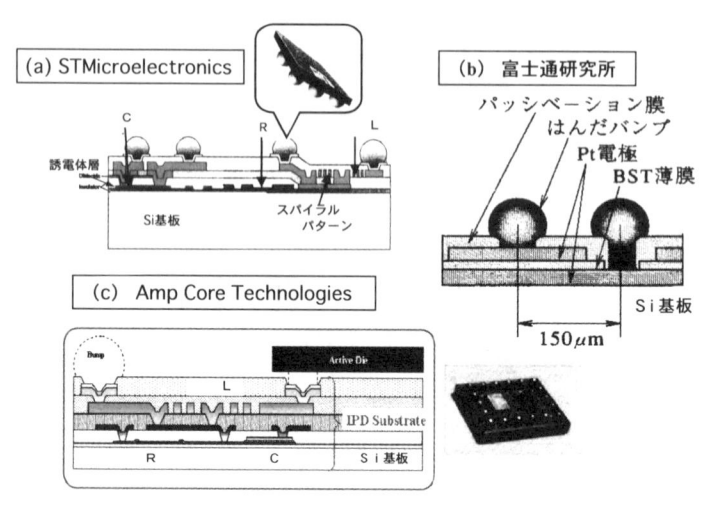

図9 受動部品集積 Si チップ（IPD）の構造例

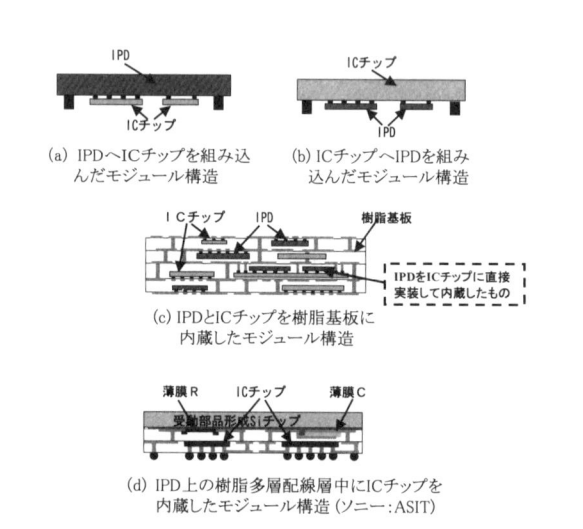

(a) IPDへICチップを組み込んだモジュール構造
(b) ICチップへIPDを組み込んだモジュール構造
(c) IPDとICチップを樹脂基板に内蔵したモジュール構造
(d) IPD上の樹脂多層配線層中にICチップを内蔵したモジュール構造（ソニー：ASIT）

図10 受動部品集積 Si チップ（IPD）の適用例

第10章　受動素子内蔵基板

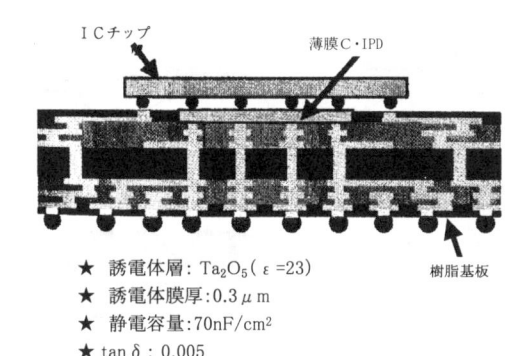

★ 誘電体層：Ta_2O_5（$\varepsilon=23$）
★ 誘電体膜厚：$0.3\mu m$
★ 静電容量：$70nF/cm^2$
★ $\tan\delta$：0.005
★ Si チップは $50\mu m$ の薄さまで確認

図11　最上層に薄膜C・IPDチップを内蔵した樹脂基板にIC
チップを実装した例（新光電気工業）

を基板に内蔵することもでき，最短距離接続に有効となる（図10(c)の点線囲い説明部）。
　さらにIPDの上部多層配線を形成する段階で，その多層絶縁層中にICチップを埋め込んで一体化する方法（ソニーASIT[5]：Advanced Silicon Integrated Thin Interposer SiP：図10(d)）も最近提案されており，ICチップとデカップリングCの最短距離実装などに有効となる。
　また，デカップリングコンデンサを Ta_2O_5 薄膜で形成したIPDを多層基板の最上層に埋め込んで，その直上にICチップを実装して性能を確保する試みもなされている[6]（新光電気工業：図11）。
　これらのIPDは，現状では主としてICチップに最短距離接続して特性改善を図るデカップリングCへの適用が進んでいる。性能やコストいかんでは今後の伸びが期待できるが，これらは前節のセラミック系受動複合部品の競合品に育つ可能性もあり，今後の動きが注目される。
　こうしたチップ部品埋め込み構造での大きな留意点は，熱膨張係数αの大きい樹脂（$\alpha\simeq10\sim30$ppm/℃）中にαの小さいセラミックチップ（Al_2O_3：$\alpha\simeq7$ppm/℃）やSiチップ（$\alpha\simeq3$ppm/℃）を埋め込む点で，熱サイクル信頼性の確保が重要となる。この対策としては，樹脂のαをチップ部品類のそれに合わせるのが理想的であるが，材料面で実現が難しい。そこで，チップ接続部周辺に熱応力吸収用のバッファコート層を設けるなどの工夫が必要となる。これは後述のICチップの内蔵についても全く同様のことがいえる。また，樹脂系に特有の基板の反りや捩れ，についても同様に注意を要する。
　さて，樹脂系基板に受動部品を"造りこむ"にはセラミック系と違って大きな壁が立ちはだかる。それはセラミック系のようなチタン酸バリウムやフェライトなどの広範なC，L値が確保できて積層可能な樹脂系シートが得られていないためである。

エレクトロニクス実装用高機能性基板材料

(a) 内蔵Rの構造
(Ohmega Technologies)

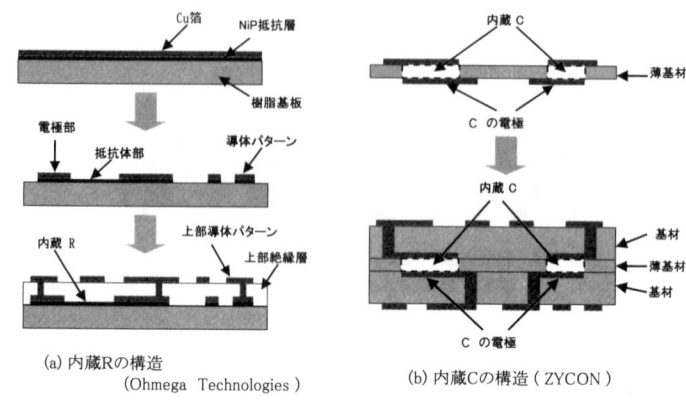

(b) 内蔵Cの構造 (ZYCON)

図12 古くから実用化されてきた樹脂系基板内蔵R，Cの構造例

樹脂系基板に受動部品を内蔵する動きも突然浮上してきたわけではない。抵抗体では古くからカーボン・樹脂系ペーストの印刷や，Cu箔と樹脂ベース間にNi合金などの抵抗膜を析出させた基板のホトエッチング（図12(a)：Ohmega Ply Technologies）により，表裏面や内層に抵抗体を持った基板が1970年代から生産されてきた。また内蔵コンデンサは，1980年代後半にZYCON（現 HADOCO）から BC^{TM}（Buried Capacitance）基板という商品名で市場に登場し，一部で使用されてきている。これは通常のプリント配線板に用いると同様の薄手（$50\mu m$ 厚）の両面Cu貼り板のCu箔をエッチングして対向電極とし，内蔵Cとしたものである（図12(b)）。コンデンサ用の特殊基材を用いないので通常の積層多層工程がそのまま適用できる利点があるが，基材の誘電率が4前後と低いため，造り込める静電容量値が低く，特殊な高周波回路等への応用に限定されて使用されてきた。しかしコンデンサを基板に内蔵する先導的役割を果した点では実装技術面でのエポックといえよう。しかし，さらに積極的に受動部品を内蔵するための，高誘電率樹脂系シートの開発がこのところ日米で活発化してきた。

コンデンサ用誘電体としては，
① 誘電率の大きい樹脂系フィルムの使用
② 高誘電率セラミック粉を樹脂に混ぜたコンポジットフィルムないし厚膜ペーストの使用
③ 誘電率の大きい高温焼成厚膜ペーストの使用
④ 通常の低誘電率フィルム上にスパッタやCVDなどにより高誘電率薄膜を形成して使用
⑤ 通常の低誘電率フィルムの超薄手品を単層または積層して使用

などが考えられるが，現状では①の材料は難しく，⑤はピンホールによるショートや耐圧面での問題があるため，現状では②〜④に絞られる。

第10章 受動素子内蔵基板

②はチタン酸バリウム系や酸化チタン系微粉末をエポキシやフェノール樹脂に混ぜたコンポジットフィルムないし厚膜ペーストを作り，前者では両面 Cu 貼りコンポジットフィルムの必要部分に Cu 箔エッチングで両面電極を形成し，それを多層基板の内層に入れてビアホール接続する方法で内蔵 C とする（前掲図 7(b)，図13(a)）。後者は C を形成する部分の内層 Cu 電極上に厚膜ペーストを印刷し，さらに上部電極を導電性ペーストやアディティブ Cu めっきで形成し，多層基板の内層に入れてビア接続する方法をとる（前掲図 7(c)，図13(b)）。現状ではこれらの方法が主体となるが，今後は困難な課題ではあるが①の材料開発にチャレンジする必要があろう。

しかし現状でのコンポジット誘電体フィルムないし厚膜ペーストは誘電率があまり大きくとれない点に問題がある。例えば誘電率が数千のチタン酸バリウム粉を樹脂に混ぜても誘電率は数十程度に低下してしまう。現在市販されている強誘電体粉末を用いたコンポジットフィルムの特性

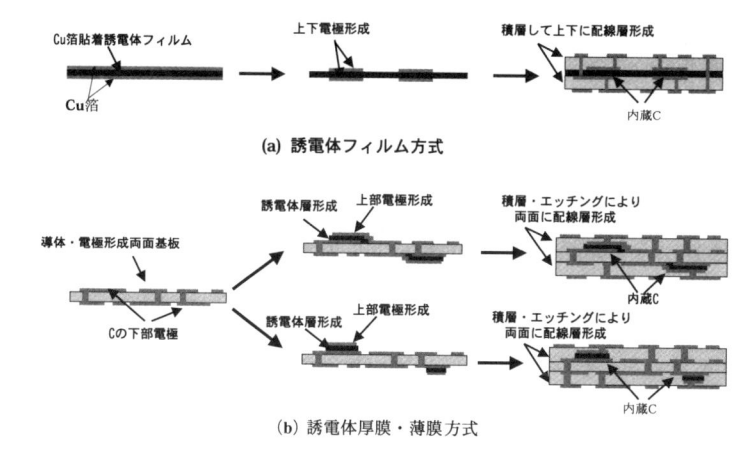

(a) 誘電体フィルム方式

(b) 誘電体厚膜・薄膜方式

図13 樹脂系基板内蔵コンデンサの形成法

表1 樹脂系基板内蔵コンデンサ用誘電体材料の特性例

メーカー	日本ペイント	松下電工	日立化成		Polyclad	3M
材料	エポキシ/BaTiO$_3$粉	エポキシ/高誘電率粉	エポキシ/高誘電率粉	ポリイミド/高誘電率粉	エポキシ/y5V セラミック	エポキシ/BaTiO$_3$粉
誘電率	51（1 KHz）	40（1 KHz）	42（1 GHz）	40（1 GHz）	36（1 GHz）	22（1 GHz）
誘電体損失	0.016（1 KHz）	0.015（1 KHz）	0.048（1 GHz）	0.029（1 GHz）	0.06（1 GHz）	0.1（1 GHz）
静電容量		25nF/in^2（10μmt）			2.1nF/in^2（100μmt）	10nF/in^2（4〜25μmt）

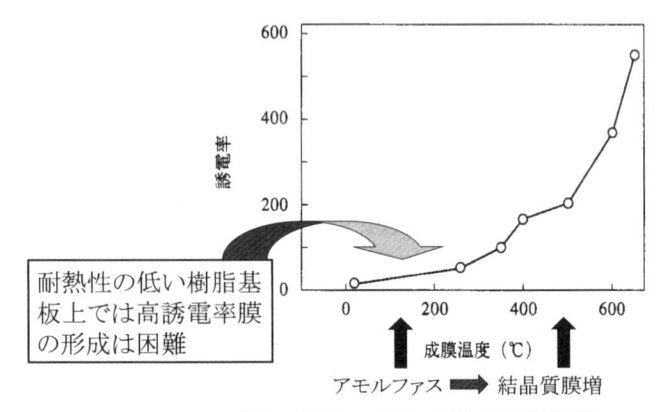

エレクトロニクス実装用高機能性基板材料

図14 スパッタ BST 薄膜の成膜温度と誘電率の関係（富士通研究所）

例を表1に示す。このように誘電率が数十前後と低いのは，樹脂の200℃前後の硬化温度では均一なペロブスカイト膜が得られない上に，粉末間に低誘電率樹脂が介在するためである。④のスパッタ法で強誘電体薄膜を形成しても，200℃前後の基板温度での析出では非晶質分が多く，誘電率は100以下にとどまる。BST のスパッタで500以上の高誘電率膜を得るには基板温度を600℃以上に昇温する必要があることが確認されている（図14）[7]。このため樹脂フィルム上へのスパッタや CVD 等による高誘電率膜の形成は困難で，IPD の項で述べたように，現状では高温成膜が可能な Si 基板への形成が有効といえる。

このため200℃前後の低温で高誘電率膜を形成する方法の検討が盛んになってきた。例えば強誘電体のナノ粉をコンポジット材に用いて，その活性化反応を利用して低温でシンターさせる検討などが国内外で活発化してきた。Georgia Tech. の最近の開発例[8]では，強誘電体のナノパウダを使用したナノコンポジットフィルムで誘電率135が得られており，またハイドロサーマル合成法ではピンホールが多いが100℃以下で誘電率700が得られている。

ところが最近，室温に近い温度で高誘電率薄膜を樹脂フィルム上に形成できる技術が産業技術総合研究所で開発された。図15に示すエアロゾルデポジション法[9]で，セラミック微粉末（0.08～2μm）を樹脂基板上に室温付近の温度で高速噴射させると10nm 前後の微粒子に粉砕され，活性化反応によって接着強度の優れた微結晶膜が形成される。この膜はバルクのセラミックスに近い特性を持つとされている。チタン酸バリウム粉を FR-4基板上に噴射させた場合，誘電率400前後が得られている。富士通研究所ではこの方法で基板内蔵コンデンサを試作し，300nF/cm^2 の静電容量密度が得られ，これを多層構造にして大容量化する方向の検討も進められている。今後の実用化への動きが期待される。

第10章 受動素子内蔵基板

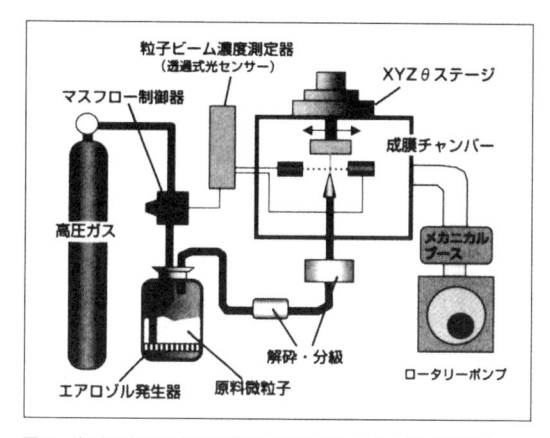

図15 高誘電率膜の常温成膜を可能にするエアロゾルデポジション法(産業技術総合研究所/富士通研究所)

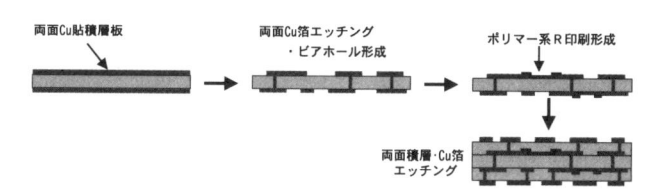

(a) 樹脂基板上への形成方式

(b) Cu箔上への形成方式

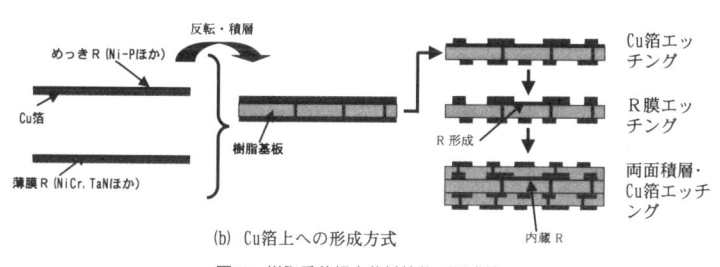

図16 樹脂系基板内蔵抵抗体の形成法

一方,内蔵抵抗体はカーボン・樹脂ペーストの印刷のほか,Cu箔上へNi系抵抗膜をめっきしたり,NiCr,TaN,CrSi,TiW薄膜などを真空蒸着やスパッタで形成して樹脂フィルムに貼着し,Cu箔をエッチングして内蔵抵抗体とする(図16(a),(b))。RはC,Lと違って広範な抵抗値に対応できるので,樹脂系基板への内蔵では可能性が最も高い。表2に抵抗特性例を示す。

231

エレクトロニクス実装用高機能性基板材料

これらはセラミック系の内蔵抵抗体と違って抵抗体完成後にトリミングしてから内蔵できるので，初期値は高精度のものが得られる。しかし材料に依存するが，環境安定性面での問題が多い。

これに対して，極めて安定で，古くからハイブリッドIC等に用いられてきた900℃前後の高温で焼成して形成する厚膜C，Rを樹脂系基板の内蔵用に適用する方法[10]がDuPontから提案され，実用化が進んでいる。本内容は次節で詳述されているので，ここでは図17に樹脂系基板へのC，Rの内蔵プロセスを示すにとどめる。あらかじめCu箔上にC，R，電極ペーストを印刷し，高温焼成した後に積層して樹脂基板に内蔵する方法がとられる。Cu箔を使用するため，誘電体，抵抗体，電極のいずれのペーストも窒素雰囲気焼成に適したものが必要になる。しかし得られた

表2 樹脂系基板内蔵低抗体材料の特性例

	ジャパンエナジー		Ohmega Technologies	Rhom and Haas	Siemens	DuPont
タイプ	NiCr 薄膜抵抗付きCu箔 100〜1,000Å	NiCrAlSi	薄Ni合金めっき抵抗	薄膜抵抗 (Pt＋ドーパント)	カーボン系ベース抵抗ペースト	ポリイミドベース抵抗ペースト
TCR	<110ppm/℃	<110ppm/℃	−50ppm/℃ (25Ω/□) −100ppm/℃ (100Ω/□)			
シート抵抗	25,50,100 Ω/□	25,50,100,250 Ω/□	25,50,100,250,500 Ω/□	50〜1,000Ω/□	20〜150Ω/□	0.1Ω/□〜 1MΩ/□
抵抗値ばらつき	±5%	±5%	±5〜15%	±10〜15% (±5%目標)	>100Ω/□：±25% <100Ω/□：±40%	
消費電力			25〜250W/m²			

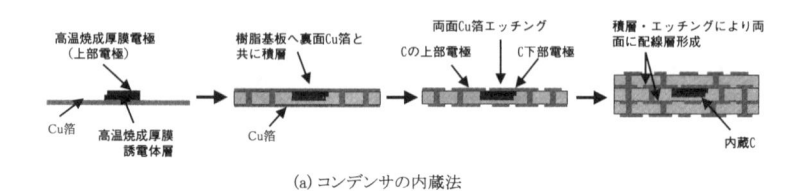

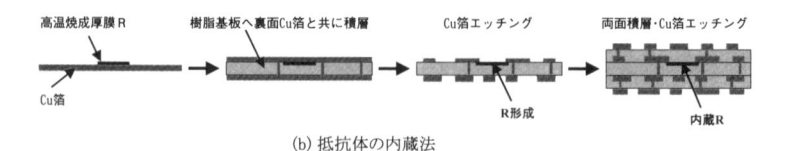

図17 高温焼成厚膜C，Rの樹脂系基板への内蔵プロセス（DuPont）

(a) コンデンサの内蔵法

(b) 抵抗体の内蔵法

第10章　受動素子内蔵基板

素子は高温焼成グレーズドタイプのため樹脂基板中でも安定で，さらに誘電体ペーストは誘電率が2,000程度のものも得られる点で画期的な方法といえよう。前記の③はこれに相当する。

また，樹脂系基板内蔵インダクタは，Cu 箔のエッチングやアディティブ Cu めっきにより，Cu パターンをスパイラル状やミアンダ状に形成したり，層間のビアホールを介してスパイラル多層構造にするなどの方法で形成する（図18）。特性はパターン形状や基材などの構造依存性が大きいが，インダクタンス値は数十 nH までにとどまる。このため応用は今のところ高周波モジュール用の L が主体である。フェライト等の磁性粉を樹脂に混ぜたコンポジットフィルムベースの検討も進んでいるが，誘電体コンポジット材と同様に効果は小さいので，この場合もナノ粉による低温シンターの可能性を探る検討がなされている。

これら樹脂系電子部品内蔵基板の特徴は，前述のセラミック系，樹脂系に共通した①〜⑤の特徴のほかに下記の内容が加わる。

⑥　セラミック基板のような焼成収縮がないため，素子の寸法精度が高い
⑦　抵抗体はトリミング後に内蔵できるため，高精度形成が可能
⑧　低温プロセスのためエネルギーコストの削減が可能
⑨　大型基板にも適用でき，小型モジュール基板の場合でも多数個取りができるのでローコスト化が可能
⑩　複雑な形状の基板にも適用可能

こうした特長があるにもかかわらず，現状では内蔵可能な C, L 値が限られるため，現状ではセラミック系と同様に，高周波モジュールへの適用から実用化が進んでいる。

図19(a)に示す例[11]は TDK から2000年に発表された樹脂系の受動部品内蔵基板を用いたモジュールで，小型化，高性能化とローコスト化を狙っている。誘電体，磁性体の無機材料を有機

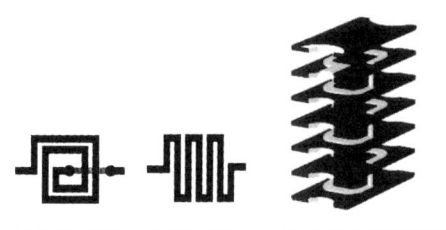

スパイラル型　　ミアンダ型　　スパイラル多層型(TDK)

★ 導体:Cu箔のホトエッチングまたはめっき
★ 磁性体層:フェライト・樹脂のコンポジット材
図18　樹脂系基板内蔵インダクタの各種構造

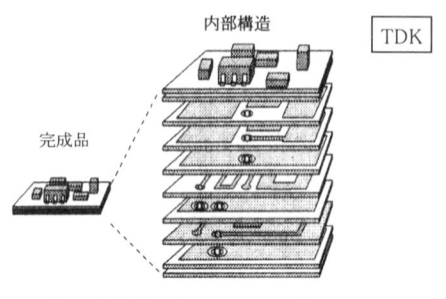

エレクトロニクス実装用高機能性基板材料

(a) 一括積層によりC, R, Lを内蔵
したモジュール

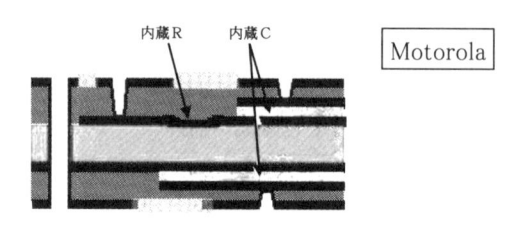

(b) 印刷・塗布方式によりC, Rを内蔵
したモジュール基板

図19　樹脂系受動部品内蔵基板及びモジュールの例

材料と混合したハイブリッド・プリプレグ材にCu電極を形成してC，L基板を作り，200℃前後の低温で一括積層する方法がとられる。まずは高周波領域のモジュールへの応用から製品化が始まっている。

樹脂系の受動部品内蔵基板で量産実績が大きい例は，2002年発表されたMotorolaの携帯電話用高周波モジュール[12]である。ローコスト化を実現するために従来のビルドアップ多層基板プロセスと極力両立可能な構造をとっている。ビルドアップ層を利用したコンデンサはHDI型C（$\varepsilon \fallingdotseq 4$）と称して12pFまでの小容量Cに，セラミック粉を樹脂に混ぜたコンポジット誘電体層をCu箔で挟んだものはCFP (Ceramic Filled Polymer) 型C（Vantico：$\varepsilon \fallingdotseq 20$）と称して450pFまでのCに適用している。抵抗体はフェノールベース・カーボンペースト（アサヒ化研）を用いて$18\Omega \sim 10M\Omega$まで全域をカバーしている。C，Lで内蔵が困難なものはチップ部品を用い，当初は30〜50%の受動部品を内蔵してトータルコストを従来品以下に抑えて小型化することを目標

第10章 受動素子内蔵基板

表3 樹脂系基板内蔵素子の特性（Motorola）

種類 (ノントリム)	範囲	精度	誘電率	誘電損失	温度係数	パワー	トリミング	インプロセステスト
HDI 型C	1pF 〜12pF	15%	3.8〜4.3	2%		>100V (耐圧)	未試験	未試験
CFP 型C	2pF 〜450PF	15%	20〜22	2〜4%	X7R近似	>100V (耐圧)	同上	同上
PTF 型R	18Ω 〜10MΩ	20%			300ppm/℃	<100mV/mm^2	可能	可能
L	22nH迄 試験すみ	15%		Q=70			同上	同上

(周波数：3GHzまでテスト)　　　　　　　　　　　HDI：High Density Interconnect.
　　　　　　　　　　　　　　　　　　　　　　　CFP：Ceramic Filled Photo-ielectric
　　　　　　　　　　　　　　　　　　　　　　　PTF：Polymer Thick Film

に生産に踏み切ったとしている。ビルドアップ基板に内蔵されたCFP型CとRの断面形状を図19(b)に，これら基板内蔵部品の特性を表3に示す。これらのC，Rは，5回リフロー後，-55/125℃の液中ヒートショック1000サイクル等の過酷なテストで問題ないことが確認されている。

このほか最近では，セラミック系が主体であった無線LAN，ブルートゥース，デジタルカメラ用等のモジュールで樹脂系での検討が始っており，コストや性能いかんでは進展する可能性がある。

1.5.2 受動・能動部品内蔵基板

上述の動きは，受動部品を基板に内蔵して，ICチップやICパッケージは基板表面に実装する方式である。この場合，基板に内蔵する受動部品数が増すと基板内部での接続には限りがあるため，勢い外部端子数が増加して，かえってICとの接続が長くなるケースも出てくる。そこで理想的な短距離配線を行うには，能動・受動部品の内蔵が必要になってくる。

現状では能動部品の作り込みは困難で，ICやTrのチップを樹脂基板内に埋め込まざるを得ないので，高温焼成を必要とするセラミック系には不適であり，樹脂系に限られる。

最近ではICチップに限らずベアチップ相当のリアル・CSPや，半導体工程でパッケージまで完成させるウェハレベル・CSPが実用化されてきたため，KGDレベルでの基板内蔵が可能になってきた。

ICチップを基板に埋め込む手段は1970年代にGEが開発したSTD (Semiconductor-Thermo plastic-Dielectric) 方式[13]にさかのぼる。配線済みの基板にICチップを組み込む従来の方法でなく，ICチップを樹脂に埋め込み，その上に後から配線する方法をとる（図20(a)。通常のAl電極チップが使用でき，ホトエッチングによるファインパターン形成や多層化が可能なため，チップ

235

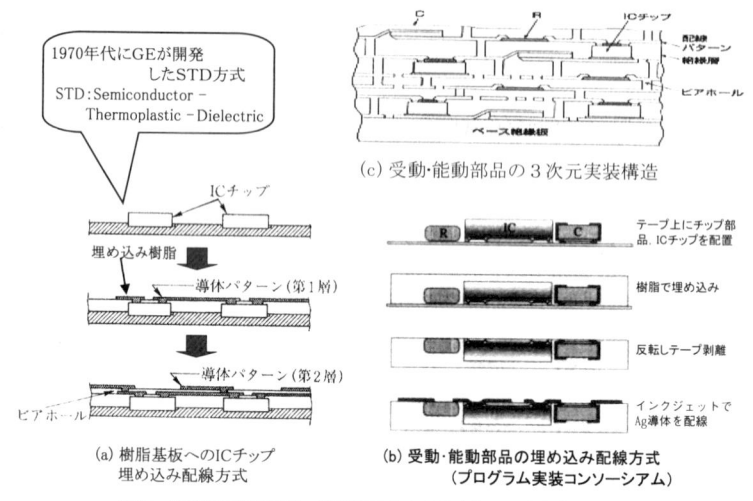

エレクトロニクス実装用高機能性基板材料

図20 樹脂系基板は受動・能動部品を含めた究極の3次元内蔵基板へ

(a) 樹脂基板へのICチップ埋め込み配線方式
(b) 受動・能動部品の埋め込み配線方式（プログラム実装コンソーシアム）
(c) 受動・能動部品の3次元実装構造

1970年代にGEが開発したSTD方式
STD: Semiconductor - Thermoplastic - Dielectric

電極の微小化や多電極化にも対応できる。しかしチップマウント時の位置精度や配線パターンの形成精度を高める必要がある。特に微小電極を持った複数チップの実装には重要である。ICチップだけでなく受動チップ部品も樹脂基板内に配置して配線を行えば，受動・能動部品内蔵基板が得られる（図20(b)）。この例では配線をナノAgペーストによるインクジェット方式で形成している。

こうしたICチップの埋め込み配線方式は，同様のプロセスを繰り返して配線しながらICチップを順次埋め込んでいくことにより，3次元実装構造[14]（図20(c)）が可能になる。

ICチップ内蔵方式で重要な点は，ICチップの薄片化技術である。これには，ウェハの裏面研削，薄ウェハのダイシング，薄チップのマウント，ボンディング等の新たな技術開発が伴うが，最近ICチップのスタック実装の必要性から急速に開発，実用化が進み，すでに50μm厚までのチップ実装が実用レベルに達している。さらに先端では次の目標の20μm厚の技術開発も進んでいる。基板内蔵用の受動チップ部品の薄片化は遅れをとっているが，このSiチップ薄片化技術がなんらかの示唆を与えてくれることになるかもしれない。

また，樹脂中にICチップを埋め込むため，放熱対策や，前述の樹脂とSiチップとの熱膨張差による内部応力緩和策が重要となってくる。さらにこの方式の最大の課題は不良ICチップのリペア技術の開発である。しかしこれは当面はKGDチップや測定済みのリアル・CSPやウェハレベル・CSPに頼るほかない。

第10章　受動素子内蔵基板

　また，基板への内蔵はこのような受動・能動部品だけでなく，今後は光通信部品や MEMS などのほか，変わったところでは携帯機器の電源に使用する電気二重層キャパシタを200μm 厚以下に薄くして基板に内蔵するなどの試作も進んでいる．

1.6　おわりに

　この受動・能動部品内蔵基板構造は究極の3次元実装に近く，基板に部品を内蔵するという概念よりは部品と配線が一体化した機能回路ブロックといえ，『基板』ではなく『機板（機能を持った板）』の呼称がふさわしくなるであろう．これらの実現には従来の SMT の延長線上にない，材料開発，設計手法開発，これに適した部品形状や実装プロセス，実装機器などの開発，検査，リペアなどの新技術開発やインフラ整備が重要課題となる．中でも，部品と基板を個別に作って組み合わせる従来の SMT 方式と違って，部品内蔵基板，MCP，SiP，IPD，モジュール，マザーボード等における回路分割法，それら相互間の接続電極配置等が回路特性や実装信頼性，実装効率などに大きく影響するため，材料からシステムまでの統合設計や，電気的，機械的，熱的信頼性も含めたシミュレーション手法の開発が必須要件となる．また，材料メーカーからシステムメーカーまでの一貫した協力体制も欠かせない．

　このように基板，実装関係は今新たな方向に動き始めており，これが事業構造や業界構造を大きく変えていく可能性を秘めている．このため，こうした動きを十分に把握して対処していくことが重要となってくる．

文　　献

1)　本多：*HYBRIDS*, **6**(3), p.26（1990）
2)　STMicroelectronics：Challenge, No.4-100, p.13（2001）
3)　栗原ほか：電子材料, **41**(9), p.57（2002）
4)　Amp Core Technologies 社カタログ（2004）
5)　山形：第13回マイクロエレクトロニクスシンポジウム論文集, p.228（2003）
6)　大井ほか：第12回マイクロエレクトロニクスシンポジウム論文集, p.271（2002）
7)　栗原ほか：電子材料, **41**(9), p.57（2002）
8)　① R. R. Tummala *et al.*：Proc. of 2002 ICEP, p.116, April（2002）
　　② S. K. Bhattacharya：IPC Coference, Aug. 5（2004）
9)　産業技術総合研究所：AIST Today, p.4, 8月（2004）
10)　W. Borland *et al.*；IMAPS Advanced Technology Workshop on Passive Integration, p.19,

June (2002)
11) 高谷ほか：Design Conference 2001 Japan Seminar, Track-D (6), p. 6-1, May (2001)
12) J. Savic et al.：Proc. Printed Circuits Expo 2002, pS09-3-1, March (2002)
13) R. J. Clark et al.：International Microelectronic Symposium, p. 131, Oct. (1974)
14) 本多：回路実装学会誌, 11(7), p. 462, 11月 (1996)

2 受動素子内蔵基板材料－焼成タイプ－

宝蔵寺智昭*

2.1 はじめに

昨今のエレクトロニクスは小型化と高機能化が同期した形で急激に発展している。ICの小型化と高機能化は驚異的なスピードで進んでいるが，受動素子はそれについていくことができていないと思われる。ICの高速信号処理には低インダクタンスと短線化が必要とされ，これを解決する実装技術が必要とされる。プリント基板への受動素子内蔵技術は，これらを解決するための機能と小型化を同時に達成できる重要な技術テーマである。現在すでに受動素子内蔵基板材料として開発されているものは，主に以下の4つのカテゴリーがあり様々な文献で討論されてきた[1-5]；(1)抵抗用薄膜めっき，(2)抵抗用厚膜ペースト，(3)キャパシタ用ポリマーシート，(4)キャパシタ用厚膜ペースト。

U. S. A.では1999年に受動素子内蔵技術コンソーシアム AEPT（Advanced Embedded Passives Technology consortium）が NIST（National Institute of Standards and Technology of U. S）の協力によって発足された。AEPT の焦点は，実装された IC のパフォーマンスを改善することであった。AEPT は，現行のチップ抵抗及びチップキャパシタを使用した信号速度の限界が0.5GHzであったのに対し，受動素子内蔵技術により1～10GHzにも対応できると報告している。

本節では，AEPT の活動を通じて開発されたデュポンの焼成タイプ受動素子内蔵基板材料の最新の結果を例に挙げて受動素子内蔵基板材料を紹介する。

2.2 受動素子内蔵基板材料

各カテゴリーの受動素子内蔵基板材料の一般特徴を表1に示す。ここで各カテゴリーの受動部品に一長一短があるのが分かる。現在も各材料メーカーでその開発が進行中であり，すべてを論じるのは難しい状況にある。デュポンでは，薄膜めっき/薄膜付きシートを除く受動素子内蔵基板材料を取り揃えており，特に焼成タイプ厚膜ペーストについては，受動素子内蔵基板材料としてデュポン独自の技術であり詳細に説明する。

---

* Tomoaki Houzouji　デュポン㈱　エレクトロニクステクノロジーズ
マーケットデベロップメントスペシャリスト

エレクトロニクス実装用高機能性基板材料

表1 Advantage and disadvantage each category of embedded passives

	カテゴリー	優位点	不利点
抵抗	焼成タイプ厚膜ペースト	広い抵抗レンジ 温度特性 トリミング対応性 各種信頼性	焼成炉の設備投資が必要なこと
	厚膜ポリマーペースト/フィルム	広い抵抗レンジ PWBプロセス対応性	温度特性が悪いこと トリミング対応性が低いこと
	薄膜めっき/薄膜付きシート	温度特性 PWBプロセス対応性	高抵抗レンジに対応できないこと 耐電圧が低いこと
キャパシタ	焼成タイプ厚膜ペースト	高容量キャパシタ 温度特性 各種信頼性	焼成炉の設備投資が必要なこと
	シートキャパシタ	温度特性 各種安定性 PWBプロセス対応性	高キャパシタレンジに対応できないこと
	厚膜ポリマーペースト/フィルム	PWBプロセス対応性	高キャパシタレンジに対応できないこと
	薄膜めっき/薄膜付きシート	高容量キャパシタ PWBプロセス対応性	耐電圧が低いこと

2.3 焼成タイプ厚膜ペースト

デュポンの提案する新規プロセスの受動素子内蔵基板材料である。900℃の高温焼成の焼き上げタイプの厚膜ペーストであり，従来の圧膜チップ抵抗やチップキャパシタに非常に近い特性が配線板でも達成できる。従来の受動部品の置き換えとして期待される。

2.3.1 焼成タイプ厚膜ペーストによる受動素子内蔵プロセス

抵抗内蔵基板およびキャパシタ内蔵基板の製造プロセスを図1および図2に示す。ここでは，焼成タイプ厚膜ペーストを印刷～焼成する前にガラス成分を含む銅ペーストを銅箔の上に印刷し焼成しておくことが重要なプロセスとなる。このガラス成分を含む銅ペースト焼成層は，受動素子内蔵基板材料である焼成タイプ厚膜ペーストの接着性を向上させる。

抵抗用およびキャパシタ用焼成タイプ厚膜ペーストを，ガラス成分を含む銅ペースト焼成層が付いた銅箔の上にスクリーン印刷機によって印刷する。印刷した焼成タイプ厚膜ペーストは，125℃/10分で乾燥させた後，900℃/窒素雰囲気下で焼成する。すべての焼成は，銅の酸化が起こらないように焼成プロファイル及び窒素ガス流量によりコントロールする必要がある。

抵抗内蔵基板製造プロセスにおいては，焼成タイプ抵抗用厚膜ペーストを印刷～焼成してできた抵抗層の上にエポキシの保護ペーストでコートする。この保護ペーストは，抵抗値の精度向上

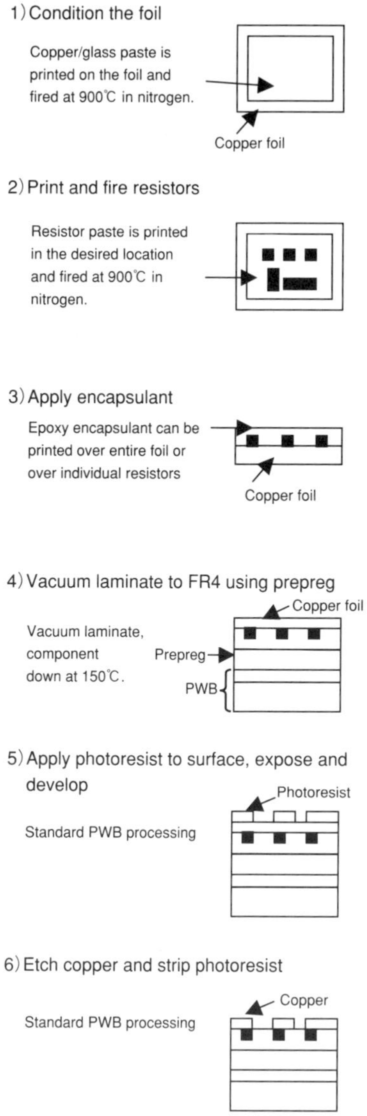

第10章 受動素子内蔵基板

1) Condition the foil

Copper/glass paste is printed on the foil and fired at 900℃ in nitrogen.

Copper foil

2) Print and fire resistors

Resistor paste is printed in the desired location and fired at 900℃ in nitrogen.

3) Apply encapsulant

Epoxy encapsulant can be printed over entire foil or over individual resistors

Copper foil

4) Vacuum laminate to FR4 using prepreg

Copper foil
Vacuum laminate, component down at 150℃.
Prepreg
PWB

5) Apply photoresist to surface, expose and develop

Photoresist
Standard PWB processing

6) Etch copper and strip photoresist

Copper
Standard PWB processing

図1　Process flow : ceramic thick film resistors

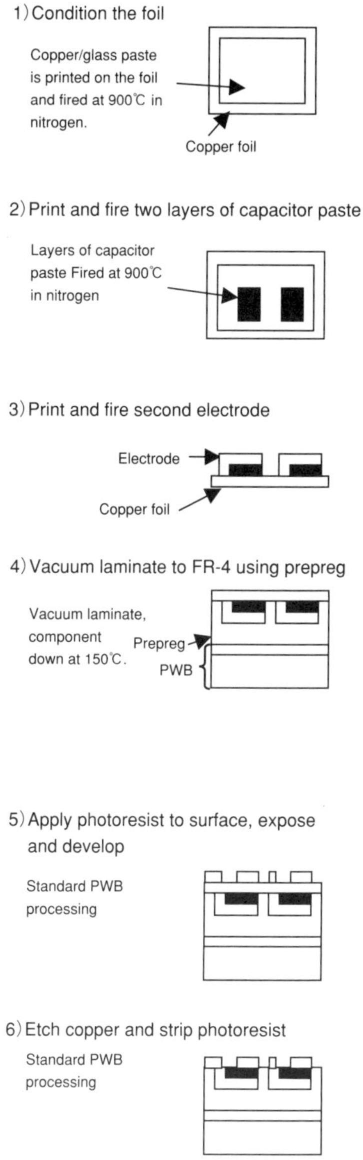

---

1) Condition the foil

Copper/glass paste is printed on the foil and fired at 900℃ in nitrogen.

Copper foil

2) Print and fire two layers of capacitor paste

Layers of capacitor paste Fired at 900℃ in nitrogen

3) Print and fire second electrode

Electrode
Copper foil

4) Vacuum laminate to FR-4 using prepreg

Vacuum laminate, component down at 150℃.
Prepreg
PWB

5) Apply photoresist to surface, expose and develop

Standard PWB processing

6) Etch copper and strip photoresist

Standard PWB processing

図2　Process flow : ceramic thick film capacitors

241

のためのレーザトリミング処理の際，基材が傷められることを防ぐためのものである。そのように処理された抵抗内蔵銅箔を，抵抗用厚膜ペースト焼成層がプリプレグ側になるようにして片面板や両面板などに積層する。このように積層してできた抵抗内蔵基板は表層一面が銅箔層となっている。この表層の銅箔層をエッチングによる回路形成を施すことにより，内蔵抵抗の端子が形成される。抵抗値の高精度が必要な場合，この後レーザトリミング処理を行う必要がある。

キャパシタ内蔵基板製造プロセスにおいてはキャパシタ用厚膜ペーストを，ピンホールを防ぐため印刷～乾燥を2回繰り返す。次に電極用厚膜ペーストをキャパシタ用厚膜ペースト焼成層の上に印刷し乾燥した後キャパシタ層と電極層を同時焼成する。このプロセスを繰り返すことによって多層キャパシタが形成できる。この際，キャパシタ層数に応じてキャパシタ構成厚が厚くなっていくためプリプレグの厚さを選択する必要がある。この後の積層及び回路形成は抵抗内層基板プロセスと同様に行う。

2.3.2 焼成タイプ厚膜ペーストを用いた抵抗部品内蔵

焼成タイプ厚膜抵抗ペーストは，LaB_6を含む窒素雰囲気焼成に適切なペーストを選択している。さらに，抵抗内蔵基板製造プロセス時に銅エッチング液にさらされるためこれに耐久性があるように開発されている。また，TCR[注1]（Temperature Coefficient of Resistant）が200ppm/℃以下になるように設計されている。図3に抵抗内蔵基板のクロスセクションを示す。焼成タイプ厚膜抵抗はレーザトリミング保護エポキシペーストと銅箔の両方に良好に密着している。

表2に最終評価結果として高い信頼性が得られる領域の印刷寸法を示す。この印刷寸法は10～80milの印刷範囲であり，これより1/8～1.0のアスペクト比（Length/Width）に対応できるので広域な抵抗値が設計できる。

非常に微細な寸法になるほど印刷は困難になり，寸法が非常に大きくなるとマイクロクラックが発生しやすくなる。このマイクロクラックは，1）焼成後銅箔の扱い不備によるストレスが原因，なのか2）積層後の抵抗体近隣のスルーホール作成などによる事後ストレスが原因なのかは確認できていない。

焼成タイプ厚膜抵抗の特性は，1）膜厚の均一性，2）焼成タイプ厚膜抵抗ペースト材の銅電極部への拡散，3）接続電極のエッチング具合，などに影響を受ける。寸法の小さな焼成タイプ厚膜抵抗の方がこのような影響は小さくなる。寸法の大きな焼成タ

表2 Some recommended resistor sizes (LxW, in mils)

10×10	20×10	40×10	60×10	80×10
10×20	20×20	40×20	60×20	80×20
10×40	20×40	40×40	60×40	80×40
10×80	20×80	40×80	60×80	80×80

注1) 抵抗温度係数：TCR（Temperature Coefficient of Resistance）。抵抗値の使用範囲内で，規定の温度間における1℃当たりの抵抗値の変化率。

第10章 受動素子内蔵基板

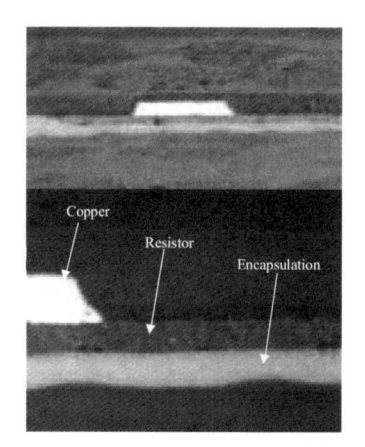

図3 PWB cross-section with embedded resistor

イブ厚膜抵抗はこれらを無視できるほどである。このような寸法影響を確認するために，印刷条件，エッチング条件，焼成条件などの製造条件を統一化して各寸法の正方形の抵抗値を測定した。また，いくつかのアスペクト比の抵抗値も測定した。この寸法の影響度合は，焼成タイプ厚膜抵抗ペースト，基板基材，製造プロセスなどの違いによって異なる。よって焼成タイプ厚膜ペーストを用いた抵抗部品内蔵基板は，寸法影響度をあらかじめ確認しそれを考慮して設計する必要がある。

例として$100\,\Omega/\square$のペーストを用い約1 mil の厚みで印刷した各寸法の抵抗値測定結果データを図3示す。ここではアスペクト比が1.0の抵抗値は約$70\,\Omega$であった。図4のようにアスペクト比と抵抗値はほぼ比例しており，その傾きは1以下で，その切片は正の値を示した。これは低アスペクト比の焼成タイプ厚膜ペースト抵抗は，設計値よりも高い抵抗値になる傾向があることを示している。各寸法の内蔵抵抗に対して各アスペクト比の抵抗値測定を少なくとも$N=24$以上で行ったが，各データの標準偏差$1\,\sigma$は$6\sim8\%$というような精度で上記のような傾向が確認された。

高周波用途などに要求される高抵抗値精度に対応するためのレーザトリミングによる抵抗値高精度化の確認実験を行った。表3にレーザトリミングされた抵抗値のデータを示す。実験レベルで2.5%以下の精度が得られ，高精度化に対応できることが確認できた。

抵抗内蔵基板に対し$-40℃/125℃$の熱サイクル試験を行った。サイクルタイムは1時間で1,000

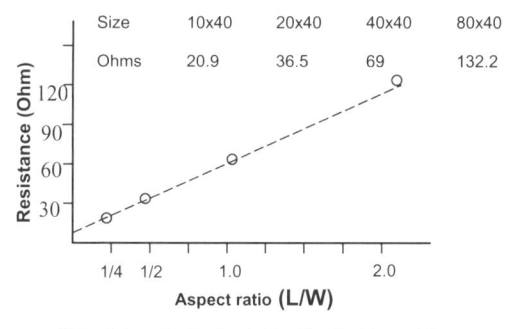

Size	10x40	20x40	40x40	80x40
Ohms	20.9	36.5	69	132.2

図4 R length effects plot for 40 mil wide resistors

エレクトロニクス実装用高機能性基板材料

表3 Laser trim data*

R Ohm/sq.	Pre-trimmed Avg (Ohm)	Pre-trimmed 3 Sigma (%)	Post trimmed Avg (Ohm)	Post trimmed 3 Sigma (%)
10	23.2	11.6	30.3	2.4
100	279.2	12.7	404.3	0.3
1K	2,210	13	3,016	2.1
8K	25,267	15	41,570	1.6

* Courtesy of Kim Fjeldsted, ESI, Inc.

表4 Thermal cycling testing

Size	Ohms	250h	500h	750h	1,000h
50mil	916	918	918	919	919
40mil	932	933	933	934	934
20mil	1,064	1,067	1,059	1,069	1,069
10mil	1,603	1,606	1,606	1,607	1,606

サイクルまで行った。1,000Ω/□の焼成タイプ厚膜抵抗ペーストを用いて作成した抵抗内蔵基板の試験結果を表4に示す。各寸法の内蔵抵抗の熱サイクル試験結果は，1,000サイクル後もその抵抗値変化率がすべて0.4%以下であり，十分な信頼性が確認された。100，1,000，および10,000Ω/□の焼成タイプ厚膜抵抗ペーストからなる抵抗内蔵基板に対し同様の試験を行ったところ，すべて5%以下の抵抗値変化率であった。以上より焼成タイプ厚膜抵抗ペーストを用いた抵抗内蔵基板は，熱サイクル耐久性に優れていた。

抵抗内蔵基板に対し230℃/20秒×3回ディップのはんだ耐久試験を行ったが，抵抗値の変化率は1%以内で十分な耐久性が確認された。以上より焼成タイプ厚膜抵抗ペーストを用いた抵抗内蔵基板は，はんだ耐久性に優れていることが分かる。

100〜100,000Ω/□の焼成タイプ厚膜抵抗ペーストを用いて，10〜55mil正方形の内部抵抗を内蔵した抵抗内蔵基板に対し85℃/85%の高温高湿試験を行った。図5のように 1,000Ω/□の焼成タイプ厚膜抵抗ペーストによる30mil正方形抵抗を内蔵した抵抗内蔵基板の高温高湿試験結果は，1,000時間後も抵抗値変化が2%以下で十分な耐久性が確認された。他の各寸法および各シート抵抗値の焼成タイプ厚膜抵抗ペーストを用いた抵抗内蔵基板においても，高温高湿1,000時間後の抵抗値変化はすべて3%以内であり高温高湿耐久性に優れていることが分かる。

抵抗内蔵基板に対し2，4，6および8Kvolts の ESD (Electrostatic direct contact discharge test)[注2]試験を行った。表5に1,000Ω/□の焼成タイプ厚膜抵抗ペーストを用いた各寸法抵抗体の内蔵された抵抗内蔵基板のESD試験結果を示す。ここで，ESD試験後の抵抗値は抵抗体寸法

第10章 受動素子内蔵基板

85C/85% RH
30 mil Resistors
1 Kohm

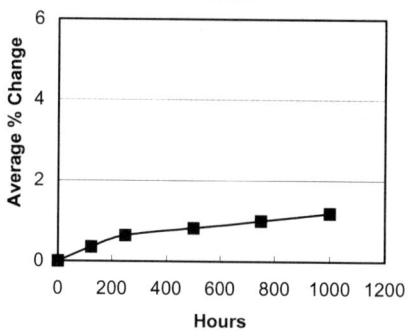

図5 Change of resistance with 85/85 storage of 30 mil sized resistors using 1 Kohm paste

表5 Resistor values (Ohms) before and after ESD testing on 1,000 Ohm/sq. resistors

Size (mils)	10×10	20×20	40×40	50×50
Initial	1,805	1,129	1,022	988
2KV	1,537	1,072	994	995
Initial	1,806	984	863	803
4KV	1,549	921	820	792
Initial	1,756	1,082	917	880
6KV	1,587	922	851	828
Initial	1,531	1,059	934	922
8KV	1,643	931	840	861

が小さいほど変化が大きかった。この傾向は100, 1,000, および10,000Ω/□の焼成タイプ厚膜抵抗ペーストを用いた抵抗体においても同様の結果が得られた。この焼成タイプ厚膜抵抗ペーストを用いた抵抗内蔵基板のESD試験結果は, 焼成タイプ厚膜抵抗ペーストからなる一般的なチップ抵抗と同等の結果であり, 本抵抗内蔵基板も同等のESD耐久性があることが分かる。

2.3.3 焼成タイプ厚膜ペーストを用いたキャパシタ部品内蔵

焼成タイプ厚膜キャパシタペーストは, チタン酸バリウムとエッチング耐性のあるガラスから構成され, 20〜30μmの厚みで印刷された。表6に代表的なデータを示す。これは, X7Rレベル(-55〜125℃までのキャパシタ容量の変化率が±15%以内であること)であり, 誘電率は3,000〜4,000であった。図6にキャパシタ内蔵基板のクロスセクションを示す。また, 図7の高倍率のクロスセクションのように焼成タイプ厚膜キャパシタは, チタン酸バリウムとガラス成分が均等に分散したような焼結体となっている。

キャパシタ内蔵基板に対し-40℃/125℃の熱サイクル試験を行った。サイクルタイムは1時間で1,000サイクルまで行った。表7のようにこの熱サイクル試験結果は

表6 Typical capacitor properties

Property	Value
Dielectric Constant	3,000〜4,000
Capacitance Density	>1.5 nF/mm^2 per a layer
Dissipation Factor	<5.0% at 10kHz
Insulation Resistance	>10^{11} Ohms
Breakdown Voltage	>500V/mil

注2) 静電気放電試験: ESD (Electrostatic direct contact discharge test)。2, 4, 6, 10KVのような高電圧を接触放電し, 放電前後の抵抗値もしくはキャパシタ容量のような電気特性を評価する。

245

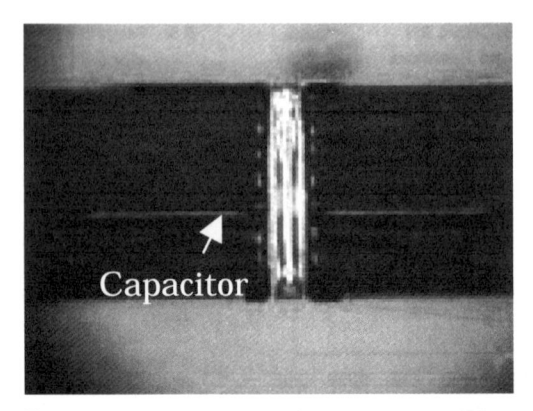

エレクトロニクス実装用高機能性基板材料

図6　Cross section of PWB with embedded ceramic capacitor

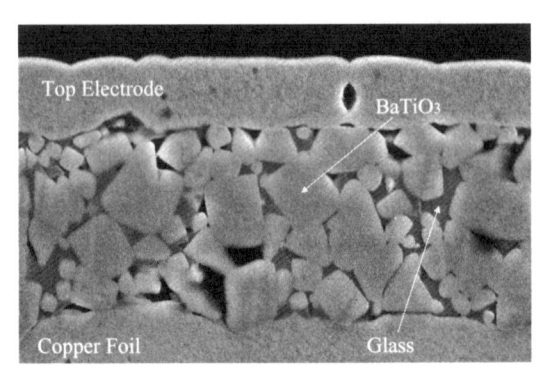

図7　Dielectric Cross-Section

1,000サイクル後も，抵抗変化率は5％以下であった。以上より焼成タイプ厚膜キャパシタペーストを用いたキャパシタ内蔵基板は，熱サイクル耐久性に優れていることが分かる。

キャパシタ内蔵基板に対し2，4，6および8KVのESD試験を行った。表8にこのESD試験結果を示す。1 mil厚みの焼成タイプ厚膜キャパシタの絶縁破壊電圧は800voltsであり，このような高電圧ESD試験に対する耐久性は良くなかった。高電圧ESD試験後キャパシタ容量とその誘電正接に変化が見られた。しかし，現行のチップ多層キャパシタや薄膜キャパシタ部品も同じようにESD耐久性が不足しており，高電圧ESD耐久性が必要なアプリケーションに使用する場合にはESD対策用部品を組み合わせて実装されている。このように，焼成タイプ厚膜ペーストを用いたキャパシタ内蔵基板に対しても，高電圧ESD耐久性が必要な際はESD対策用部品を使

第10章 受動素子内蔵基板

表7 Thermal cycling of embedded ceramic capacitors

	0h	250h	500h	750h	1,000h
Cap (pF)	1,081	1,024	1,028	1,024	1,028
Df	1.55	1.3	1.28	1.25	1.31

表8 ESD testing of embedded capacitors

	Before ESD Test		After ESD Test	
	Cap (pF)	Df%	Cap (pF)	Df%
2KV	1,124	1.5	1,098	8.4
4KV	1,305	1.6	1,239	36.2
6KV	1,085	1.5	1,005	N/a
10KV	930	1.6	843	N/a

用する必要があると思われる。

2.4 焼成タイプ厚膜ペーストによる受動素子内蔵のまとめ

焼成タイプ厚膜ペーストによって高精度で受動素子内蔵配線板を製造するには，印刷寸法のプロセスウィンドを設計に考慮することによって設計精度を向上させる必要がる。また，焼成タイプ厚膜抵抗ペーストを用いた抵抗内蔵基板はレーザトリミングによる抵抗値の高精度化が可能である。焼成タイプ厚膜抵抗ペーストを用いた抵抗内蔵基板は，熱サイクル，はんだ，高温高湿，高電圧 ESD 耐久性に優れている。焼成タイプキャパシタ抵抗ペーストを用いたキャパシタ内蔵基板は，熱サイクル耐久性に優れている。一方，高電圧 ESD 耐久性はチップキャパシタと同様に不足している。

焼成タイプ厚膜ペーストを用いた受動素子内蔵基板が信頼性に優れているのは，焼成材料の安定性に帰属するものと考えられる。

文　　献

1) W. J. Borland and S. Ferguson, "Embedded Passive Components in Printed Wiring Boards : A Technology Review," *Circuitree*, March 2001
2) D. MacGregor, "Standards Development Efforts for Embedded Passive Materials," IPC Annual Meeting, October 2001
3) P. Sandborn, B. Etienne, and D. Becker, "Analysis of the Cost of Embedded Passives in Printed Circuit Boards", IPC Annual Meeting, October 2001
4) J. Savic, R. T. Croswell, A. Tungare, G. Dunn, T. Tang, R. Lempkowski, M. Zhang, and T. Lee, "Embedded Passives Technology Implementation in RF Applications", IPC Expo, March

2002

5) J. J. Felten and S. Ferguson "Embedded Ceramic Resistors and Capacitors in PWB -- Process and Design", IPC Expo, March 2002

3 受動素子内蔵基板材料－ポリマコンポジットタイプ－

山本和徳[*1]，島田　靖[*2]，島山裕一[*3]，平田善毅[*4]，神代　恭[*5]

3.1 はじめに

携帯電話をはじめとする無線通信機器の小型化/高機能化を背景に，RF（Radio Frequency）モジュールの小型化が進んでいる。これまでは，より小型の半導体部品や受動素子部品を採用して対応してきたが，さらなる小型化を図るために，これらの部品を基板に内蔵化する必要がでてきている。これまでに検討されてきた受動素子の内蔵化検討では，ベース基板にLTCC（Low Temperature Co-Fired Ceramic）などのセラミック基板やシリコン基板を用いることが主流であったが，最近では樹脂基板を用いる研究開発が活発になっている[1-5]。樹脂基板には，マザーボードとの膨張係数の整合性や基板サイズの大型化への対応が容易などの利点がある。また，現行の樹脂基板製造設備に対応できるものであれば，量産性やコスト的にも対応能力が高い。

このような受動素子内蔵基板を実用化するためには，受動素子であるインダクタ（L），キャパシタ（C），レジスタ（R）の機能を担う材料の開発と回路設計技術及び検査技術を構築する必要がある。本節では，ポリマコンポジットタイプの基板内蔵用キャパシタ材料と回路設計技術に着目し，携帯電話用のRFモジュールおよびローパスフィルタへの適用について筆者らの検討結果を紹介する。

3.2 受動素子内蔵基板のコンセプト

樹脂材料を用いたRFモジュール向け受動素子内蔵基板のコンセプトを図1に示す。ポリマコンポジット材料を電極で挟みこんだ厚膜キャパシタと薄膜を電極で挟みこんだ薄膜キャパシタ，さらにパターンで形成したインダクタ等の受動素子を内蔵化する。ここでは，ポリマコンポジットタイプの材料を適用する厚膜キャパシタを中心に述べる。

---

* 1　Kazunori Yamamoto　日立化成工業㈱　総合研究所　主管研究員
* 2　Yasushi Shimada　日立化成工業㈱　総合研究所　主任研究員
* 3　Yuichi Shimayama　日立化成工業㈱　総合研究所　研究員
* 4　Yoshitaka Hirata　日立化成工業㈱　総合研究所　研究員
* 5　Yasushi Kumashiro　日立化成工業㈱　総合研究所　研究員

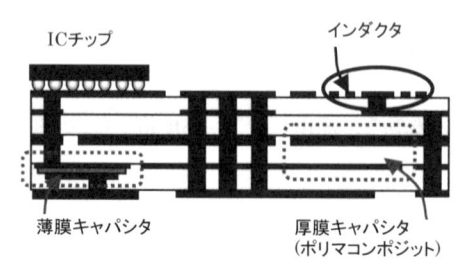

エレクトロニクス実装用高機能性基板材料

図1 受動素子内蔵基板のコンセプト

表1 ポリマコンポジットタイプのキャパシタ材料（銅張積層板）

企業	Sanmina[6]	Du Pont[7]	3M[8]	松下電工[9]	松下電工[9]
開発品／商品	BC2000	Interra HK10	C-Ply	High-Dk	コンデンサフィルム
誘電体材料	FR-4	ポリイミド BaTiO$_3$	エポキシ BaTiO$_3$	樹脂 BaTiO$_3$	樹脂 BaTiO$_3$
形態	銅張積層板	銅張積層板	銅張積層板	銅張積層板	銅張積層板
比誘電率	約4	3-20	14-18	16	40
誘電体厚さ（μm）	25-50	8-25	4-26	50	10-30
静電容量密度（pF/mm^2）	0.7-1.4	1.4-22	8-48	3	11-40

表2 ポリマコンポジットタイプのキャパシタ材料（樹脂付銅箔，ペースト，フィルム）

企業	Oak-Mitsui[10]	日立化成[11]	Vantico[12]	アサヒ化研[13]	日本ペイント[14]	Du Pont[15]
開発品／商品	FaradFlex	MCF-HD-45	CFP	CX-16	―	Interra EP310
誘電体材料	エポキシ BaTiO$_3$	エポキシ BaTiO$_3$	感光性樹脂 セラミック	エポキシ BaTiO$_3$	耐熱性樹脂 BaTiO$_3$	Sintered BaTiO$_3$
形態	樹脂付銅箔	樹脂付銅箔	ペースト	ペースト	フィルム	ペースト
比誘電率	30	45	21	15-20	32	>1,000
誘電体厚さ（μm）	16	20-50	11	10-20	50	20-40
静電容量密度(pF/mm^2)	17	8-20	17	24-32	6	160-480

3.3 ポリマコンポジットタイプキャパシタ材料

3.3.1 キャパシタ材料の例

　公開されている代表的なポリマコンポジットタイプのキャパシタ材料を表1および表2に示す。Sanmina-SCIが実用化しているBC2000は，ポリマコンポジットタイプのキャパシタ材料と

第10章 受動素子内蔵基板

表3 静電容量密度計算結果

比誘電率	静電容量密度 (pF/mm²)		
(ε_r, Dk)	$t=50\mu m$	$t=20\mu m$	$t=5\mu m$
4	0.7	1.8	7.1
10	1.8	4.4	17.7
45	7.7	19.9	79.7
100	17.7	44.3	177.0

比較するために記した。Du Pontの Interra HK10,3MのC-Ply,松下電工の High Dk およびコンデンサフィルムは,BC2000と同様の銅張積層板として情報開示され,Oak-Mitsui TechnologiesのFaradFlex,日立化成の MCF-HD-45は樹脂付銅箔として提供されている[6-11]。また,VanticoのCFP,アサヒ化学研究所のCX-16,Du PontのEP310は樹脂を含む誘電体ペーストとして公開され,日本ペイントはフィルム状のポリマコンポジット材料を発表している[12-15]。ポリマ成分としてはエポキシ樹脂に代表される熱硬化性樹脂を用いている材料が多く,フィラ成分としてはチタン酸バリウム($BaTiO_3$)が多用されている。

3.3.2 キャパシタ材料の設計

キャパシタの設計で最も重要な項目は静電容量(キャパシタンス)である。静電容量密度の値は,式(1)に示すように,キャパシタ材料の比誘電率と誘電体厚さおよび電極面積で決まる。キャパシタ材料の膜厚を20μm,比誘電率を45とした場合に静電容量密度20pF/mm²が得られる(表3)。筆者らは比誘電率45を目標に,ポリマ中に高誘電率フィラを分散させたポリマコンポジットタイプの材料開発に着手した。

$$\text{静電容量密度}(pF/mm^2) \frac{C}{A} = \frac{\varepsilon_0 \cdot \varepsilon_r}{t} \qquad (1)$$

C:静電容量(pF) A:電極面積(mm²) ε_0:真空中の誘電率(=8.85pF/m)
ε_r:比誘電率 t:誘電体厚さ(μm)

$$\varepsilon_r^n = V_1 \varepsilon_{r_1}^n + V_2 \varepsilon_{r_2}^n + \cdots + V_m \varepsilon_{r_m}^n \quad (-1 \leq n \leq 1, \quad n \neq 0) \quad (2) \quad (\text{Nielsen の複合則})[16]$$

ここで,ε_rは複合材料の比誘電率,$\varepsilon_{r_{1,2,\cdots,m}}$は第$m$成分の比誘電率,$V_{1,2,\cdots,m}$は第$m$成分の体積分率を示す。

単一分散系フィラを用いる場合,図2に示すように,フィラ充填率60vol%以上であっても,比誘電率45を満足しない。式(2)に示す Nielsen の複合則に沿ったポリマコンポジット材料を得るためには,多分散系フィラの適用や分散性を向上するための表面処理剤が必要になる。一般に,酸性条件下で$BaTiO_3$フィラの分散性は良好になるが,絶縁信頼性を高くするためには,材料系は中性であることが望ましい。高い絶縁信頼性と良好なフィラ分散性を両立する表面処理剤につ

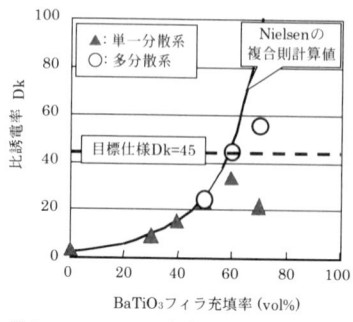

図2　BaTiO₃フィラ充填率と比誘電率の関係

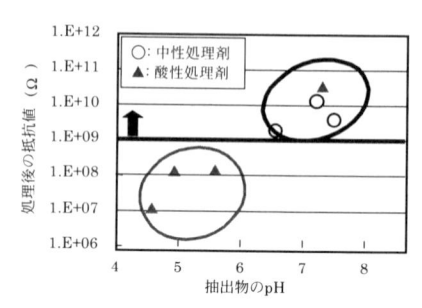

図3　ポリマコンポジット抽出物のpHと処理後の絶縁抵抗
（120℃/1.2atm/24h 抽出）（C-1,000h/85℃/85%RH/6VDC 処理）

表4　MCF-HD-45の一般特性

項目	条件	単位	MCF-HD-45
誘電体厚さ	―	μm	20-50
比誘電率, Dk	1 MHz, 25℃	―	45
	1 GHz, 25℃	―	42
	−20 to 120℃の変動	%	−4〜9
	PCT 4h後	%	13
誘電正接, Df	1 MHz, 25℃	―	0.021
	1 GHz, 25℃	―	0.031
	−20 to 120℃変動	%	0〜−14
	PCT 4h後	%	86
絶縁破壊電圧	常態	kV/mm	20
体積抵抗率	常態	Ω・cm	8.2×10^{13}
吸水率	PCT 4h後	%	0.5
T_g	TMA	℃	135
引張弾性率	常態	GPa	4
はんだ耐熱性	260℃フロート	s	>300
銅箔引剥し強さ	GTS-12mm F2-WS-12mm	kN/m	0.6 0.4

いて検討し，酸性の表面処理剤を用いるものの，抽出物（120℃/1.2atm/24h）が中性を示す材料系を見出した（図3）。このようにして得られたポリマコンポジットタイプの材料を銅箔上に塗布して基板内蔵用キャパシタ材料（日立化成工業㈱製 MCF-HD-45：仮称）を得た。表4にMCF-HD-45の一般特性を示す。MCF-HD-45は，誘電体厚さが20〜50μmで，1 MHz, 25℃にお

第10章 受動素子内蔵基板

ける比誘電率が45を示す樹脂付銅箔である。誘電特性の温度依存性がやや大きいことや絶縁破壊電圧が20kV/mmと通常のFR-4に比較してやや低い値を示すものの、T_gやはんだ耐熱性などはほぼ同等の特性を示す。

図4および図5に、銅張積層板状キャパシタ材料とフィルム状キャパシタ材料を用いたキャパシタ内蔵基板の製造方法を比較して示す。銅張積層板BC2000を用いたBuried Capacitance基板は、既存のPWB製造プロセスを適用できるために実績がある。しかし、誘電体厚さが薄い材料を用いることが難しく、静電容量密度の高いキャパシタを基板に内蔵できない。一方、樹脂付銅箔を含むフィルム状キャパシタ材料を用いる場合は、ビルドアップ基板の製造プロセスで対応可能であり、誘電体厚さが薄い材料を利用できるが、誘電体厚さを精密に制御しないと設計通りのキャパシタを基板に内蔵することができない。そこで、MCF-HD-45を用いる場合には、図6お

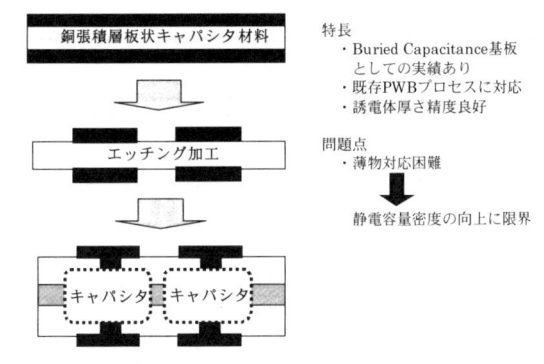

図4 銅張積層板状キャパシタ材料を用いたキャパシタ内蔵基板の製造方法

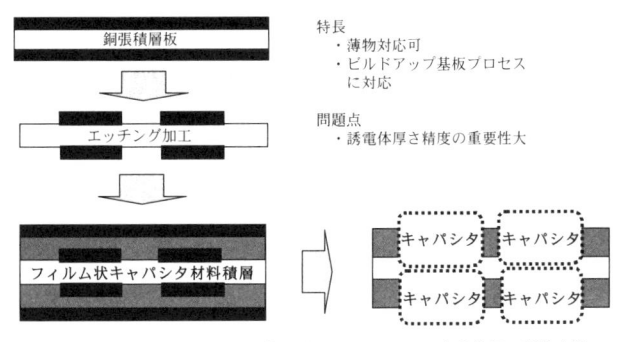

図5 フィルム状キャパシタ材料を用いたキャパシタ内蔵基板の製造方法

エレクトロニクス実装用高機能性基板材料

1. 両面銅張積層板
2. 穴明け
3. 銅めっき
4. 内層回路形成（下部電極形成）
5. 内層回路平坦化
6. 高誘電率樹脂材料積層
7. 上部電極形成
8. プリプレグ・銅箔積層
9. 穴明け
10. 銅めっき
11. 外層回路形成

内蔵キャパシタ

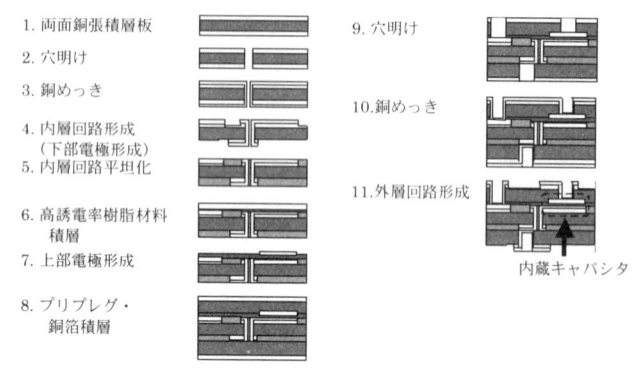

図6　MCF-HD-45を利用したキャパシタ内蔵基板の製造プロセスフロー

従来プロセス
高流動性樹脂による回路充填

新規プロセス
樹脂設計：低流動性で膜厚制御容易

コンポジット材

配線板

新規平坦化処理の採用

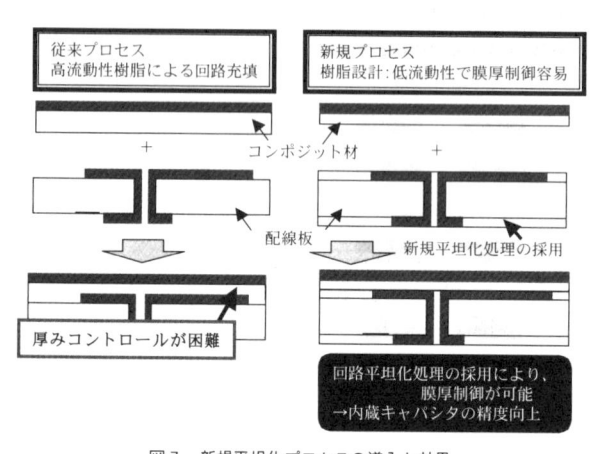

厚みコントロールが困難

回路平坦化処理の採用により、膜厚制御が可能
→内蔵キャパシタの精度向上

図7　新規平坦化プロセスの導入と効果

よび図7に示すように内層回路形成後予め平坦化処理を施す製造プロセスを推奨している。低流動性のポリマコンポジット材料を用いると，誘電体の厚さを高精度に制御することが可能となり，基板に内蔵するキャパシタの仕上がり精度を高くすることができる。

第10章　受動素子内蔵基板

3.4　キャパシタ内蔵基板の適用例
3.4.1　携帯電話用パワーアンプ（PA）モジュール基板

MCF-HD-45を用いたキャパシタ内蔵基板を作製し，携帯電話（W-CDMA）用PAモジュールに適用して実用性能を調べた。評価用のPAモジュールには7個のキャパシタ，2個のインダクタが搭載されるが，このうち直流カット用のキャパシタ2個を基板に内蔵した。PAモジュールのイメージを図8に示し，PAモジュールの代表的な性能を表5に示す。内蔵キャパシタを用いたPAモジュールの効率は表面実装部品（SMD）を用いた場合と概ね同様であり，直流カット用に内蔵キャパシタを適用できることが分かる。

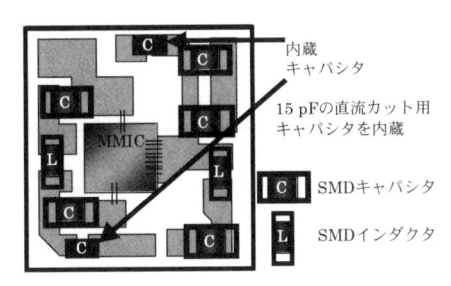

図8　PAモジュール基板におけるキャパシタ内蔵化

表5　PAモジュール基板の基本性能比較[a]

項目	単位	SMD表面実装基板	キャパシタ内蔵基板
SMDキャパシタ	個	7	5
内蔵キャパシタ	個	0	2
利得（実測値）	dB	9.5	9.4
Δ効率（相対値）	%	0	-0.2

a）周波数：1.95GHz，出力：27dBm

3.4.2　フィルタ機能ブロック内蔵基板

内蔵キャパシタと内蔵インダクタを用いると，図9に示すローパスフィルタ（LPF）に代表されるフィルタの機能を基板内に形成することができる。高周波回路シミュレータADSを活用して，図10に示す等価回路モデルのLPFを設計し，図11に示す構造のLPF機能を内蔵したTEGを作製した。内蔵するキャパシタC31とC20の電極面積を一定とすることによりキャパシタンスを固定し，L25のインダクタ長を変更することにより1.8GHz近傍の共振周波数を調整した。同様にL10の値により3.6GHz近傍の共振周波数を調整した。L25のインダクタ長を4.9mmから

エレクトロニクス実装用高機能性基板材料

低周波信号通過帯域
（低周波だけが通過）

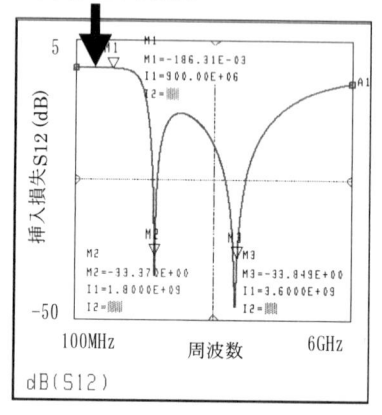

図9　ローパスフィルタ（LPF）機能

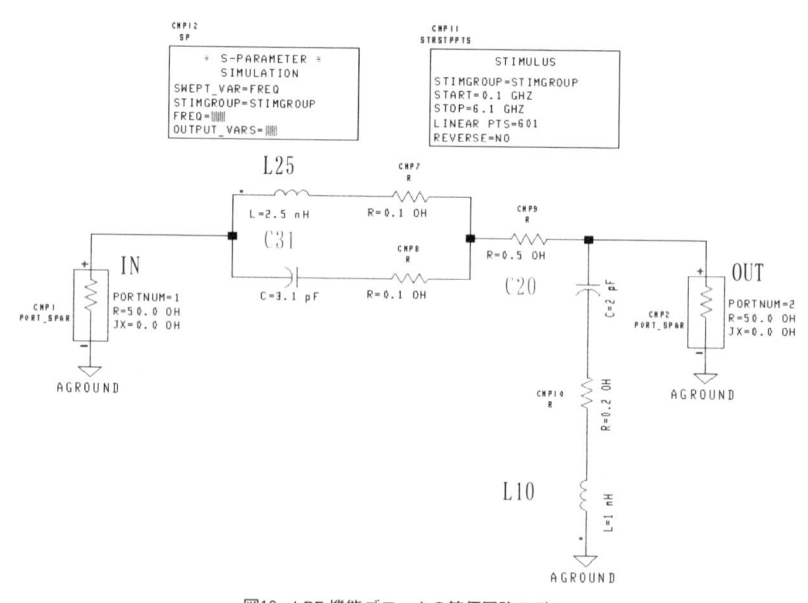

図10　LPF 機能ブロックの等価回路モデル

第10章 受動素子内蔵基板

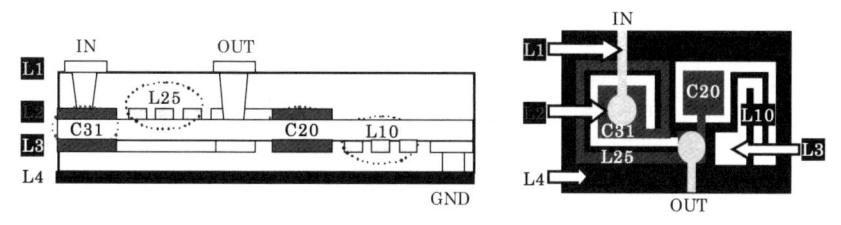

図11 LPF機能内蔵基板の断面（左図）と表面（右図）イメージ

　7.9mmまでの8段階のTEGを作製し，共振周波数を測定した結果を図12に示す。インダクタ長が長くなるにしたがい，1.8GHz近傍の共振周波数が低周波数側にシフトしていくが，3.6GHz近傍の共振周波数には大きな変化が認められない。一方，L10のインダクタ長を2.4mmから3.6mmまでの5段階のTEGを作製したところ，図13に示すように1.8GHz近傍の共振周波数には変化がないものの，L25の場合と同様に，インダクタ長が長くなるにしたがって3.6GHz近傍の共振周波数は低周波数側にシフトする。以上の結果から，電極面積と配線長を設定するだけで所望のキャパシタとインダクタが構成され，特定の共振周波数を有するLPFを基板に内蔵できることが明らかとなった。

　このような機能ブロックの内蔵化には，設計技術が重要である。今回の検討では，回路シミュレーションをもとに多くのTEGを作製して最適な設計を探索した。しかし，シミュレーション設計が主流になっていく中で，精度の高いシミュレーションを行うための各種データベースが必要となる。材料メーカに対しても，周波数特性を考慮した誘電特性データなどが求められるようになっていくことが予想される。また，基本となる部品に関しては，TEG測定結果や3次元電磁界シミュレーション結果などのデータベース，さらには等価回路モデルに展開した場合の各LCR値のデータベースが必要である。シミュレーション環境を整えるために，材料メーカ・基板メーカ・設計ツールメーカのアライアンスが益々重要になっていくと考えられる。

　今回紹介したポリマコンポジットタイプのキャパシタ用材料MCF-HD-45は，誘電特性の温度依存性が比較的大きいために，図14に示すように，共振周波数が環境温度の影響を受けやすいという問題を含んでいる。また，MCF-HD-45を用いてLPF機能を内蔵した基板は，図15に示すように，表面実装部品（SMD）を搭載してLPF機能を発現する基板に比較して，共振周波数以外の周波数領域における損失が比較的大きい。これは，MCF-HD-45の誘電正接が0.02程度を示し，キャパシタに用いられる一般的なセラミック材料に比較して大きいことが原因と考えられる。今後，誘電特性の温度依存性の小さなキャパシタ材料や誘電正接の小さなキャパシタ材料の開発が望まれる。

エレクトロニクス実装用高機能性基板材料

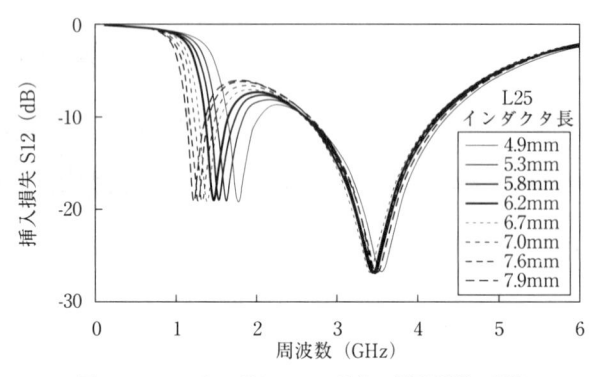

図12 L25インダクタ長と1.8GHz近傍の共振周波数の関係

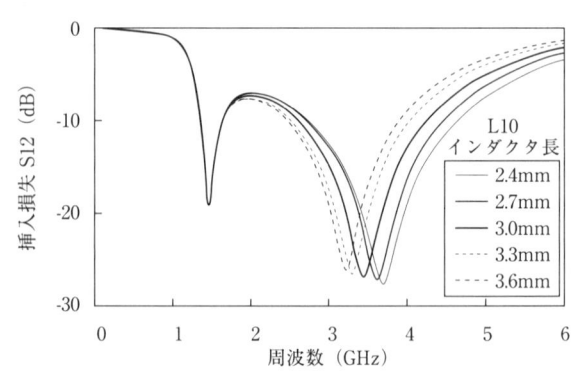

図13 L10インダクタ長と3.6GHz近傍の共振周波数の関係

3.5 おわりに

　静電容量密度20pF/mm^{2}となるポリマコンポジットタイプのキャパシタ用材料 MCF-HD-45 およびこれを用いた携帯電話用キャパシタ内蔵 PA モジュール基板，ローパスフィルタ機能ブロック内蔵基板を紹介した。今後は，デジタル機器の高周波化の動向に伴い，信号の安定化に有効なキャパシタ内蔵基板の要求が高まってくると予想される。超高誘電率のポリマコンポジット材料（比誘電率>200）や薄膜材料などの新しい基板材料の開発が望まれる。また，受動素子内蔵基板の効率的な開発のためには，材料開発，プロセス開発，設計環境開発の広い連携が，益々重要になっていくであろう。

第10章　受動素子内蔵基板

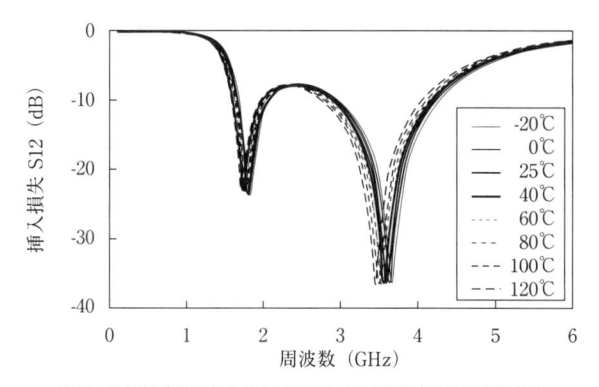

図14　共振周波数に与える MCF-HD-45の誘電特性の温度依存性

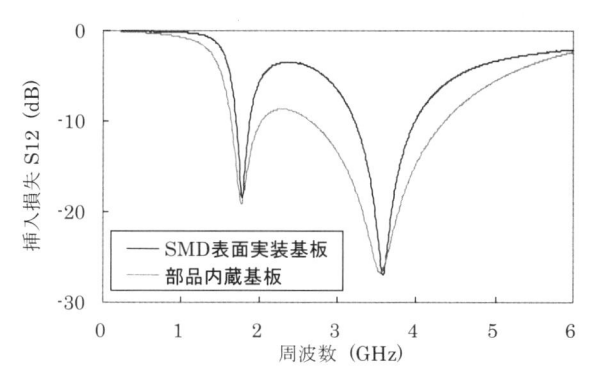

図15　SMD 表面実装基板と部品内蔵基板のフィルタ特性比較

文　　献

1) H. Ronkainen *et al.*, Proceedings of IPC Printed Circuits EXPO 2001, S 08-4(2001)
2) 島田靖ほか，第11回マイクロエレクトロニクスシンポジウム予稿集，p. 455（2001）
3) A. Okubora *et al.*, Proceedings of 2002 Electronic Components and Technology Conference, 0-7803-7430-4/02(2002)
4) 宝蔵寺智昭ほか，エレクトロニクス実装学会誌，p. 288（2003）
5) 師岡功ほか，エレクトロニクス実装学会誌，p. 294（2003）
6) NCMS Report 0091RE00, NCMS Project No. 160213, "Embedded Decoupling Capacitance Project Final Report", Ann Arbor, Michigan（2000）; N. Biunno *et al.*, Proceedings of IPC

Annual Meeting 2003, S 05-7 (2003) ; N. Biunno ほか, 表面技術, **55**, No. 2, p. 12 (2004)
7) S. Cox, IPC's First International Conference on Embedded Passives, p. 125 (2003) ; Du Pont Technical Information (Web Site, 2004)
8) J. Peiffer, Proceedings of IPC Printed Circuits EXPO 2003, S 08-3 (2003), J. Peiffer, IPC's First International Conference on Embedded Passives, p. 105 (2003)
9) 小泉健ほか, 電子材料, **41**, No. 9, p. 42 (2002) ; 電波新聞2002年5月21日
10) J. Andresakis et al., Proceedings of IPC Printed Circuits Expo, APEX and Designers Summit 2004, S 39-1-1 (2004) ; 桑子富士夫, 表面技術, **55**, No. 2, p. 2 (2004) ; Oak-Mitsui Technologies Technical Data (Web Site, 2004)
11) 神代恭ほか, IPC's First International Conference on Embedded Passives, p. 91 (2003) ; 日立化成テクニカルレポート, **43**, p. 15 (2004)
12) J. Savic et al., Proceedings of IPC Printed Circuits EXPO 2002, S 09-3 (2002) ; J. Savic et al., 表面技術, **55**, No. 2, p. 6 (2004)
13) 師岡功ほか, 電子材料, **42**, No. 1, 目次 (2003) ; エレクトロニクス実装学会誌, p. 294 (2003)
14) 林雅志, 電子材料, **41**, No. 9, p. 66 (2002) ; エレクトロニクス実装学会関西ワークショップ2003 予稿集, p. 6 (2003)
15) ウィリアム ボーランドほか, 電子材料, **41**, No. 9, p. 62 (2002) ; Du Pont Technical Information (Web Site, 2004)
16) L. E. Nielsen, "Predicting the Properties of Mixtures : Mixture Rules in Science and Engineering", p. 73, Marcel Dekker, New York (1978) ; 高分子学会編, "ポリマーアロイ 基礎と応用", p. 93, 東京化学同人, 東京 (1981)

《CMCテクニカルライブラリー》発行にあたって

　弊社は、1961年創立以来、多くの技術レポートを発行してまいりました。これらの多くは、その時代の最先端情報を企業や研究機関などの法人に提供することを目的としたもので、価格も一般の理工書に比べて遙かに高価なものでした。
　一方、ある時代に最先端であった技術も、実用化され、応用展開されるにあたって普及期、成熟期を迎えていきます。ところが、最先端の時代に一流の研究者によって書かれたレポートの内容は、時代を経ても当該技術を学ぶ技術書、理工書としていささかも遜色のないことを、多くの方々が指摘されています。
　弊社では過去に発行した技術レポートを個人向けの廉価な普及版**《CMCテクニカルライブラリー》**として発行することとしました。このシリーズが、21世紀の科学技術の発展にいささかでも貢献できれば幸いです。
2000年12月

株式会社　シーエムシー出版

エレクトロニクス実装用基板材料の開発　(B0925)

2005年 1月31日　初　版　第1刷発行
2010年 6月18日　普及版　第1刷発行

　　監　修　柿　本　雅　明　　　　　　Printed in Japan
　　　　　　高　橋　昭　雄
　　発行者　辻　　　賢　司
　　発行所　株式会社　シーエムシー出版
　　　　　　東京都千代田区内神田1-13-1　豊島屋ビル
　　　　　　電話03(3293)2061
　　　　　　http://www.cmcbooks.co.jp

　〔印刷〕倉敷印刷株式会社　　© M. Kakimoto, A. Takahashi, 2010

定価はカバーに表示してあります。
落丁・乱丁本はお取替えいたします。

ISBN978-4-7813-0218-8 C3054 ¥4000E

本書の内容の一部あるいは全部を無断で複写（コピー）することは、法律で認められた場合を除き、著作者および出版社の権利の侵害になります。

CMCテクニカルライブラリーのご案内

超臨界流体技術とナノテクノロジー開発
監修／阿尻雅文
ISBN978-4-7813-0163-1　　　　　B906
A5判・300頁　本体4,300円＋税（〒380円）
初版2004年8月　普及版2010年1月

構成および内容：超臨界流体技術（特性／原理と動向）／ナノテクノロジーの動向／ナノ粒子合成（超臨界流体を利用したナノ微粒子創製／超臨界水熱合成／マイクロエマルションとナノマテリアル　他）／ナノ構造制御／超臨界流体材料合成プロセスの設計（超臨界流体を利用した材料製造プロセスの数値シミュレーション　他）／索引
執筆者：猪股　宏／岩井芳夫／古屋　武　他42名

スピンエレクトロニクスの基礎と応用
監修／猪俣浩一郎
ISBN978-4-7813-0162-4　　　　　B905
A5判・325頁　本体4,600円＋税（〒380円）
初版2004年7月　普及版2010年1月

構成および内容：【基礎】巨大磁気抵抗効果／スピン注入・蓄積効果／磁性半導体の光磁化と光操作／配列ドット格子と磁気物性　他【材料・デバイス】ハーフメタル薄膜とTMR／スピン注入による磁化反転／室温強磁性半導体／磁気抵抗スイッチ効果　他【応用】微細加工技術／Development of MRAM／スピンバルブトランジスタ／量子コンピュータ　他
執筆者：宮﨑照宣／髙橋三郎／前川禎通　他35名

光時代における透明性樹脂
監修／井手文雄
ISBN978-4-7813-0161-7　　　　　B904
A5判・194頁　本体3,600円＋税（〒380円）
初版2004年6月　普及版2010年1月

構成および内容：【総論】透明性樹脂の動向と材料設計【材料と技術各論】ポリカーボネート／シクロオレフィンポリマー／非複屈折性環式アクリル樹脂／全フッ素樹脂とPOFへの応用／透明ポリイミド／エポキシ樹脂／スチレン系ポリマー／ポリエチレンテレフタレート　他【用途展開と展望】光通信／光部品用接着剤／光ディスク　他
執筆者：岸本祐一郎／秋原　勲／橋本昌和　他12名

粘着製品の開発
―環境対応と高機能化―
監修／地畑健吉
ISBN978-4-7813-0160-0　　　　　B903
A5判・246頁　本体3,400円＋税（〒380円）
初版2004年7月　普及版2010年1月

構成および内容：総論／材料開発の動向と環境対応（基材／粘着剤／剥離剤および剥離ライナー）／塗工技術／粘着製品の開発動向と環境対応（電気・電子関連用粘着製品／建築・建材関連／医療関連用／表面保護用／粘着ラベルの環境対応／構造用接合テープ／特許から見た粘着製品の開発動向／各国の粘着製品市場とその動向／法規制
執筆者：西川一哉／福田雅之／山本宜延　他16名

液晶ポリマーの開発技術
―高性能・高機能化―
監修／小出直之
ISBN978-4-7813-0157-0　　　　　B902
A5判・286頁　本体4,000円＋税（〒380円）
初版2004年7月　普及版2009年12月

構成および内容：【発展】【高性能材料としての液晶ポリマー】樹脂成形材料／繊維／成形品【高機能性材料としての液晶ポリマー】電気・電子機能（フィルム／高熱伝導性材料）／光学素子（棒状高分子液晶／ハイブリッドフィルム）／光記録材料【トピックス】液晶エラストマー／液晶性有機半導体での電荷輸送／液晶性共役系高分子　他
執筆者：三原隆志／井上俊英／真壁芳樹　他15名

CO_2固定化・削減と有効利用
監修／湯川英明
ISBN978-4-7813-0156-3　　　　　B901
A5判・233頁　本体3,400円＋税（〒380円）
初版2004年8月　普及版2009年12月

構成および内容：【直接的技術】CO_2隔離・固定化技術（地中貯留／海洋隔離／大規模緑化／地下微生物利用）／CO_2分離・分解反応　他【CO_2排出削減関連技術】太陽光利用（宇宙空間利用発電／化学的水素製造／生物的水素製造）／バイオマス利用（超臨界流体利用技術／燃焼技術／エタノール生産／化学品・エネルギー生産　他）
執筆者：大隅多加志／村井重夫／富澤健一　他22名

フィールドエミッションディスプレイ
監修／齋藤弥八
ISBN978-4-7813-0155-6　　　　　B900
A5判・218頁　本体3,000円＋税（〒380円）
初版2004年6月　普及版2009年12月

構成および内容：【FED研究開発の流れ】歴史／構造と動作　他【FED用冷陰極】金属マイクロエミッタ／カーボンナノチューブエミッタ／横型薄膜エミッタ／ナノ結晶シリコンエミッタ BSD／MIMエミッタ／転写モールド法によるエミッタアレイの作製【FED用蛍光体】電子線励起用蛍光体【イメージセンサ】高感度撮像デバイス／赤外線センサ
執筆者：金丸正剛／伊藤茂生／田中　満　他16名

バイオチップの技術と応用
監修／松永　是
ISBN978-4-7813-0154-9　　　　　B899
A5判・255頁　本体3,800円＋税（〒380円）
初版2004年6月　普及版2009年12月

構成および内容：【総論】【要素技術】アレイ・チップ材料の開発（磁性ビーズを利用したバイオチップ／表面処理技術　他）／検出技術開発／バイオチップの情報処理技術【応用・開発】DNAチップ／プロテインチップ／細胞チップ（発光微生物を用いた環境モニタリング／免疫診断用マイクロウェルアレイ細胞チップ　他）／ラボオンチップ
執筆者：岡田好子／田中　剛／久本秀明　他52名

※書籍をご購入の際は、最寄りの書店にご注文いただくか、㈱シーエムシー出版のホームページ(http://www.cmcbooks.co.jp/)にてお申し込み下さい。

CMCテクニカルライブラリーのご案内

水溶性高分子の基礎と応用技術
監修／野田公彦
ISBN978-4-7813-0153-2　　　　B898
A5判・241頁　本体3,400円＋税（〒380円）
初版2004年5月　普及版2009年11月

構成および内容：【総論】概説【用途】化粧品・トイレタリー／繊維・染色／塗料・インキ／エレクトロニクス工業／土木・建築／廃水処理【応用技術】ドラッグデリバリーシステム／水溶性フラーレン／クラスターデキストリン／極細繊維製造への応用／ポリマー電池・バッテリーへの高分子電解質の応用／海洋環境再生のための応用 他
執筆者：金田 勇／川副智行／堀江誠司 他21名

機能性不織布
―原料開発から産業利用まで―
監修／日向 明
ISBN978-4-7813-0140-2　　　　B896
A5判・228頁　本体3,200円＋税（〒380円）
初版2004年5月　普及版2009年11月

構成および内容：【総論】原料の開発（繊維の太さ・形状・構造／ナノファイバー／耐熱性繊維 他）／製法（スチームジェット技術／エレクトロスピニング法 他）／製造機器の進展【応用】空調エアフィルタ／自動車関連／医療・衛生材料（貼付剤／マスク）／電気材料／新用途展開（光触媒空気清浄機／生分解性不織布）他
執筆者：松尾達樹／谷岡明彦／夏原豊和 他30名

RFタグの開発技術 II
監修／寺浦信之
ISBN978-4-7813-0139-6　　　　B895
A5判・275頁　本体4,000円＋税（〒380円）
初版2004年5月　普及版2009年11月

構成および内容：【総論】市場展望／リサイクル／EDIとRFタグ／物流【標準化，法規制の現状と今後の展望】ISOの進展状況 他【政府の今後の対応方針】ユビキタスネットワーク 他【各事業分野での実証試験及び適用検討】出版業界／食品流通／空港手荷物／医療分野 他【諸団体の活動】郵便事業への活用 他【チップ・実装】微細RFID 他
執筆者：藤浪 啓／藤本 淳／若泉和彦 他21名

有機電解合成の基礎と可能性
監修／淵上寿雄
ISBN978-4-7813-0138-9　　　　B894
A5判・295頁　本体4,200円＋税（〒380円）
初版2004年4月　普及版2009年11月

構成および内容：【基礎】研究手法／有機電極反応論 他【工業的利用の可能性】生理活性天然物の電解合成／電解法による不斉合成／選択的フッ素化／金属錯体を用いる有機電解合成／電解重合／超臨界 CO_2 を用いる有機電解合成／イオン性液体中での有機電解反応／電極触媒を利用する有機電解合成／超音波照射下での有機電解反応
執筆者：跡部真人／田嶋稔樹／木瀬直樹 他22名

高分子ゲルの動向
―つくる・つかう・みる―
監修／柴山充弘／梶原莞爾
ISBN978-4-7813-0129-7　　　　B892
A5判・342頁　本体4,800円＋税（〒380円）
初版2004年4月　普及版2009年10月

構成および内容：【第1編　つくる・つかう】環境応答（微粒子合成／キラルゲル 他）／力学・摩擦（ゲルダンピング材 他）／医用（生体分子応答性ゲル／DDS応用 他）／産業（高吸水性樹脂 他）／食品・日用品（化粧品 他）他【第2編　みる】小角X線散乱によるゲル構造解析／中性子散乱／液晶ゲル／熱測定・食品ゲル／NMR 他
執筆者：青島貞人／金岡鍾局／杉原伸治 他31名

静電気除電の装置と技術
監修／村田雄司
ISBN978-4-7813-0128-0　　　　B891
A5判・210頁　本体3,000円＋税（〒380円）
初版2004年4月　普及版2009年10月

構成および内容：【基礎】自己放電式除電器／ブロワー式除電装置／光照射除電装置／大気圧グロー放電を用いた除電／除電効果の測定機器【応用】プラスチック・粉体の除電と問題点／軟X線除電装置の安全性と適用法／液晶パネル製造工程における除電技術／湿度環境改善による静電気障害の予防 他【付録】除電装置製品例一覧
執筆者：久本 光／水谷 豊／菅野 功 他13名

フードプロテオミクス
―食品酵素の応用利用技術―
監修／井上國世
ISBN978-4-7813-0127-3　　　　B890
A5判・243頁　本体3,400円＋税（〒380円）
初版2004年3月　普及版2009年10月

構成および内容：食品酵素化学への期待／糖質関連酵素（麹菌グルコアミラーゼ／トレハロース生成酵素 他）／タンパク質・アミノ酸関連酵素（サーモライシン／システインペプチダーゼ 他）／脂質関連酵素／酸化還元酵素（スーパーオキシドジスムターゼ／クルクミン還元酵素 他）／食品分析と食品加工（ポリフェノールバイオセンサー 他）
執筆者：新田康則／三宅英雄／秦 洋二 他29名

美容食品の効用と展望
監修／猪居 武
ISBN978-4-7813-0125-9　　　　B888
A5判・279頁　本体4,000円＋税（〒380円）
初版2004年3月　普及版2009年9月

構成および内容：総論（市場 他）／美容要因とそのメカニズム（美白／美肌／ダイエット／抗ストレス／皮膚の老化／男性脱毛）／効用と作用物質（ビタミン／アミノ酸・ペプチド・タンパク質／脂質／カロテノイド色素／植物性成分／微生物（乳酸菌，ビフィズス菌）／キノコ成分／無機成分／特許から見た企業別技術開発の動向／展望
執筆者：星野 拓／宮本 達／佐藤友里恵 他24名

※ 書籍をご購入の際は、最寄りの書店にご注文いただくか、㈱シーエムシー出版のホームページ（http://www.cmcbooks.co.jp/）にてお申し込み下さい。

CMCテクニカルライブラリーのご案内

土壌・地下水汚染
―原位置浄化技術の開発と実用化―
監修／平田健正／前川統一郎
ISBN978-4-7813-0124-2　　　B887
A5判・359頁　本体5,000円＋税（〒380円）
初版2004年4月　普及版2009年9月

構成および内容：【総論】原位置浄化技術について／原位置浄化の進め方　【基礎編-原理，適用事例，注意点-】原位置抽出法／原位置分解法【応用編】浄化技術（土壌ガス・汚染地下水の処理技術／重金属等の原位置浄化技術／バイオベンティング・バイオスラーピング工法　他）／実際事例（ダイオキシン類汚染土壌の現地無害化処理　他）
執筆者：村田正敏／手塚裕樹／奥村興平　他48名

傾斜機能材料の技術展開
編集／上村誠一／野добロ泰稔／篠原嘉一／渡辺義見
ISBN978-4-7813-0123-5　　　B886
A5判・361頁　本体5,000円＋税（〒380円）
初版2003年10月　普及版2009年9月

構成および内容：傾斜機能材料の概観／エネルギー分野（ソーラーセル　他）／生体機能分野（傾斜機能型人工歯根　他）／高分子分野／オプトデバイス分野／電気・電子デバイス分野（半導体レーザ／誘電率傾斜基板　他）／接合・表面処理分野（傾斜機能構造CVDコーティング切削工具　他）／熱応力緩和機能分野（宇宙往還機の熱防護システム　他）
執筆者：鎬田正雄／野口博徳／武内浩一　他41名

ナノバイオテクノロジー
―新しいマテリアル，プロセスとデバイス―
監修／植田充美
ISBN978-4-7813-0111-2　　　B885
A5判・429頁　本体6,200円＋税（〒380円）
初版2003年10月　普及版2009年8月

構成および内容：マテリアル（ナノ構造の構築／ナノ有機・高分子マテリアル／ナノ無機マテリアル　他）／インフォマティックス，プロセスとデバイス（バイオチップ・センサー開発／抗体マイクロアレイ／マイクロ質量分析システム　他）／応用展開（ナノメディシン／遺伝子導入法／再生医療／蛍光分子イメージング　他）他
執筆者：渡邉英一／阿尻雅文／細川和生　他68名

コンポスト化技術による資源循環の実現
監修／木村俊範
ISBN978-4-7813-0110-5　　　B884
A5判・272頁　本体3,800円＋税（〒380円）
初版2003年10月　普及版2009年8月

構成および内容：【基礎】コンポスト化の基礎と要件／脱臭／コンポストの評価【応用技術】農業・畜産廃棄物のコンポスト化／生ごみ・食品残さのコンポスト化／技術開発と応用事例（バイオ式家庭用生ごみ処理機／余剰汚泥のコンポスト化）他【総括】循環型社会にコンポスト化技術を根付かせるために（技術的課題／政策的課題）他
執筆者：藤本　潔／西尾道徳／井上高一　他16名

ゴム・エラストマーの界面と応用技術
監修／西　敏夫
ISBN978-4-7813-0109-9　　　B883
A5判・306頁　本体4,200円＋税（〒380円）
初版2003年9月　普及版2009年8月

構成および内容：【総論】【ナノスケールで見た界面】高分子三次元ナノ計測／分子力学物性　他【ミクロで見た界面と機能】走査型プローブ顕微鏡による解析／リアクティブプロセシング／オレフィン系ポリマーアロイ／ナノマトリックス分散天然ゴム　他【界面制御と機能化】ゴム再生プロセス／水添NBRナノコンポジット／免震ゴム　他
執筆者：村瀬平八／森田裕史／高原　淳　他16名

医療材料・医療機器
―その安全性と生体適合性への取り組み―
編集／土屋利江
ISBN978-4-7813-0102-0　　　B882
A5判・258頁　本体3,600円＋税（〒380円）
初版2003年11月　普及版2009年7月

構成および内容：生物学的試験（マウス感作性／抗原性／遺伝毒性）／力学的試験（人工関節用ポリエチレンの磨耗／整形インプラントの耐久性）／医療適合性（人工血管／骨セメント）／細胞組織医療機器の品質評価（バイオ皮膚）／プラスチック製医療用具からのフタル酸エステル類の溶出特性とリスク評価／埋植医療機器の不具合報告　他
執筆者：五十嵐良明／矢上　健／松岡厚子　他41名

ポリマーバッテリーⅡ
監修／金村聖志
ISBN978-4-7813-0101-3　　　B881
A5判・238頁　本体3,600円＋税（〒380円）
初版2003年9月　普及版2009年7月

構成および内容：負極材料（炭素材料／ポリアセン・PAHs系材料）／正極材料（導電性高分子／有機硫黄系化合物／無機材料・導電性高分子コンポジット）／電解質（ポリエーテル系固体電解質／高分子ゲル電解質／支持塩　他）／セパレーター／リチウムイオン電池用ポリマーバインダー／キャパシタ用ポリマー／ポリマー電池の用途と開発　他
執筆者：高見則雄／矢田静邦／天池正登　他18名

細胞死制御工学
～美肌・皮膚防護バイオ素材の開発～
編著／三羽信比古
ISBN978-4-7813-0100-6　　　B880
A5判・403頁　本体5,200円＋税（〒380円）
初版2003年8月　普及版2009年7月

構成および内容：【次世代バイオ化粧品・美肌健康食品】皮脂改善／セルライト抑制／毛穴引き締め【美肌バイオプロダクト】可食植物成分配合製品／キトサン応用抗酸化製品【バイオ化粧品とハイテク美容機器】イオン導入／エンダモロジー／ナノ・バイオテクと遺伝子治療】活性酸素消去／サンスクリーン剤【効能評価】【分子設計】
執筆者：澄田道博／永井彩乎／鈴木清香　他106名

※書籍をご購入の際は，最寄りの書店にご注文いただくか，㈱シーエムシー出版のホームページ（http://www.cmcbooks.co.jp/）にてお申し込み下さい。

CMCテクニカルライブラリーのご案内

ゴム材料ナノコンポジット化と配合技術
編集／糊谷信三／西敏夫／山口幸一／秋葉光雄
ISBN978-4-7813-0087-0　　B879
A5判・323頁　本体4,600円+税（〒380円）
初版2003年7月　普及版2009年6月

構成および内容：【配合設計】HNBR／加硫系薬剤／シランカップリング剤／白色フィラー／不溶性硫黄／カーボンブラック／シリカ・カーボン複合フィラー／難燃剤（EVA 他）／相溶化剤／加工助剤 他／ゴム系ナノコンポジットの材料】ゾル-ゲル法／動的架橋型熱可塑性エラストマー／医療材料／耐熱性／配合と金型設計／接着／TPE 他
執筆者：妹尾政宣／竹村泰彦／糊谷　潔／細谷19名

有機エレクトロニクス・フォトニクス材料・デバイス
—21世紀の情報産業を支える技術—
監修／長村利彦
ISBN978-4-7813-0086-3　　B878
A5判・371頁　本体5,200円+税（〒380円）
初版2003年9月　普及版2009年6月

構成および内容：【材料】光学材料（含フッ素ポリイミド 他）／電子材料（アモルファス分子材料／カーボンナノチューブ 他）【プロセス・評価】配向・配列制御／微細加工【機能・基盤】変換／伝送／記録／変調・演算／蓄積・貯蔵（リチウム系二次電池）／【新デバイス】pn接合有機太陽電池／燃料電池／有機ELディスプレイ用発光材料 他
執筆者：城田靖彦／和田善充／安藤慎治 他35名

タッチパネル—開発技術の進展—
監修／三谷雄二
ISBN978-4-7813-0085-6　　B877
A5判・181頁　本体2,600円+税（〒380円）
初版2004年12月　普及版2009年6月

構成および内容：光学式／赤外線イメージセンサー方式／超音波表面弾性波方式／SAW方式／静電容量式／電磁誘導方式デジタイザ／抵抗膜式／スピーカー一体型／携帯端末向けフィルム／タッチパネル用印刷インキ／抵抗膜式タッチパネルの評価方法と装置／凹凸テクスチャ感を表現する静電触感ディスプレイ／画面特性とキーボードレイアウト
執筆者：伊勢有一／大久保康隆／齊藤典生 他17名

高分子の架橋・分解技術
-グリーンケミストリーへの取組み-
監修／角岡正弘／白井正充
ISBN978-4-7813-0084-9　　B876
A5判・299頁　本体4,200円+税（〒380円）
初版2004年6月　普及版2009年5月

構成および内容：【基礎と応用】架橋剤と架橋反応（フェノール樹脂 他）／架橋構造の解析（紫外線硬化樹脂／フォトレジスト用感光剤）／機能性高分子の合成（可逆的架橋／光架橋・熱分解系）【機能性材料開発の最近の動向】熱を利用した架橋反応／UV硬化システム／電子線・放射線利用／リサイクルおよび機能性材料合成のための分解反応 他
執筆者：松本　昭／石倉慎一／合屋文明 他28名

バイオプロセスシステム
-効率よく利用するための基礎と応用-
編集／清水　浩
ISBN978-4-7813-0083-2　　B875
A5判・309頁　本体4,400円+税（〒380円）
初版2002年11月　普及版2009年5月

構成および内容：現状と展開（ファジィ推論／遺伝アルゴリズム 他）／バイオプロセス操作と培養装置（酸素移動現象と微生物反応の関わり）／計測技術（プロセス変数／物質濃度 他）／モデル化・最適化（遺伝子ネットワークモデリング）／培養プロセス制御（流加培養 他）／代謝工学（代謝フラックス解析 他）／応用（嗜好食品品質評価／医用工学 他）
執筆者：吉田敏臣／滝口　昇／岡本正宏 他22名

導電性高分子の応用展開
監修／小林征男
ISBN978-4-7813-0082-5　　B874
A5判・334頁　本体4,600円+税（〒380円）
初版2004年4月　普及版2009年5月

構成および内容：【開発】電気伝導／パターン形成法／有機ELデバイス【応用】線路形素子／二次電池／湿式太陽電池／有機半導体機能／熱電変換機能／アクチュエータ／防食被覆／調光ガラス／帯電防止材料／ポリマー薄膜トランジスタ 他【特許】出願動向【欧米における開発動向】ポリマー薄膜フィルムトランジスタ／新世代太陽電池 他
執筆者：中川善嗣／大森　裕／深海　隆 他18名

バイオエネルギーの技術と応用
監修／柳下立夫
ISBN978-4-7813-0079-5　　B873
A5判・285頁　本体4,000円+税（〒380円）
初版2003年10月　普及版2009年4月

構成および内容：【熱化学的変換技術】ガス化技術／バイオディーゼル【生物化学的変換技術】メタン発酵／エタノール発酵【応用】石炭・木質バイオマス混焼技術／廃材を使った熱電供給の発電所／コージェネレーションシステム／木質バイオマスペレット製造／焼酎副産物リサイクル設備／自動車用熱供給製造装置／バイオマス発電の海外展開
執筆者：田中忠良／松村幸彦／美濃輪智朗 他35名

キチン・キトサン開発技術
監修／平野茂博
ISBN978-4-7813-0065-8　　B872
A5判・284頁　本体4,200円+税（〒380円）
初版2004年3月　普及版2009年4月

構成および内容：分子構造（βキチンの成層化合物形成）／溶媒／分解／化学修飾／酵素（キトサナーゼ／アロサミジン）／遺伝子（海洋細菌のキチン分解機構）／バイオ農林業（人工樹皮：キチンによる樹木皮組織の創傷治癒）／医薬・医療／食（ガン細胞障害活性テスト）／化粧品／工業（無電解めっき用前処理剤／生分解性高分子複合材料）
執筆者：金成正和／奥山健二／斎藤幸恵 他36名

※書籍をご購入の際は、最寄りの書店にご注文いただくか、
㈱シーエムシー出版のホームページ(http://www.cmcbooks.co.jp/)にてお申し込み下さい。

CMCテクニカルライブラリーのご案内

次世代光記録材料
監修／奥田昌宏
ISBN978-4-7813-0064-1　B871
A5判・277頁　本体3,800円＋税（〒380円）
初版2004年1月　普及版2009年4月

構成および内容：【相変化記録とブルーレーザー光ディスク】相変化電子メモリー／相変化チャンネルトランジスタ／Blu-ray Disc技術／青紫色半導体レーザ／ブルーレーザー対応酸化物系追記型光記録膜【超高密度光記録技術と材料】近接場光記録／3次元多層光メモリ／ホログラム光メモリ／フォトンモード分子光メモリと材料　他
執筆者：寺尾元康／影山喜之／柚須圭一郎　他23名

機能性ナノガラス技術と応用
監修／平尾一之／田中修平／西井準治
ISBN978-4-7813-0063-4　B870
A5判・214頁　本体3,400円＋税（〒380円）
初版2003年12月　普及版2009年3月

構成および内容：【ナノ粒子分散・析出技術】アサーマル・ナノガラス【ナノ構造形成技術】高次構造化／有機-無機ハイブリッド（気孔配向膜／ゾルゲル法）／外部場操作【光回路用技術】三次元ナノガラス光回路【光メモリ用技術】集光機能（光ディスクの市場／コバルト酸化物薄膜）／光メモリヘッド用ナノガラス（埋め込み回折格子）　他
執筆者：永金知浩／中澤達洋／山下　勝　他15名

ユビキタスネットワークとエレクトロニクス材料
監修／宮代文夫／若林信一
ISBN978-4-7813-0062-7　B869
A5判・315頁　本体4,400円＋税（〒380円）
初版2003年12月　普及版2009年3月

構成および内容：【テクノロジードライバ】携帯電話／ウェアラブル機器／RFIDタグチップ／マイクロコンピュータ／センシング・システム【高分子エレクトロニクス材料】エポキシ樹脂の高性能化／ポリイミドフィルム／有機発光デバイス用材料【新技術・新材料】超高速ディジタル信号伝送／MEMS技術／ポータブル燃料電池／電子ペーパー　他
執筆者：福岡義孝／八甫谷明彦／朝桐　智　他23名

アイオノマー・イオン性高分子材料の開発
監修／矢野紳一／平沢栄作
ISBN978-4-7813-0048-1　B866
A5判・352頁　本体5,000円＋税（〒380円）
初版2003年9月　普及版2009年2月

構成および内容：定義，分類および化学構造／イオン会合体（形成と構造／転移）／物性・機能（スチレンアイオノマー／ESR分光法／多重共鳴法／イオンホッピング／溶液物性／圧力センサー機能／永久帯電他）／応用（エチレン系アイオノマー／ポリマー改質剤／燃料電池用高分子電解質膜／スルホン化EPDM／歯科材料（アイオノマーセメント）他）
執筆者：池田裕子／杏水祥一／舘野　均　他18名

マイクロ/ナノ系カプセル・微粒子の応用展開
監修／小石眞純
ISBN978-4-7813-0047-4　B865
A5判・332頁　本体4,600円＋税（〒380円）
初版2003年8月　普及版2009年2月

構成および内容：【基礎と設計】ナノ医療：ナノロボット　他【応用】記録・表示材料（重合法トナー　他）／ナノパーティクルによる薬物送達／化粧品・香料／食品（ビール酵母／マイクロカプセル　他）／農薬／土木・建築（球状セメント　他）【微粒子技術】コアーシェル構造球状シリカ微粒子／金・半導体ナノ粒子／Pbフリーはんだボール　他
執筆者：山下　俊／三島健司／松山　清　他39名

感光性樹脂の応用技術
監修／赤松　清
ISBN978-4-7813-0046-7　B864
A5判・248頁　本体3,400円＋税（〒380円）
初版2003年8月　普及版2009年1月

構成および内容：医療用（歯科領域／生体接着・創傷被覆剤／光硬化性キトサンゲル）／光硬化，熱硬化併用樹脂（接着剤のシート化）／印刷（フレキソ印刷／凸版印刷）／エレクトロニクス（層間絶縁膜材料／可視光硬化型シール剤／半導体ウェハ加工用粘・接着テープ）／塗料，インキ（無機・有機ハイブリッド塗料／デュアルキュア塗料）他
執筆者：小出　武／石原雅之／岸本芳男　他16名

電子ペーパーの開発技術
監修／面谷　信
ISBN978-4-7813-0045-0　B863
A5判・212頁　本体3,000円＋税（〒380円）
初版2001年11月　普及版2009年1月

構成および内容：【各種方式（要素技術）】非水系電気泳動型電子ペーパー／サーマルリライタブル／カイラルネマチック液晶／フォトンモードでのフルカラー書き換え記録方式／エレクトロクロミック方式／消去再生可能な乾式トナー作像方式　他【応用開発技術】理想的なヒューマンインターフェース条件／ブックオンデマンド／電子黒板　他
執筆者：堀田吉彦／関根啓子／植田秀昭　他11名

ナノカーボンの材料開発と応用
監修／篠原久典
ISBN978-4-7813-0036-8　B862
A5判・300頁　本体4,200円＋税（〒380円）
初版2003年8月　普及版2008年12月

構成および内容：【現状と展望】カーボンナノチューブ　他【基礎科学】ピーポッド　他【合成技術】アーク放電法によるナノカーボン／金属内包フラーレンの量産技術／2層ナノチューブ【実際技術】燃料電池／フラーレン誘導体を用いた有機太陽電池／水素吸着現象／LSI配線ビア／単一電子トランジスター／電気二重層キャパシタ／導電性樹脂
執筆者：宍戸　潔／加藤　誠／加藤立久　他29名

※ 書籍をご購入の際は、最寄りの書店にご注文いただくか、
㈱シーエムシー出版のホームページ（http://www.cmcbooks.co.jp/）にてお申し込み下さい。

CMCテクニカルライブラリー のご案内

プラスチックハードコート応用技術
監修／井手文雄
ISBN978-4-7813-0035-1　　　　B861
A5判・177頁　本体2,600円＋税（〒380円）
初版2004年3月　普及版2008年12月

構成および内容：【材料と特性】有機系（アクリレート系／シリコーン系 他）／無機系／ハイブリッド系（光カチオン硬化型 他）【応用技術】自動車用部品／携帯電話向けUV硬化型ハードコート剤／眼鏡レンズ（ハイインパクト加工 他）／建築材料（建材化粧シート／環境問題 他）／光ディスク【市場動向】PVC床コーティング／樹脂ハードコート 他
執筆者：栢木　實／佐々木裕／山谷正明　他8名

ナノメタルの応用開発
編集／井上明久
ISBN978-4-7813-0033-7　　　　B860
A5判・300頁　本体4,200円＋税（〒380円）
初版2003年8月　普及版2008年11月

構成および内容：機能材料（ナノ結晶軟磁性合金／バルク合金／水素吸蔵 他）／構造用材料（高強度軽合金／原子力材料／蒸着ナノAl合金 他）／分析・解析技術（高分解能電子顕微鏡／放射光回折・分光法 他）／製造技術（粉末固化成形／放電焼結法／微細精密加工／電解析出法 他）／応用（時効析出アルミニウム合金／ピーニング用高硬度投射材 他）
執筆者：牧野彰宏／沈　宝龍／福永博俊　他49名

ディスプレイ用光学フィルムの開発動向
監修／井手文雄
ISBN978-4-7813-0032-0　　　　B859
A5判・217頁　本体3,200円＋税（〒380円）
初版2004年2月　普及版2008年11月

構成および内容：【光学高分子フィルム】設計／製膜技術 他【偏光フィルム】高機能性／染料／位相差フィルム／λ/4波長板 他【輝度向上フィルム】集光フィルム・プリズムシート 他【バックライト用】導光板／反射シート 他【プラスチックLCD用フィルム基板】ポリカーボネート／プラスチックTFT 他【反射防止】ウェットコート 他
執筆者：網島研二／斎藤　拓／善如寺芳弘　他19名

ナノファイバーテクノロジー －新産業発掘戦略と応用－
監修／本宮達也
ISBN978-4-7813-0031-3　　　　B858
A5判・457頁　本体6,400円＋税（〒380円）
初版2004年2月　普及版2008年10月

構成および内容：【総論】現状と展望（ファイバーにみるナノサイエンス 他）／海外の現状【基礎】ナノ紡糸（カーボンナノチューブ 他）／ナノ加工（ポリマークレイナノコンポジット／ナノボイド 他）／ナノ計測（走査プローブ顕微鏡 他）【応用】ナノバイオニック産業（バイオチップ 他）／環境調和エネルギー産業（バッテリーセパレータ 他）
執筆者：梶　慶輔／梶原莞爾／赤池敏宏　他60名

有機半導体の展開
監修／谷口彬雄
ISBN978-4-7813-0030-6　　　　B857
A5判・283頁　本体4,000円＋税（〒380円）
初版2003年10月　普及版2008年10月

構成および内容：【有機半導体素子】有機トランジスタ／電子写真用感光体／有機LED（リン光材料）／色素増感太陽電池／二次電池／コンデンサ／圧電・焦電／インテリジェント材料（カーボンナノチューブ／薄膜から単一分子デバイスへ 他）【プロセス】分子配列・配向制御／有機エピタキシャル成長／超薄膜作製／インクジェット製膜【索引】
執筆者：小林俊介／堀田　収／柳　久雄　他23名

イオン液体の開発と展望
監修／大野弘幸
ISBN978-4-7813-0023-8　　　　B856
A5判・255頁　本体3,600円＋税（〒380円）
初版2003年2月　普及版2008年9月

構成および内容：合成（アニオン交換法／酸エステル法 他）／物理化学（極性評価／イオン拡散係数 他）／機能性溶媒（反応場への適用）／分離・抽出溶媒／光化学反応 他）／機能設計（イオン伝導／液晶型／非ハロゲン系 他）／高分子化（イオンゲル／両性電解質型／DNA 他）／イオニクスデバイス（リチウムイオン電池／太陽電池／キャパシタ 他）
執筆者：萩原理加／宇恵　誠／菅　孝剛　他25名

マイクロリアクターの開発と応用
監修／吉田潤一
ISBN978-4-7813-0022-1　　　　B855
A5判・233頁　本体3,200円＋税（〒380円）
初版2003年1月　普及版2008年9月

構成および内容：【マイクロリアクターとは】特長／構造体・製作技術／流体の制御と計測技術 他【世界の最先端の研究動向】化学合成・エネルギー変換・バイオプロセス／化学工業のための新生技術 他【マイクロ合成化学】有機合成反応／触媒反応と重合反応【マイクロ化学工学】マイクロ単位操作研究／マイクロ化学プラントの設計と制御
執筆者：菅原　徹／細川和生／藤井輝夫　他22名

帯電防止材料の応用と評価技術
監修／村田雄司
ISBN978-4-7813-0015-3　　　　B854
A5判・211頁　本体3,000円＋税（〒380円）
初版2003年7月　普及版2008年8月

構成および内容：処理剤（界面活性剤系／シリコン系／有機ホウ素系 他）／ポリマー材料（金属薄膜形成帯電防止フィルム 他）／繊維（導電材料混入型／金属化合物型 他）／用途別（静電気対策包装材料／グラスライニング／衣料 他）／評価技術（エレクトロメータ／電荷減衰測定／空間電荷分布の計測 他）／評価基準（床、作業表面、保管棚 他）
執筆者：村田雄司／後藤伸也／細川泰徳　他19名

※ 書籍をご購入の際は、最寄りの書店にご注文いただくか、㈱シーエムシー出版のホームページ（http://www.cmcbooks.co.jp/）にてお申し込み下さい。

CMCテクニカルライブラリーのご案内

強誘電体材料の応用技術
監修／塩嵜 忠
ISBN978-4-7813-0014-6　　　　B853
A5判・286頁　本体4,000円＋税（〒380円）
初版2001年12月　普及版2008年8月

構成および内容：【材料の製法，特性および評価】酸化物単結晶／強誘電体セラミックス／高分子材料／薄膜（化学溶液堆積法 他）／強誘電性液晶／コンポジット【応用とデバイス】誘電（キャパシタ 他）／圧電（弾性表面波デバイス／フィルタ／アクチュエータ 他）／焦電・光学／記憶・記録・表示デバイス【新しい現象および評価法】材料，製法
執筆者：小松隆一／竹中 正／田實佳郎　他17名

自動車用大容量二次電池の開発
監修／佐藤 登／境 哲男
ISBN978-4-7813-0009-2　　　　B852
A5判・275頁　本体3,800円＋税（〒380円）
初版2003年12月　普及版2008年7月

構成および内容：【総論】電動車両システム／市場展望【ニッケル水素電池】材料技術／ライフサイクルデザイン【リチウムイオン電池】電解液と電極の最適化による長寿命化／劣化機構の解析／安全性【鉛電池】42Vシステムの展望【キャパシタ】ハイブリッドトラック・バス【電気自動車とその周辺技術】電動コミュータ／急速充電器　他
執筆者：堀江英夫／竹下秀夫／押谷政彦　他19名

ゾル-ゲル法応用の展開
監修／作花済夫
ISBN978-4-7813-0007-8　　　　B850
A5判・208頁　本体3,000円＋税（〒380円）
初版2000年5月　普及版2008年7月

構成および内容：【総論】ゾル-ゲル法の概要【プロセス】ゾルの調製／ゲル化と無機バルク体の形成／有機・無機ナノコンポジット／セラミックス繊維／乾燥／焼結【応用】ゾル-ゲル法バルク材料の応用／薄膜材料／粒子・粉末材料／ゾル-ゲル法応用の新展開（微細パターニング／太陽電池／蛍光体／高活性触媒／木材改質）／その他の応用　他
執筆者：平野眞一／余語利信／坂本 渉　他28名

白色LED照明システム技術と応用
監修／田口常正
ISBN978-4-7813-0008-5　　　　B851
A5判・262頁　本体3,600円＋税（〒380円）
初版2003年6月　普及版2008年6月

構成および内容：白色LED研究開発の状況：歴史的背景／光源の基礎特性／発光メカニズム／青色LED，近紫外LEDの作製（結晶成長／デバイス作製 他）／高効率近紫外LEDと白色LED（ZnSe系白色LED 他）／実装化技術（蛍光体とパッケージング 他）／応用と実用化（一般照明装置の製品化／海外の動向，研究開発予測および市場性 他）
執筆者：内田裕士／森 哲／山田陽一　他24名

炭素繊維の応用と市場
編著／前田 豊
ISBN978-4-7813-0006-1　　　　B849
A5判・226頁　本体3,000円＋税（〒380円）
初版2000年11月　普及版2008年6月

構成および内容：炭素繊維の特性（分類／形態／市販炭素繊維製品／性質／周辺繊維 他）／複合材料の設計・成形・後加工・試験検査／最新応用技術／炭素繊維・複合材料の用途分野別の最新動向（航空宇宙分野／スポーツ・レジャー分野／産業・工業分野 他）／メーカー・加工業者の現状と動向（炭素繊維メーカー／特許からみたCFメーカー／FRP成形加工業者／CFRPを取り扱う大手ユーザー 他）　他

超小型燃料電池の開発動向
編著／神谷信行／梅田 実
ISBN978-4-88231-994-8　　　　B848
A5判・235頁　本体3,400円＋税（〒380円）
初版2003年6月　普及版2008年5月

構成および内容：直接形メタノール燃料電池／マイクロ燃料電池・マイクロ改質器／二次電池との比較／固体高分子電解質膜／電極材料／MEA（膜電極接合体）／平面積層方式／燃料の多様化（アルコール，アセタール系／ジメチルエーテル／水素化ホウ素燃料／アスコルビン酸／グルコース 他）／計測評価法（セルインピーダンス／パルス負荷 他）
執筆者：内田 勇／田中秀治／畑中達也　他10名

エレクトロニクス薄膜技術
監修／白木靖寛
ISBN978-4-88231-993-1　　　　B847
A5判・253頁　本体3,600円＋税（〒380円）
初版2003年5月　普及版2008年5月

構成および内容：計算化学による結晶成長制御手法／常圧プラズマCVD技術／ラダー電極を用いたVHFプラズマ応用薄膜形成技術／触媒化学気相堆積法／コンビナトリアルテクノロジー／パルスパワー技術／半導体薄膜の作製（高誘電体ゲート絶縁膜 他）／ナノ構造磁性薄膜の作製とスピントロニクスへの応用（強磁性トンネル接合（MTJ）他）　他
執筆者：久保百司／髙見誠一／宮本 明　他23名

高分子添加剤と環境対策
監修／大勝靖一
ISBN978-4-88231-975-7　　　　B846
A5判・370頁　本体5,400円＋税（〒380円）
初版2003年5月　普及版2008年4月

構成および内容：総論（劣化の本質と防止／添加剤の相乗・拮抗作用 他）／機能維持剤（紫外線吸収剤／アミン系／イオウ系・リン系／金属捕捉剤 他）／機能付与剤（加工性／光化学性／帯電性／表面性／バルク性 他）／添加剤の分析と環境対策（高温ガスクロによる分析／変色トラブルの解析例／内分泌かく乱化学物質／添加剤と法規制 他）
執筆者：飛田悦男／児島史利／石井玉樹　他30名

※書籍をご購入の際は、最寄りの書店にご注文いただくか、㈱シーエムシー出版のホームページ（http://www.cmcbooks.co.jp/）にてお申し込み下さい。